U0300376

6G丛书

星地融合移动通信系统与关键技术

从5G NTN到6G的卫星互联网发展

陈山枝　孙韶辉　康绍莉　徐　晖　缪德山 ◎ 著

人民邮电出版社

北　京

图书在版编目（CIP）数据

星地融合移动通信系统与关键技术：从5GNTN到6G的
卫星互联网发展 / 陈山枝等著. -- 北京：人民邮电出
版社，2024. 10. -- ISBN 978-7-115-64645-3

Ⅰ. V474.2

中国国家版本馆CIP数据核字第2024HQ9990号

内 容 提 要

本书对星地融合移动通信系统与关键技术进行介绍，以无线信道建模与链路预算分析作为系统设计的基础，深入剖析星地融合移动通信系统的组成及对应的关键技术，具体包括无线传输，移动性管理，网络架构及安全机制，星座组网、星间通信与智能路由，频谱共享与干扰管理等多个方面，为广大读者深入了解5G增强和6G的星地融合移动通信系统提供参考。

本书既可作为卫星通信系统、卫星互联网、空间互联网、地面移动通信系统、星地融合移动通信系统等领域研究人员和学生的参考书，又可供相关领域的技术人员使用。

◆ 著　　　陈山枝　孙韶辉　康绍莉　徐　晖　缪德山
　　责任编辑　李彩珊
　　责任印制　马振武
◆ 人民邮电出版社出版发行　　北京市丰台区成寿寺路11号
　　邮编 100164　电子邮件 315@ptpress.com.cn
　　网址 https://www.ptpress.com.cn
　　固安县铭成印刷有限公司印刷
◆ 开本：700×1000　1/16
　　印张：18.75　　　　　　　　2024年10月第1版
　　字数：347千字　　　　　　　2025年4月河北第4次印刷

定价：189.80元

读者服务热线：(010)53913866　印装质量热线：(010)81055316
反盗版热线：(010)81055315

《6G 丛书（二期：关键技术）》

编 委 会 名 单

编 委 会 主 任：崔铁军

编委会副主任：金 石

编 委 会 委 员：（按姓氏笔画排序）

丁海煜	王 成	王晓云	向路平
刘光毅	孙韶辉	李 龙	李 潇
李玲香	李廉林	杨 鲲	何 茜
张 兴	张 波	陈 智	陈山枝
赵倩颖	徐 晖	唐万恺	黄宇红
梅渭东	康绍莉	程 强	雷 波
缪德山	戴俊彦	戴凌龙	

当前，5G 已进入规模商用阶段，6G 正进入概念形成和关键技术的预研期。从 1G 到 5G，地面移动通信已取得巨大成功，但仍难以实现对偏远地区等区域的有效和低成本覆盖，且在地震和洪水等自然灾害发生时抗毁性差。卫星通信能以低成本实现广覆盖，而且近年来宽带卫星取得显著进展，手机直连卫星技术的发展满足了在地面移动通信没有信号覆盖的地区保持通信连续性的需求，显示了卫星通信的应用优势。

随着 SpaceX 公司"星链计划"的提出和推进，卫星互联网成为全球产业界的热点议题。近期，我国实现了手机直连北斗卫星，提供单向发送救援短报文能力，手机直连地球同步轨道卫星也已商用，提供户外应急通话保障服务，受到消费者的关注，但人们期待覆盖更无缝、带宽更宽、使用更方便的天地融合移动通信。

3GPP 已经开始进行 5G 非地面网络（NTN）的研究，积极推进星地融合研究与标准化工作。未来，6G 将实现人、物理世界和数字世界的智慧连接，实现多空间深度融合，这需要研究空天地海通信泛在化，将许多目前"不可能"的通信变为"可能"。6G 将研究物理层技术增强（超大规模 MIMO、全双工）、新物理维度（智能超表面、全息、轨道角动量）、新频谱技术（太赫兹、可见光）、新融合技术（通感一体、通信和 AI）、网络技术（内生智能网络、分布式自治网络、确定性网络、算力感知网络、星地一体网络、网络内生安全）等，上述新技术的研究将被放到天地融合的大空间中考量。

中国信息通信科技集团有限公司（2018 年由大唐电信科技产业集团与烽火科技集团有限公司联合重组，简称中国信科）是 TD-SCDMA 3G 国际标准的提出者，为我国"3G 突破、4G 并跑、5G 引领"的跨越式发展做出了突出贡献。作者陈山枝及其所带领的团队长期耕耘于移动通信技术最前沿，作为主要力量先后参与了 4G TD-LTE 和 5G 关键技术研究及产业化、6G 技术预研等工作，在 2018 年率先提出的"5G 体制兼容、6G 系统融合"的星地融合移动通信技术发展路线，推动了全球卫星互联网标准和技术的发展，中国信科也是我国卫星互联网工程研发任务的重要承担者。

本书深入分析地面移动通信和卫星通信在无线传输信道、链路预算、移动性管理、组网与路由等方面的差异，以及在网络安全、频谱管理方面面临的新挑战，全面介绍星地融合移动通信系统及关键技术，让业界可以及时、系统和深入了解星地融合技术及发展趋势。期望本书能为移动通信和卫星通信领域的学者与科技人员深入了解星地融合通信技术提供参考，从而推动星地融合通信领域技术、标准、产业及应用的创新发展。

中国工程院院士

2024 年 3 月 5 日于北京

以 4G、5G 为代表的地面蜂窝移动通信网络的建设与运用，推动了互联网，特别是移动互联网的快速发展，深刻影响着人类社会的方方面面，目前正在向万物互联演进。

受建设成本、使用效益影响，占地球表面积 71% 的海洋，以及山区、沙漠和森林等地区没有移动通信信号覆盖，且移动通信基站的抗自然灾害能力较弱，遇到地震和洪水等往往损毁严重，导致通信中断。卫星通信网络可高效实现地球表面的无缝覆盖，并具备不易受地震和洪水等自然灾害影响等特点，可很好地弥补地面移动通信网络的上述不足。正因如此，卫星互联网、卫星物联网概念应运而生，以"星链"为代表的低轨卫星互联网建设发展正如火如荼。卫星互联网主要指以通信卫星作为"基站"接入手段，通过发射一定数量的卫星基站，在天基形成规模组网，实现通信信号的全球覆盖，是一种能够完成向陆地、海洋和空中终端提供宽带互联网接入等服务的无线通信网络，具有广覆盖、宽带化、低成本等特点。卫星互联网与地面移动通信网络综合运用，优势互补，将地面互联网拓展至海上、空中、太空甚至深空；以星座组网方式实现全球无缝覆盖的互联网接入，支持用户的互联网宽带接入需求，以及在环境监测、森林防火、海洋监测、洪涝预警等方面的物联网应用。

本书作者陈山枝及其团队作为国内移动通信技术创新的代表，2018 年倡导提出了"5G 体制兼容、6G 系统融合"的星地融合移动通信技术发展路线。近年来，作者团队突破关键技术，并联合相关单位，在国际电信联盟（ITU）和第三代合作伙伴计划（3GPP）开展了 5G 卫星通信标准制定工作，对 5G 卫星通信标准的提出和产业的发展发挥了重要作用，获得业界的广泛认可。

　　本书针对星地融合移动通信技术现状、发展趋势与面临的挑战，从星地无线信道建模与链路预算分析，星地融合无线传输，星地融合移动性管理，星地融合移动通信网络架构及安全机制，星座组网、星间通信与智能路由，星地融合频谱共享与干扰管理等方面，系统梳理了相关技术与可能的解决方案。本书的很多内容和观点汇聚了作者团队在移动通信领域所从事的技术创新与标准制定工作中长期积累的学术成果。

　　2023 年 6 月 ITU 完成《IMT 面向 2030 及未来发展的框架和总体目标建议书》，描绘了全球 6G 愿景，在 6G 愿景中，卫星互联网与地面移动通信网将深度融合，打造空、天、地、海泛在的移动通信网，实现真正意义上的全球移动通信。星地融合移动通信技术是 6G 的重要研究方向，本书的出版对从事相关技术研究、系统开发的研究人员和工程技术人员，对与 6G 相关的技术路径选择、标准制定等工作，均具有重要的参考价值。

中国科学院院士

2024 年 3 月 6 日于北京

　　我国地面移动通信技术经历了"3G 突破、4G 并跑、5G 引领"的跨越式发展，并在全球率先开展 6G 技术研究。近年来，以巨型星座构建为基础的低轨卫星互联网技术，成为无线移动通信领域新的竞争赛道和焦点，对传统地面移动通信技术既是巨大挑战，也是新的机遇，对国家战略、空间安全和社会经济发展具有重要影响。

　　卫星通信具有覆盖优势，地面移动通信具有容量优势。卫星通信与地面移动通信融合（以下简称星地融合移动通信），在 5G NTN（非地面网络）阶段开始演进，并成为 6G 的重要发展方向。通过对卫星通信和地面移动通信的无线传输技术、网络架构与安全、终端接入与认证等方面进行深度融合，可以构建天地一体、全球立体无缝覆盖的统一网络，实现任何人、任何物在任何时间、任何地点或者任何临近空间的通信连接，满足万物智联、无限沟通的美好愿景。

　　《中华人民共和国国民经济和社会发展第十四个五年规划和 2035 年远景目标纲要》明确指出"建设高速泛在、天地一体、集成互联、安全高效的信息基础设施"。可见，发展星地融合移动通信技术，实现在关键技术、基础器件、核心设备和高端测试仪表等方面的技术先进性和自主可控性，是国家的重要战略和安全需求。

　　2020 年后，卫星互联网技术在国内外得到迅猛发展，低轨宽带卫星互联网系统茁壮发展。以美国"星链"（Starlink）系统为代表的低轨宽带卫星互联网系统，星座规模不断扩大，用户数量稳步增加，网络速率持续提高，并在汤加火山救援等场景中发挥了重要作用，其潜在战略价值不断得到体现；另外，"星链"第二代星座 7000 余颗卫星的部署计划也获得了美国联邦通信委员会（FCC）的批复。以 AST SpaceMobile 为代表的美国初创卫星公司积极开展现有存量手机直连卫星的技术试验，SpaceX 和 T-Mobile 合作，表示将部署能够利用手机直接接入的卫星网络，爱立信、泰雷兹、高通联合声明将共同研制 5G NTN 卫星系统，苹果公司也表示 Apple Watch、iPhone 14 以上型号等产品支持卫星通信。从国内来看，卫星运营商、地面运营商、系统设备厂商、终端厂商等，均在积极关注手机直连卫星的需求与技术发展。2023 年，华为与中国电信合作，基于天通卫星通信，发布 Mate 60 Pro+，实现手机直连卫星功能。手机直连卫星已成为 2022 年度和 2023 年度星地融合移动通信技术领域的聚焦点。

面向星地融合移动通信技术，中国信科以及国内相关企业、研究机构和大学持续开展 5G/6G 星地融合需求、关键技术研究以及标准制定和技术验证工作，推动我国星地融合移动通信技术和产业快速发展。

中国信科作为国内技术创新型企业的代表，为我国"3G 突破，4G 并跑，5G 引领"做出了突出贡献，并一直在积极从事星地融合移动通信的技术研究与标准制定等工作。早在 2010 年，基于地面 3G TD-SCDMA 技术标准，中国信科提出了同步 CDMA 技术体制，虽然最终未被工程系统采纳，但为开展具有自主知识产权的宽带移动卫星（BMSat）通信标准制定工作奠定了基础。2013 年 10 月，我国提出的 BMSat 通信标准被 ITU 发布为 4G 卫星通信国际标准，而笔者团队是主要贡献方。

笔者于 2018 年在业界首次提出我国发展基于 5G 的低轨卫星通信体制建议，倡导星地融合移动通信技术发展路线是从"5G 体制兼容"到"6G 系统融合"。近年来，中国信科联合中国信息通信研究院在国际电信联盟无线电通信第四研究组第二工作组（ITU-R SG4 WP4B）开展了 5G 卫星通信空口标准制定工作，2022 年 9 月完成了面向 IMT-2020 的卫星无线空口愿景与需求制定，形成技术规范 M.2514，为 5G 卫星通信标准的提出和产业的发展指明了方向。笔者团队一直在 ITU-T 和 3GPP 开展星地融合移动通信的标准化工作，在 ITU-T 牵头了 4 个标准立项，并已完成 2 项；在 3GPP 已累计牵头 12 个非地面网络立项，并担任 Release 19 NTN 的无线接入网（RAN）联合报告人。

2023 年 6 月，中国信科发布了《星地融合通信白皮书》（中英文版），系统性介绍了星地融合移动通信系统的驱动力、需求与应用场景，关键指标与技术挑战，星地融合发展路径，星地融合移动通信关键技术，以及未来的标准与技术验证和推进等。中国信科基于所研发的星地融合核心网、星地融合终端、高低轨一体化基站等通信设备，开展了 5G NTN 透明转发在轨技术验证及 6G 星地融合移动通信原理技术验证，大力推动了我国星地融合移动通信关键技术研究、标准制定以及设备研发工作的进展，为我国空间信息基础设施的国家战略和安全需求做出重要贡献，将有利于促进我国星地融合移动通信产业升级，赋能经济社会高质量发展。

本书对星地融合移动通信系统和关键技术进行介绍，以无线信道建模与链路预算分析为系统设计的基础，深入剖析星地融合移动通信系统设计的组成及其关键技术，具体包括网络架构、无线传输、移动性管理、组网与路由、频率复用等多个方面，为广大读者深入了解 5G 增强和 6G 的星地融合移动通信系统提供参考。

本书是笔者团队 6 年多以来致力于星地融合移动通信系统及关键技术研究的成果总结，由笔者负责本书的整体构想及章节和内容大纲确定、统编统稿。全书共8 章，各章主要内容及分工如下。

第 1 章是概述，剖析了星地融合移动通信的发展趋势和技术挑战，为后续章节提供必要的技术背景知识，由陈山枝、康绍莉、孙韶辉负责撰写。

第 2 章是星地无线信道建模与链路预算分析，探讨了无线信道建模、无线链路预算，以及星地融合移动通信仿真验证与评估技术，由缪德山、康绍莉、孙韶辉负责撰写。

第 3 章是星地融合无线传输技术，基于星地融合统一空口的设计思路，探讨了无线传输的系列关键技术，由孙韶辉、康绍莉、缪德山、陈山枝负责撰写。

第 4 章是星地融合移动性管理技术，探讨了波束重选、波束切换、寻呼、漫游等，由缪德山、徐晖、孙韶辉、陈山枝负责撰写。

第 5 章是星地融合移动通信网络架构及安全机制，探讨了星地融合移动通信网络架构、异构多维资源的高效管理与控制、网络安全机制，由徐晖、陈山枝负责撰写。

第 6 章是星座组网、星间通信与智能路由技术，探讨了星座组网、星间通信和智能路由技术，由徐晖、陈山枝负责撰写。

第 7 章是星地融合频谱共享与干扰管理技术，探讨了不同频段的星地融合频谱共享技术、干扰管理与规避技术，由康绍莉、孙韶辉、陈山枝负责撰写。

第 8 章是总结与展望，回顾了星地融合移动通信的发展路径，总结了 3GPP 5G NTN 的标准化进展，展望了星地融合移动通信未来技术方向，分析了星地融合移动通信中的人工智能应用以及基于低轨星座的通导遥感算融合，由陈山枝、孙韶辉、康绍莉负责撰写。

　　本书得到笔者承担的国家重点研发计划项目"天地融合的 6G 卫星通信立体智能组网技术研究"、国家自然科学基金重点项目"支持快速移动的密集接入网基础理论和关键技术研究"等的支持。本书的成稿，得到中国信科无线移动通信全国重点实验室的孙晓南、王文清、牛纲、王可、索士强、王胡成、韩波、汪永明、李春林、关鹏、杨帅、王晓鹿及烽火通信的金家德等专家的帮助，得到出版社编辑、项目合作伙伴，以及同行专家和学者的帮助与支持，在此表示衷心感谢。

　　本书也凝聚和继承了原大唐电信科技产业集团（已在 2018 年与烽火科技集团有限公司联合重组为中国信息通信科技集团有限公司）从事移动通信技术与标准研究的全体同事 20 多年的工作成果，笔者在此一并表示衷心的感谢。特别感谢中信科移动、宸芯科技的领导、同事的大力支持和真诚帮助。

　　本书涉及的知识广而专，由于笔者水平有限，错误和不妥之处在所难免，恳请读者朋友批评指正。

2024 年 2 月 26 日于北京

目 录

目录

第 1 章

概述

本章首先回顾了地面移动通信和卫星通信的发展历程，接着探讨了星地融合移动通信的驱动力与典型应用场景，随后介绍了业界标准组织和行业组织在星地融合移动通信领域的相关研究与最新进展，最后剖析了星地融合移动通信的发展趋势、愿景和面临的技术挑战，为后续章节提供了必要的背景知识。

/1.1 地面移动通信演进/

移动通信和互联网是 20 世纪末推动人类社会迅速发展的两项关键技术，对人们的生活方式、工作方式以及社会政治经济产生了深远影响。过去 30 多年来，移动通信技术取得了飞速进步，尤其是自 20 世纪 90 年代以来，地面移动通信系统以每 10 年一代的演进速度迅速普及，成为全球三分之二以上人口，包括发达国家和发展中国家的公众广泛使用的通信系统。

> **资料专栏：移动通信、蜂窝移动通信**
>
> **移动通信**：移动终端（如手持终端、背负终端、车载终端、船载终端或机载终端）与基站（Base Station，BS）之间或移动终端之间的无线通信。基站可以在地面，也可以在空中（如安装在飞艇、热气球或飞机上）或卫星上，后者被称为卫星移动通信。
>
> **蜂窝移动通信**：一种基于蜂窝小区组网的移动通信技术。它的覆盖区被划分成多个蜂窝状小区，在每个小区内设置基站，为用户提供通信接入和信息转发服务，核心网（Core Network，CN）连接基站并提供用户连接、用户管理及业务承载等功能。

地面移动通信（也称陆地移动通信）指地面移动终端与地面基站之间或地面移动终端之间的移动通信。还有地面移动通信系统、地面移动通信网络，其概念基本相同，但强调的侧重点有所不同，有些文献也不对其特别区分。本书一般情况下，描述技术时使用"地面移动通信"，描述系统时使用"地面移动通信系统"，描述网络时使用"地面移动通信网络"。目前广泛商业部署的地面移动通信网络采用的是蜂窝移动通信技术。蜂窝（Cellular）移动通信由美国贝尔实验室于 1970 年提出[1]，其基本原理是将一个地理区域划分成多个小区，每个小区由一个基站提供通信服务，如图 1-1 所示。该技术解决了地面移动通信系统中的用户容量、频率复用、干扰和覆盖问题[2]，是无线通信系统的重大突破，使得地面移动通信技术能够为广大公众用户提供服务。然而，蜂窝移动通信系统的优势是以复杂的无线资源管理和网络控制技术为代价的。

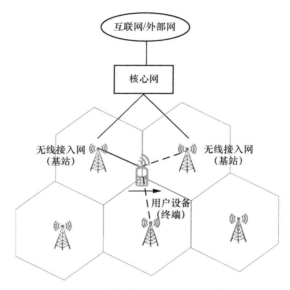

图 1-1　地面移动通信网络的示意图

自 1979 年在美国芝加哥成功试验第一台模拟蜂窝移动通信系统以来，蜂窝移动通信系统已经发展了 5 个时代，从"1G"到"5G"，并正向 6G 迈进。随着技术的进步和业务需求的发展，6G 开始呈现出"去蜂窝（De-Cellular）"的趋势[3]。

资料专栏：蜂窝小区、小区切换、小区干扰、频率复用

蜂窝小区，简称小区，指一个基站或基站的一部分（扇形天线）所覆盖的区域，在此区域内，终端（如手机）可以通过无线信道与基站进行可靠、连续的移动通信。

小区切换是指终端从一个小区移动到另一个小区时，为了保持终端的不中断通信需要进行的无线信道切换。

小区干扰是指用户通信时接收到的无线电干扰，通常包括来自相同小区的其他用户信号的干扰（也称小区内干扰）和来自相邻小区的其他用户信号的干扰（也称小区外干扰）。

频率复用是指不同的小区可以使用相同的频率，从而做到频率的重复使用，提高频谱利用率。地面移动通信系统常用的频率复用系数为 3 或 7，即 3 个（或 7 个）不同的频点为一组分给相邻的 3 个（或 7 个）小区，并在多组相邻小区中循环使用。增大频率复用系数是抑制小区外干扰的有效措施。

地面移动通信网络由终端、基站和核心网 3 个部分构成。终端，是无线接入网中的用户设备。基站则是无线接入网中的网络设备，负责覆盖特定的地理区域。核心网的主要功能是管理用户及其连接，承载用户的业务数据传输，并实现与外部网络的互联互通。

在地面移动通信网络中，每个基站覆盖一定的区域，手机通过无线链路与所在服务区域的基站连接。接入网与核心网之间则通过光纤或微波链路进行连接。当手机用户在通话中从一个基站覆盖区域移动到另一个基站覆盖区域时，为确保通话的连续性，手机需要从当前的信道切换到新的信道进行信息传输，该过程称为小区切换。

资料专栏：终端、基站、核心网

终端，也称用户设备，是指通信中用户侧所持有的支持语音、视频、互联网访问等通信功能的设备，其中手机是一种常见且典型的用户设备。

基站，也称 NodeB 或 gNB，是指在移动通信中与用户设备之间进行信息传递的无线接入网网络设备，通常放于固定位置。

核心网，是指移动通信中对终端和基站进行控制与管理的网络系统。

第一代移动通信系统（1G）是模拟移动通信系统。1G 采用频分多址（Frequency Division Multiple Access，FDMA）技术，突破了传统的大区制无线电广播和无线电台的技术理念。基于蜂窝小区的频率复用组网方案，1G 显著提升了频谱利用效率和系统容量；通过小区切换，基本保证了移动场景下语音业务的连续性，为移动通信的快速普及和应用奠定了基础。1G 的典型系统包括北美的高级移动电话系统（Advanced Mobile Phone System，AMPS）和英国的全接入通信系统（Total Access Communication System，TACS）等多种技术标准。1G 在 20 世纪 80 年代初实现了移动通信的商业化，并于 90 年代末退出历史舞台，成为移动通信发展史上的重要里程碑。然而，1G 存在一系列缺点，如系统容量小、业务种类单一（仅支持语音业务）、传输质量不高、保密性差，以及全球技术标准不统一等。这些局限性促使了后续移动通信技术的不断发展和演进。

第二代移动通信系统（2G）是窄带数字移动通信系统，采用时分多址（Time Division Multiple Access，TDMA）或码分多址（Code Division Multiple Access，CDMA）技术。2G 的典型系统包括欧洲的全球移动通信系统（Global System for Mobile Communications，GSM，采用 TDMA 技术，20 世纪 90 年代初期商用）和美国的 IS-95 系统（采用 CDMA 技术，20 世纪 90 年代中期商用）。2G 在容量和性能上相比 1G 有显著提高，不仅可以提供语音业务，还可以提供低速数据业务。这使得移动通信得到了广泛的应用和普及，取得了商业上的巨大成功。此外，2G 还进行了技术演进和性能优化，形成了 GSM 的演进版本——通用分组无线服务（General Packet Radio Service，GPRS）和增强型数据速率 GSM 演进（Enhanced Data Rate for GSM Evolution，EDGE）技术，以及 CDMA 的演进版本 CDMA1x，提供了更高速率的电路和分组数据业务。从 1990 年商用到 2014 年，全球范围内通过 2G 接入的用户数超过 40 亿户。2G 的成功不仅在于其技术优势和性能提升，还在于它为移动通信的广泛应用和普及奠定了坚实的基础。

第三代移动通信系统（The Third Generation Mobile Communication System，3G）开启了由以语音业务为主向以数据业务为主的移动通信发展时代的转变。3G 采用码分多址（Code Division Multiple Access，CDMA）或正交频分复用（Orthogonal Frequency Division Multiplexing，OFDM）技术。典型的 3G 系统包括欧洲的宽带码分多址（Wideband Code Division Multiple Access，WCDMA）、中国的时分同步码分多址（Time-Division Synchronous Code Division Multiple Access，TD-SCDMA）、美国的 CDMA2000、全球微波接入互操作性（World Interoperability for Microwave Access，WiMax）。以 CDMA 为主要技术特征的 3G 实现了更大载波带宽（大于 1MHz），面向以分组交换为主的业务，支持语音、短信、多媒体和数据业务。初期设计目标为高速移动接入环境下支持 144kbit/s，低速移动环境下支持 2Mbit/s。后续版本陆续推出了高速下行链路分组接入（Highspeed Downlink Packet Access，HSDPA）、高速上行链路分组接入（Highspeed Uplink Packet Access，HSUPA）及增强型高速分组接入（High-Speed Packet Access+，HSPA+）特性，进一步提升了数据通信能力。TD-SCDMA 是由原大唐电信集团（2018 年与烽火科技集团联合重组

为中国信息通信科技集团）代表中国提出的具有自主知识产权的 3G 国际标准，实现了我国在移动通信技术标准上从"0"到"1"的突破，为我国移动通信产业的飞跃发展奠定了基础。3G 的出现不仅提升了数据传输速率和服务质量，还为多媒体应用和移动互联网的普及提供了技术支持，标志着移动通信进入了一个全新的数据业务时代。

第四代移动通信系统（4G）以长期演进（Long Term Evolution，LTE）技术作为主流系统。4G 采用正交频分复用（Orthogonal Frequency Division Multiplexing，OFDM）和多进多出（Multiple-In Multiple-out，MIMO）天线技术，旨在提供更低传输时延、提供更高用户传输速率、增强容量和覆盖、减少运营费用、优化网络架构，并采用更大载波带宽（20MHz），优化分组数据域传输的移动通信标准。在第三代合作伙伴计划（Third Generation Partnership Project，3GPP）中，LTE R10 及以后的版本被称为 LTE-Advanced。LTE/LTE-Advanced 标准分为频分双工（Frequency Division Duplex，FDD）和时分双工（Time Division Duplex，TDD）两种模式。TDD 模式作为 TD-SCDMA 系统的后续演进技术与标准，其核心技术和国际标准制定由原大唐电信集团等中国厂商所主导，因此也被称为 TD-LTE/TD-LTE-Advanced。2013 年年底，我国同时向 3 家运营商正式发放了 3 张 TD-LTE 4G 牌照。目前，全球 LTE 用户数超过 70 亿户，我国 TD-LTE 用户数超过 13 亿户。4G 的广泛应用和普及为移动互联网的发展提供了强大的技术支持，推动了移动通信从以语音业务为主向以数据业务为主的进一步转变，并为各种新兴应用和服务（如高清视频、移动支付、物联网等）提供了坚实的基础。

第五代移动通信系统（5G）首次建立了全球统一的新空口（New Radio，NR）国际标准。5G 的发展旨在满足多样化的连接需求，实现人与人、人与物、物与物之间的广泛连接，为工业、农业、交通、教育、医疗等垂直行业的数字化、智能化创新应用奠定基础，开启万物互联的新时代。5G 不仅扩展了移动互联网业务，还实现了向移动物联网业务的转变，支持增强移动宽带（Enhanced Mobile Broadband，eMBB）、海量机器类通信（Massive Machine Type Communication，mMTC）和超可靠低时延通信（Ultra Reliable Low Latency Communication，URLLC）三大典型场景。5G 定义了八大关键技术指标：峰值速率、用户体验速率、频谱效率、网络能效、连接数密度、端到端时延、流量密度和移动性。5G 利用更大的载波带宽（100MHz）、大规模天线、低密度奇偶校验（Low Density Parity Check，LDPC）码和极化（Polar）

码等技术，满足了高速率、低时延、高可靠性和海量连接的需求。2020 年 7 月，国际电信联盟无线电通信部门（International Telecommunications Union-Radio communication Sector，ITU-R）在第 35 次 WP5D 会议上确定 3GPP 系列标准为被 ITU 认可的 5G 标准。随后，2020 年成为 5G 商用元年。5G 的商用标志着移动通信进入了一个全新的阶段，不仅提升了通信能力和用户体验，还为各行各业的数字化转型和智能化发展提供了强大的技术支持，推动了万物互联时代的到来。

随着 5G 系统的全面商用，人们对 6G 的设想逐渐展开，国际电信联盟（ITU）也启动了对 6G 的研究工作。业界普遍认为，6G 将是卫星通信与地面移动通信深度融合的网络时代。由于融合了卫星通信并采用了新一代无线技术，未来的 6G 将具备更广阔的覆盖范围、更大的通信容量、更低的传输时延和更强的用户连接能力。结合人工智能、大数据、云计算和区块链等技术，6G 将实现更加泛在、智能、安全、可信的公共移动信息基础服务，使任何人、任何物在任何时间与临近空间均能通信[4]。通过这些先进技术的支持，6G 不仅将提升通信能力，还将推动各行各业的数字化转型和智能化发展，真正实现万物互联的愿景。

1.2　卫星通信演进

在地面移动通信发展的同时，卫星通信也经历了两次重要的发展高潮。第一次高潮出现在 20 世纪 90 年代，正值第二代地面移动通信系统发展时期；第二次高潮则出现在 21 世纪 10 年代，与第四代地面移动通信系统的发展同步。目前，卫星通信在军事和商业领域均取得了显著进展，逐渐成为各国科技竞争的焦点。

资料专栏：卫星通信、卫星通信系统、卫星通信网络

卫星通信：终端和基站之间利用卫星作为中继而进行的通信。

卫星通信系统：提供卫星通信的系统称为卫星通信系统，包括终端、卫星、基站、核心网等。依据卫星的功能是透明转发还是再生处理，通常分为透明转发卫星通信系统和再生处理卫星通信系统。

卫星通信网络：依据卫星通信系统所组建的网络称为卫星通信网络。依据组网方式，通常具有天星地网（透明转发卫星，卫星之间没有星间链路）、天网地网（再生处理卫星，卫星之间具有星间链路）等不同形态。

卫星通信、卫星通信系统、卫星通信网络，其概念基本相同，但强调的侧重点不同，有些文献也不特别区分。本书一般情况下侧重技术描述时使用"卫星通信"，侧重系统描述时使用"卫星通信系统"，侧重网络描述时使用"卫星通信网络"。

如图 1-2 所示，卫星通信系统主要由空间段、地面段和用户段组成。空间段包括卫星及其星间链路，地面段由信关站、网络控制中心、卫星控制中心和用户信息管理系统等组成，用户段涵盖了多种类型的终端及其业务系统。卫星通信具有以下优点：不易受地面灾害影响，具备良好的抗毁性，覆盖范围广。这些优点使卫星通信在部分应用场景中具有显著的优势。另外，卫星通信还具有链路传输时延较大、低轨卫星链路动态变化等挑战。

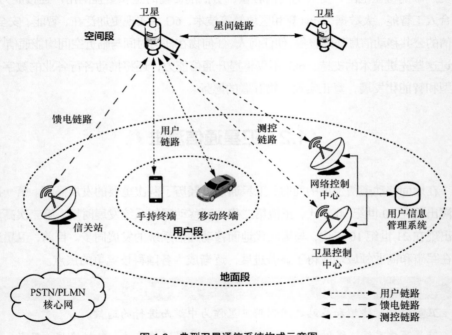

图 1-2　典型卫星通信系统构成示意图

卫星通常按功能分为透明转发卫星和再生处理卫星。传统的卫星通信系统主要依赖透明转发卫星，而越来越多的新兴卫星通信系统则倾向于采用再生处理卫星。终端的形态与其使用的频率、功率等因素密切相关。根据不同的应用场景，终端通常可以分为以下几类：行业宽带接入类（如机载、船载、车载和背负等形态）、个人业务类（如手持终端形态）以及物联网类（如通信模组形态）。不同类型终端的对比分析[5]如表 1-1 所示。

表 1-1 不同类型终端的对比分析

应用场景	行业宽带接入	个人业务	物联网
终端形态	卫星机载终端、卫星船载终端、卫星车载终端、卫星背负终端等	卫星手持终端（专用手机）	卫星物联网终端
体积	大/中	小	小
质量	百千克或十千克量级	百克级	百克级
功耗	高/中	低	极低
频段	Ku、Ka、L、S	L、S	L、S
终端结构	天线基带分体式/一体式	天线基带一体式	天线基带一体式
连接模式	接入/中继	接入	接入/中继
通信能力	高/中速率数据回传	低速率数据通信	低速率数据回传

资料专栏：透明转发卫星、再生处理卫星、信关站

透明转发卫星，指卫星对接收信号只进行放大、变频和再放大，而不对接收信号做调制解调处理。在卫星通信系统中，透明转发卫星起射频中继的作用，类似地面移动通信中的直放站。

再生处理卫星，指卫星对接收信号不仅要做放大处理，还需要做调制解调处理（也称再生），甚至更复杂的协议处理。在卫星通信系统中，再生处理卫星起基站的作用，俗称"基站上天"。

信关站（Gateway Station, GS），指经由卫星转发的数据落地的地面信关站，其天线口径大、增益高，可部署多副天线来连接多颗卫星。

资料专栏：用户链路、馈电链路、星间链路、测控链路

用户链路，也称业务链路（Service Link, SL），指用户站与卫星之间的无线链路。

馈电链路（Feeder Link, FL），指卫星与信关站之间的无线链路。

星间链路（Inter-Satellite Link, ISL），指卫星与卫星之间的通信链路，通常采用激光通信或微波通信来实现。

测控链路（Tracking, Telemetry and Control Link, TT&C Link），指卫星与卫星控制中心、卫星与网络控制中心之间的通信链路，主要实现对卫星的跟踪、遥测和控制等。

资料专栏：地球静止轨道、非地球静止轨道、中地球轨道、低地球轨道

地球静止轨道（Geostationary Orbit, GSO），又称地球同步赤道轨道（Geosynchronous Equatorial Orbit, GEO），是指距离地球表面 35786km 的圆形轨道，

且与赤道面的倾斜角为 0。

非地球静止轨道（Non-Geostationary Orbit，NGSO），通常包括中地球轨道和低地球轨道。

中地球轨道（Medium Earth Orbit, MEO），又称中间圆形轨道，是一个以地球为中心的圆形轨道，其轨道高度为 2000～20000km，轨道周期为 2～24h。

低地球轨道（Low Earth Orbit, LEO），又称近地轨道，是一个以地球为中心的轨道，其高度不超过 2000km（约为地球半径的三分之一），或每天至少有 11.25 个周期（轨道周期为 128min 或更短），偏心率小于 0.25。

从所支持的业务类型来看，卫星通信业务可以分为卫星固定业务、卫星移动业务和卫星广播业务，具体如图 1-3 所示。卫星固定业务通常服务于消费用户、行业用户及政府与军队用户，卫星移动业务也主要面向这 3 类用户，而卫星广播业务通常主要服务于行业用户。

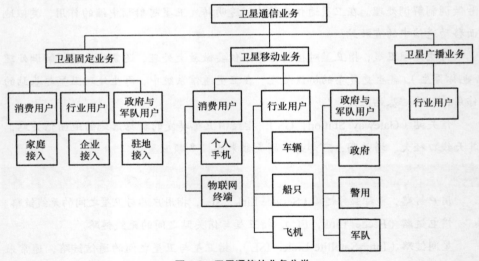

图 1-3　卫星通信的业务分类

资料专栏：卫星固定业务、卫星移动业务、卫星广播业务

卫星固定业务（Fixed Satellite Service，FSS），指为给定位置的用户提供卫星通信服务；该给定位置可以是一个指定的固定地点或指定地区内的任何一个地点，如家庭接入、企业接入、驻地接入等。

卫星移动业务（Mobile Satellite Service，MSS），指为非固定位置、可实时移动的用户提供卫星通信服务，如个人手机接入、物联网终端接入、车载接入、船载接入、机载接入等。

卫星广播业务（Broadcasting Satellite Service，BSS），具有一对多的基本特征，指利用卫星发送或转发信号，例如一般公众直接接收的卫星视频直播业务或电视台间电视转播业务（一个电视台上传，向多个电视台广播）。

1.2.1　国际卫星通信发展历程

卫星通信的发展历程可大致分为 6 个阶段[6]。

第一阶段：概念提出和早期实验

卫星通信的概念最早可以追溯到 1945 年 10 月，当时英国空军雷达军官阿瑟·C. 克拉克在《无线世界》杂志上提出了一个基于 3 颗地球同步轨道（GEO）卫星实现全球通信的设想。1963 年，美国成功发射了首颗 GEO 通信卫星 Syncom-3 号。这颗卫星在 1964 年东京奥运会上成功向美国提供了电视转播信号，标志着卫星通信早期实验工作的基本完成，并为未来的商业化发展奠定了技术基础。从此，卫星通信逐渐从广播领域扩展到更广泛的通信应用领域。

第二阶段：模拟通信

1965 年，"国际通信卫星组织"将 Intelsat-1 卫星送入地球静止轨道，开通了欧美大陆间的国际商业通信业务，标志着采用模拟技术的第一代卫星通信进入大规模应用阶段。

第三阶段：数字通信

20 世纪 80 年代，数字传输技术开始在卫星通信中得到大规模应用。甚小天线地球站（Very Small Aperture Terminal，VSAT）的出现，为专业卫星通信的发展提供了有利条件，开创了卫星通信应用的新局面。1989 年发射的 Intelsat VI 系列卫星（编号 601 至 605），配备了 38 个 C 频段转发器和 10 个 Ku 频段转发器，采用了数字调制技术和 Ku 频段可控点波束设计，总容量达到了 36000 个话路。这些卫星首次引入了星载交换时分多址（Satellite Switching Time Division Multiple Access，SS-TDMA）技术，显著增强了波束间的交换能力[7]。

第四阶段：第一次低轨卫星通信热潮——窄带星座组网

20 世纪 90 年代，多颗低地球轨道（Low Earth Orbit，LEO）卫星构成的通信星座迎来了发展的第一次高潮。针对当时第一代地面移动通信系统标准林立、难以实现国际漫游、信号质量差的缺点，美国摩托罗拉公司于 1990 年 6 月宣布了面向全球移动通信服务的铱星（Iridium）计划[8]，实现专用手机直连卫星通信。铱星系统由运行在 778km 高度的 6 个轨道面上的 66 颗卫星构成，轨道倾角为 86.4°[9]。每颗铱星采用 48 个 L 频段波束实现对地覆盖，技术体制参考了 GSM 标准，通信载荷工作在再生处理模式下，星间链路采用 Ka 频段，实现了天基组网。铱星系统在全球设立了 12 个信关站以实现业务落地，系统网控中心位于华盛顿州（备用中心位于意大利罗马）。

尽管铱星系统在技术上取得了许多突破，但由于初期话务服务质量难以令人满意、建设与运维成本高昂，用户数量发展不足以支撑其持续运营，以及地面移动通信在 20 世纪 90 年代迅猛发展，铱星公司于 2000 年 3 月正式宣布破产。然而，商业上的失败并未掩盖其技术上的成功。经过重组后，铱星公司依靠行业用户的采购扭转了经营局面，并在近期顺利完成了铱星二代（Iridium Next）系统的升级改造。

与此同时，美国劳拉公司和高通公司倡导并建设了全球星（GlobalStar）系统[10]。全球星系统由位于 1414km 轨道高度的 48 颗卫星构成，这些卫星分布在 8 个轨道面上，轨道倾角为 56°，采用倾斜圆轨道星座构型[11]。全球星系统的卫星采用透明转发方式，利用 16 个 L 频段（上行）和 S 频段（下行）点波束实现对地覆盖，技术体制参考了 IS-95 标准，并采用扩频技术。尽管全球星系统在技术上取得了一定成就，但同样面临经营困境。该系统于 2004 年 4 月经历了破产重组，之后继续运营至今。

第五阶段：高通量卫星发展

进入 2000 年后，高通量卫星（High Throughput Satellite，HTS）[12]成为卫星通信发展的热点。HTS 使用与传统卫星相同带宽的频率资源，而数据吞吐量是传统卫星通信的数倍甚至数十倍。目前主流的 GEO-HTS 卫星采用 Ku 和 Ka 等高频段传输、密集多点波束、大口径星载天线等技术，通信容量可达数百 Gbit/s 乃至 Tbit/s 量级，每比特成本大幅降低，卫星通信的竞争力显著提升。2004 年，世界首颗 HTS 卫星 Thaicom 4 （IPSTAR 1）发射入轨，提供 87 个 Ku 频段转发器和 10 个 Ka 频段转发器，设计容量约为 45Gbit/s。2011 年 10 月发射的 ViaSat-1 是全球首颗总数据吞吐量超过 100Gbit/s 的 Ka 频段宽带通信卫星，采用 72 个 Ka 频段点波束覆盖美国和加拿大地区，总容量达到 140Gbit/s。2017 年 2 月发射的 ViaSat-2 卫星，总容量提升至 300Gbit/s。ViaSat-3[13]卫星预计可提供 1Tbit/s 容量。2015 年 7 月，欧洲空间局与欧洲通信卫星(Eutelsat)公司签署合同，共同研制"Eutelsat-Quantum"（"量子"）卫星[14]，拟形成由 3 颗 GEO 卫星构成的通信网络。"量子"卫星作为全球首颗采用软件定义载荷的卫星，强调服务的灵活性，可实现覆盖区域、频段、带宽和功率的在轨重新配置，改变了传统通信卫星在工作期内无法更新通信技术的劣势。

第六阶段：第二次低轨卫星通信热潮——宽带巨型星座组网（卫星互联网）

GEO-HTS 卫星虽然在带宽成本上有了显著改善，但传输时延较长（可达几百毫秒），且无法有效服务高纬度地区和极地。2019 年，全球互联网渗透率超过 50%，但增长已趋于停滞，进入了平台期[15]。为了争夺尚未接入互联网的全球另一半人口，自 2007 年起，随着 O3b[16]等计划的提出，卫星互联网星座迎来了新一轮发展高潮。

O3b 系统的目标是让全球缺乏上网条件的"另外 30 亿人"能够通过卫星接入互联网。其初始星座于 2014 年 12 月底完成发射，包括 12 颗卫星（其中 3 颗为备份），运行在赤道上方高度为 8062km 的轨道上。该系统的端到端传输时延约为 150ms。O3b 卫星采用 Ka 频段，提供 10 个用户波束和 2 个馈电波束，波束指向可随着卫星运动进行调整，用户可以在多个卫星和波束之间切换。单个用户波束的传输速率可达 1.6Gbit/s，系统总设计容量达到 84Gbit/s。O3b 卫星采用透明转发方式，卫星之间没有星间链路，业务交换在信关站进行。O3b 第二代星座采用了更先进的卫星平台技术，使用全电推进系统，并搭载再生处理载荷，具备灵活的波束成形能力。与第一代相比，第二代的单星容量提升了 10 倍。

资料专栏：移动互联网、卫星互联网

移动互联网，通常是指基于地面移动通信技术接入的互联网。

卫星互联网，是指基于卫星通信技术接入的互联网，用户通过卫星通信接入互联网，并采用 IP 承载用户业务数据。

2017 年 6 月，美国联邦通信委员会(Federal Communications Commission，FCC)批准了卫星互联网创业公司"一网"（OneWeb）提出的星座计划[17]。OneWeb 规划了 3 代星座，总计 1980 颗卫星，包括低地球轨道（LEO）和中地球轨道（MEO）星座。第一代星座已于 2023 年发射完毕，采用近极轨道构型，共发射 618 颗 LEO 卫星，轨道高度为 1200km。

OneWeb 的卫星采用简单的透明转发器和固定波束天线，每颗卫星提供 16 个 Ku 频段用户波束，单星容量约为 8Gbit/s。该系统不具备星间链路和再生处理功能，业务就近落地到信关站进行处理。目前，OneWeb 已经进入试运营阶段。

"星链"（Starlink）计划[18]是由 SpaceX 公司在 2015 年提出的卫星互联网项目，是一个由多个近极轨道和倾斜轨道混合组成的星座系统。Starlink 的建设分为多个阶段：首先发射 1600 颗卫星，完成对全球中低纬度地区的初步覆盖，最初的 800 颗卫星主要满足美国及北美洲其他地区的天基高速互联网需求；接着发射 2825 颗卫星，完成全球组网；随后发射 7518 颗采用 Q/V 频段的卫星，组成甚低轨（Very Low Earth Orbit，VLEO）星座；后续进一步增加 3 万颗，使卫星总量达到约 4.2 万颗。

Starlink 计划的前两步中，卫星用户链路采用 Ku 和 Ka 频段，馈电链路则采用 Ka 频段。Starlink 卫星采用有源相控阵天线和再生处理等关键技术，后期将进一步支持星间链路和空间组网。1.0 版本的 Starlink 卫星在上行和下行方向均可提供 8 个用户点波束，单星设计容量超过 20Gbit/s。截至 2023 年年底，SpaceX 公司利用"猎鹰"火箭完成了 6000 多颗卫星的发射，并为 90 多个国家的 300 多万用户提供服务，用户速率高达 300Mbit/s 以上。

加拿大"Telesat"公司提出的星座计划[19]包含 117 颗卫星，分布在两组轨道面上：第一组轨道面为近极轨道，由 6 个轨道面组成，轨道倾角为 99.5°，高度为 1000km，每个轨道面有 12 颗卫星；第二组轨道面为倾斜轨道，由不少于 5 个轨道面组成，轨道倾角为 37.4°，高度为 1200km，每个轨道面有 10 颗卫星。

Telesat 卫星搭载数字直接辐射阵列（Direct Radiating Array，DRA）和再生处理载荷，具备调制、解调和路由功能。DRA 在上行和下行方向均能实现 16 个波束，具有波束成形（Beam-Forming）和波束调形（Beam-Shaping）功能，其波束功率、带宽、大小和指向可动态调整，具有很强的灵活性。此外，Telesat 卫星搭载激光星间链路，能够在倾斜轨道和近极轨道星座内及星座间进行组网。2018 年 1 月，Telesat 完成了第二颗试验星的发射。

近年来，美国涌现出一批新兴卫星创业公司，如 AST SpaceMobile、OmniSpace 和 Lynk，这些公司积极开展基于现有 4G 或 5G 手机直接接入卫星通信网络（简称手机直连卫星）的研究和探索。此外，一些知名科技公司也在推进相关技术的发展。

- 苹果公司：2021 年宣称 iPhone 14 和 Apple Watch 将支持卫星通信功能。
- 爱立信：2022 年携手卫星公司泰雷兹和芯片公司高通，共同研制支持 5G

非地面网络（Non-Terrestrial Network，NTN）服务的新型卫星。

- SpaceX：2023 年与美国地面运营商 T-Mobile 及 DISH Network 公司合作，在 Starlink GEN 2.0 Mini 上开展手机直连卫星的实验，目前已发射 64 颗。

这些举措标志着卫星通信技术与地面移动通信技术的进一步融合，推动了手机直连卫星技术的快速发展。

> **资料专栏：极地轨道、近极地轨道、倾斜轨道**
>
> 极地轨道，是指轨道平面与赤道面夹角为 90° 的地球卫星轨道。
>
> 近极地轨道，是指轨道平面与赤道面夹角接近 90° 的地球卫星轨道。
>
> 倾斜轨道，是指轨道平面与赤道面夹角不为 0°、90° 或 180° 的地球卫星轨道。

1.2.2　我国卫星通信发展历程

相比国外，我国卫星通信的发展步伐虽然滞后，却展现出了与日俱进的进步。1958 年 5 月 17 日，在中国共产党第八届全国代表大会第二次会议上，毛泽东主席提出"我们也要搞人造卫星"的战略目标。早在 1957 年 10 月，中国科学院就制订了一个分三步走的发展规划：第一步，实现卫星上天；第二步，研制回收型卫星；第三步，发射地球静止轨道通信卫星。

1970 年 4 月 24 日，我国成功发射了"东方红 1 号"卫星。这颗卫星质量约为 173kg，外形为直径 1m 的球形多面体，运行在近地点 439km、远地点 2384km 的轨道上，并进行了《东方红》乐曲广播等实验，为我国后续卫星的设计和研制奠定了坚实的基础。

1975 年 3 月 31 日，毛泽东主席批准了国家计委、国防科工委、航天工业部、电子工业部和总参通信部等 8 个部门联合起草的《关于发展我国通信卫星问题的报告》，标志着我国卫星通信工程（代号 331）正式启动。该工程涉及五大系统：通信卫星、地球站、火箭、测控系统及发射场。1984 年 4 月，我国成功发射了第一颗地球静止轨道试验通信卫星"东方红 2 号"，该卫星配备了两套 C 频段转发器，能够转发电视、广播、数据传输、传真等模拟和数字通信信号，开启了我国自主卫星通信的新时代。

在需求的驱动下，1986 年我国正式启动了第二代通信卫星"东方红 3 号"的研制工作。1997 年，我国成功发射了基于东方红 3B 平台的"中星 6 号"卫星。该卫星配备了 24 个 C 频段转发器，采用了当时的多项先进技术。它的成功投入使用，不仅使我国的卫星通信实现了跨越式发展，也带动了"天链"中继卫星的发展。这段历史展现了我国卫星通信技术从无到有、从起步到自主创新的历程，为未来的发展奠定了坚实的基础。

进入 21 世纪，我国的通信卫星发展进入了快车道。2008 年 6 月，我国成功发射了第一颗直播卫星——"中星 9 号"。作为一颗大功率、高可靠性、长寿命的广播电视直播卫星，中星 9 号服务于"村村通"工程，能够为西部边远地区免费传输 47 套标清数字电视节目。2016 年 8 月，我国发射了第一颗自主移动通信卫星"天通一号"[20]。该卫星采用 S 频段，具有 109 个波束，覆盖我国陆地及沿海区域，支持语音、短信和中低速数据业务，极大地提升了我国移动通信的自主保障能力。2017 年 4 月，我国成功发射了首颗高通量卫星"中星 16 号"[21]。这颗卫星的通信总容量达到 20Gbit/s，超过了我国过去研制的所有通信卫星容量的总和。通过 26 个用户 Ka 频段点波束和 3 个馈电波束，中星 16 号能够覆盖我国除西北、东北外的大部分陆地和距离陆地小于 300km 的近海海域，显著提升了我国的卫星通信能力和服务水平。2023 年 2 月，我国进一步发射了高通量卫星"中星 26 号"，它是我国目前通信容量最大、波束最多、最复杂的民商用通信卫星，通信容量超过 100Gbit/s。卫星配置 94 个用户波束和 11 个信关波束，覆盖中国及周边地区，为固定终端、车载终端、船载终端、机载终端等提供高速宽带接入服务，可支持百万终端通信，最高通信速率达 450Mbit/s。通过这些突破性成就，我国在通信卫星领域实现了从跟跑到并跑的飞跃，进一步巩固了我国在太空领域的自主创新能力。

随着国际上通信星座发展的热潮，我国也相继提出了一系列星座发展计划。航天科技设计的"鸿雁星座"[22]由 54 颗移动卫星和 270 颗宽带卫星（不含备份卫星）构成，2018 年 12 月完成首颗实验星发射。航天科工提出的"虹云工程"[23]计划发射 156 颗卫星，轨道高度为 1000km，旨在构建我国第一个全球覆盖的低轨 Ka 宽带通信星座系统，首颗实验星于 2018 年 2 月完成发射。银河航天公司计划完成轨道高度为 1156km 的 144 颗卫星星座建设，系统通信容量超过 20Tbit/s，其首颗低轨试验卫星于 2020 年 1 月搭载发射。除了宽带星座，航天科工、九天微星、国电高科和时空道宇等公司还提出了各自的物联网星座系统发展计划。依据国际电信联盟（ITU）的申报资料，中国已申报了"GW""G60"等星座，其中"GW"星座已累计申请卫星 12000 余颗。

/1.3　星地融合移动通信的驱动力与典型应用场景 /

本节探讨星地融合移动通信的驱动力，并进一步分析星地融合移动通信的典型应用场景。

1.3.1　星地融合移动通信的驱动力

在过去数十年内，地面移动通信和卫星通信在各自的发展轨迹上不断迭代和优化，展现了独特的技术进步和适应性。地面移动通信系统在追求"更高频谱效率"和"更高传输速率"的过程中，逐渐被优化成一个适应"地面无线信道模型和业务模型"的通信系统。这使得地面通信系统在城市、乡镇等不同环境下的容量和效率得到了极大的提升。同时，随着 5G 技术的推出，地面移动通信系统在低时延、高带宽和大连接等方面取得了显著进步。

另外，卫星通信系统则在追求"更高功率效率"和"更高通量"的过程中，逐步发展成一个适应"卫星通信信道模型和业务模型"的独立系统。通过发射高通量卫星和采用先进的传输技术，卫星通信能够提供广域覆盖和高数据传输能力，特别是在海洋、山区和沙漠等地面通信无法覆盖或无法高效覆盖的区域。

尽管两者在性能和应用场景上各有优势，具有明显的互补需求；然而，卫星通信系统与地面移动通信系统之间的融合仍面临诸多挑战。虽然部分卫星通信系统采用了基于地面移动通信系统协议的改进版，但由于协议和具体实现上的差异，星地间的有机融合依然困难重重。无线信道特性、调制解调技术、数据处理方式等方面的不同，使得两者在实际操作中的协调和互通复杂且具有挑战性。

未来，随着技术的持续进步和需求的不断增长，星地融合的需求可能会更加迫切。跨领域的合作和创新可能是解决该问题的关键，将推动卫星通信和地面移动通信系统以更加协调、高效的方式服务于全球用户。

> **资料专栏：天地一体化信息网络、星地融合移动通信**
>
> 天地一体化信息网络由天基骨干网、天基接入网、地基节点网组成，并与地面互联网和移动通信网互联互通，具有"全球覆盖、随遇接入、按需服务、安全可信、天地一体"的特征。强调全域覆盖及实现互联互通。

星地融合移动通信是基于统一的网络架构和标准体制、统一的无线接入与网络技术、星地协同的无线资源分配与业务管理等实现的卫星通信和地面移动通信融合，支持手机、物联网终端、VSAT、"动中通"终端、大中型地面站等宽带或窄带接入，实现天基、空基、海基和陆基等用户在星地间、星间无缝切换和通信业务连续性。强调统一的通信技术体制。

随着无线通信技术的发展，特别是 6G 应用需求的逐渐清晰，无论是从用户需求，还是从运营商期望或者从产业发展的角度来看，人们对星地融合移动通信的需求越来越强烈，在所有的驱动力中，以下 4 个方面尤为突出。

（1）卫星通信用户的大众化。传统上，卫星通信的主要用户是政府、军队、企业、专业机构和专业人员。然而，随着人们活动范围的扩大，卫星通信正在向普通个人用户普及。以手机为核心的个人移动通信业务和应用对同一部手机直连卫星的需求越来越迫切。这种需求旨在避免使用另一部专用卫星通信手机所带来的各种问题和不便。同一部手机能够通过卫星或地面基站灵活接入网络，不仅节省了专用卫星通信终端的成本，还提升了公众用户的体验。毫无疑问，该发展趋势是推动星地融合的重要市场驱动力。

（2）覆盖与随时随地接入需求[24-27]。尽管地面移动通信系统能够在其覆盖区域内为城镇的人和物提供宽带移动接入服务，但由于技术和经济因素的限制，地面移动通信系统难以覆盖海洋、高山、森林、沙漠、中高空域和临近空间及人烟稀少的偏远地区。此外，在面对地震、海啸等自然灾害时，地面基站和网络容易被摧毁，导致覆盖能力受到严重影响。相比之下，卫星通信系统可以覆盖整个地球表面、中高空域和临近空间，但在为手机用户提供低成本宽带接入服务方面存在困难。因此，地面移动通信系统和卫星通信系统需要相互配合、互为补充，才能实现无缝覆盖，为用户提供随时随地的接入服务和融合业务。这种协同合作不仅能够弥补单一系统的不足，还可以显著提升通信系统的整体可靠性和覆盖范围。

（3）万物智联的需求。以信息传递和应用处理为中心的万物智联不仅需要低成本的局域物联网连接，还需要经济的广域物联网连接，以支持信息的快速交互与共享，进而实现各种融合业务与应用。星地融合通信能够为海洋、高山、森林、沙漠、中高空域和临近空间及人烟稀少的偏远地区的物联网设备提供可靠的连接手段，从而实现万物互联和智能连接。这不仅拓展了物联网的应用场景，还扩大了整体网络的覆盖范围、提升了可靠性，为广泛而全面的万物互联和智能连接提供了技术手段。

（4）卫星通信和地面移动通信产业链的共享。地面移动通信行业拥有数十亿用户、强大的技术团队和完备的产业链，展现出明显的规模经济优势。然而，目前每个卫星通信系统的用户数量仅有百万级，远低于地面移动通信的用户数量和产业规模。这也是卫星通信设备和运营成本高、技术更新慢的一个重要原因。如何充分利用地面移动通信的成熟产业链，以及如何将普通移动通信用户转化为卫星通信用户，成为运营商面临的两个重要课题。而"星地融合移动通信"则为解决这两个问题提供了技术路径和桥梁。通过星地融合，运营商可以优化资源配置，提升用户体验，同时降低设备和运营成本，从而推动通信产业的整体发展与升级。

除了上述 4 个来自需求侧的驱动力，供给侧的技术进步也使得"星地融合移动通信"成为可能[25]。在地面移动通信的 2G、3G 和 4G 时代，业界有过"星地融合移动通信"的尝试（见第 1.4 节），但没有成功，其中一个重要的原因是当时的技术和产业水平无法满足建设星地融合网络的需求。对于今后的"星地融合移动通信"最重大的需求，如手机直连卫星或物联网终端直连卫星，由于链路预算及用户规模等原因，这些通信场景的实现需要建设大规模低地球轨道（LEO）卫星星座，并使用星载相控阵天线和再生处理通信载荷。目前，可重复使用火箭技术已趋成熟，不仅大大降低了运载成本，还极大提高了火箭发射频率，使得建设和维护巨型星座成为可能。此外，星载相控阵芯片和波束成形技术的成熟，使得大型星载相控阵天线的实现成为可能，并在功耗和成本上初步达到了商业运营的要求。高性能信号处理芯片和 CPU 的成熟应用于 LEO 卫星，使得再生处理通信载荷的实现也成为可能，同样在功耗和成本上满足或接近了商业化的要求。通过这些技术的进步，"星地融合移动通信"的大规模应用似乎已具备了坚实的技术和产业基础。

1.3.2 星地融合移动通信的典型应用场景

星地融合移动通信在个人移动通信、交通运输、航空航海、电信中继、物联网智联、导航与航天、应急救灾等领域都有广泛的应用场景。

（1）个人移动通信。手机是目前公众用户最为常用的个人通信工具。在有地面移动通信网络覆盖的情况下，手机可以通过地面移动通信网络接入星地融合移动通信网络；在没有地面移动通信网络信号的地方或者不可抗力（如地震、海啸等自然灾害）导致地面移动通信网络失效时，手机通过卫星接入星地融合移动通信网络。

（2）交通运输。无论是行驶在陆地上的专业车辆和火车，还是航行在江海湖泊上的船只，都有专业通信、数据回传或向乘客提供网络接入的需求。当有地面移动通信网络覆盖时，可以通过地面移动通信网络接入星地融合移动通信网络；当进入沙漠、无人区、江海湖泊中心时，可以通过直连卫星接入星地融合移动通信网络。

（3）航空航海。当飞机停在机场、舰船泊在码头时，飞机和舰船可以通过地面移动通信系统实现专业通信、数据回传；而在航行的过程中，通过卫星通信系统实现专业通信、数据回传或向乘客提供网络接入服务，并且实现无缝切换。最近兴起的低空经济涉及物流、交通等应用的低空无人机，需要全方位的通信能力支撑。对于无人机间及其与控制器或控制中心间的通信，在地面基站的地对空覆盖区域内采用地面通信，在没有地面基站信号时，切换到卫星通信。

（4）电信中继。星地融合移动通信系统可以以较低成本为边远地区、海岛、海上平台、机动基站平台提供基站回传业务、宽带接入业务和卫星中继业务，可在不改造存量建设的通信网络条件下提供卫星连接和数据中继服务。

（5）物联网智联。在固定平台或移动平台上，为物联网终端提供"直接连接"业务或"间接连接"业务，进而提供电网监控检修、地质监测、森林监测、环境监测、无人机数传与控制、海上浮标信息收集、远洋集装箱信息收集、农作物监控、珍稀动物无人区监控等服务，以及相应的应急处理。星地融合移动通信可满足大规模、低成本终端接入的需要。

（6）导航与航天。星地融合移动通信支持导航增强功能，可为公众用户和行业用户提供定位与导航增强业务；同时，星地融合移动通信可以支撑与航天相关信息传输业务，如高速数传业务、IP 测控业务。

（7）应急救灾。利用星地融合移动通信系统，可以通过手机向公众用户预报各种自然灾害，如地震、洪水、台风、海啸、火山喷发等；在灾害发生导致地面基站和通信网络受损的情况下，灾民可以利用手机通过卫星通信保持与救灾人员、家人亲友的必要联系；救灾人员等行业用户也可以通过卫星通信来实现应急指挥。此外，在日常的应急通信中，在没有地面应急通信网络或地面移动通信网络覆盖时，也可以通过卫星实现应急通信。

/1.4 星地融合移动通信的标准发展与行业动态 /

地面移动通信经过"10 年一代"的发展，技术体制已经收敛和统一，例如 1G

曾有近 10 个技术体制，2G 主要有 GSM 和 CDMA 技术体制，3G 有三大 CDMA 技术体制，4G 有两大 LTE 体制，5G 形成了全球统一标准。目前，地面移动通信标准主要来自 ITU、3GPP 等国际标准组织及中国通信标准化协会（China Communications Standards Association，CCSA）等国内标准组织。全球移动通信手机用户数量已达 70 亿户，在全球已形成了巨大的规模经济优势。

相较而言，卫星通信传统上来源于每个公司的私有技术体制，体制多、不互通，每个卫星通信技术体制的用户数量都只有百万量级的公众用户数，产业上难以形成规模经济优势。

卫星通信标准的产生，除 ITU、3GPP、CCSA 外，还有欧洲电信标准组织（European Telecommunications Standards Institute，ETSI）、空间数据系统咨询委员会（Consultative Committee for Space Data System，CCSDS）等国际标准组织及一些私有协议，具体如图 1-4 所示。

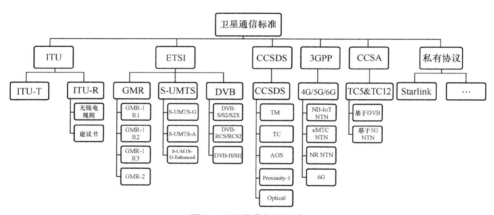

图 1-4　卫星通信的标准

星地融合移动通信的研究和实践始于 GEO 移动无线接口（GEO Mobile Radio Interface，GMR）。GMR 标准是由欧洲电信标准组织（European Telecommunications Standards Institute，ETSI）定义的 GEO 卫星移动通信系统无线接口技术规范。GMR 最初是基于 GSM 标准制定的，分别是 GMR-1 和 GMR-2，它们在用户链路及馈电链路频段、双工方式、多址方式等方面相同，但在载波间隔、调制方式、编码方式、信息速率等方面存在差异。Thuraya 系统采用了 GMR-1，INMARSAT 和亚洲蜂窝卫星（ACeS）系统采用了 GMR-2。随着地面移动通信标准从 GSM 到 GPRS 再到

3G 的演进，GMR-1 标准也在演进，分别对应 GMR-1 Release1、GMR-1 Release2（即 GEO 移动分组无线业务（GEO-Mobile Packet Radio Service，GMPRS）和 GMR-1 Release 3（即 GMR-1 3G）；而 GMR-2 并没有进行更新，仍然是基于 GSM。不过，GMR-1 和 GMR-2 与 GSM 在空口上存在很大差异。

卫星通用移动通信系统（Satellite Component of the Universal Mobile Telecommunications System，S-UMTS）是 ETSI 基于通用移动通信系统（Universal Mobile Telecommunications System，UMTS）定义的卫星移动通信标准，可用于 LEO、MEO 和 GEO 卫星。S-UMTS 标准分为 S-UMTS G 簇（S-UMTS-G Family，S-UMTS-G）协议、S-UMTS A 簇（S-UMTS-A Family，S-UMTS-A）协议和 S-UMTS G 增强簇（S-UMTS-G Family Enhanced，S-UMTS-G-Enhanced）协议 3 个部分。S-UMTS-G 基于 WCDMA 无线接口，试图让 UE 完全兼容 3GPP 全球地面无线接入（Universal Terrestrial Radio Access，UTRA）的 FDD 制式（即 WCDMA），只是使用卫星移动业务（MSS）频率；S-UMTS-A 引入了卫星宽带码分多址（Satellite Wideband-Code Division Multiple Access，SW-CDMA）卫星无线接口，与 WCDMA 相比，SW-CDMA 在空口上进行了修改，以适应卫星通信环境，信道带宽是 2.35MHz 或 4.70MHz；S-UMTS-G-Enhanced 把 S-UMTS-G 作为基础，增加了一些用于优化无线接口的可选项。可见，S-UMTS-G 是第一个实现星地融合移动通信的通信标准。

在 LTE 阶段，也有研究基于地面 LTE 标准制定卫星通信标准，包括中国提出的宽带移动卫星（Broadband Mobile Satellite，BMSat）通信标准[28]和韩国提出的 SAT OFDM[29]，二者于 2013 年 10 月被 ITU-R SG4 确认为卫星通信国际标准[30]。

从 3GPP R15 开始，3GPP 提出开展 5G 新空口（New Radio，NR）非地面网络（Non-Terrestrial Network，NTN）和物联网（Internet of Things，IoT）NTN 的研究[31-32]，并在 R17 中推出了 5G NR NTN 和窄带物联网（Narrow Band Internet of Things，NB-IoT）NTN 的第一个版本，形成了基于 5G NR 和 NB-IoT 的星地融合移动通信的通信标准。

我国自 2016 年提出天地一体化信息网络，其作为科技创新 2030——重大项目中首个启动的重大工程项目，被列入《中华人民共和国国民经济和社会发展第十三个五年规划纲要》以及《"十三五"国家科技创新规划》。天地一体化信息网络由天基骨干网、天基接入网、地基节点网组成，并与地面互联网和移动通信网互联互通，其目标是使中国具备全球时空连续通信、高可靠安全通信、区域大容量通信、高机动全程信息传输等能力。2020 年 4 月，国家发展和改革委员会将卫星互联网首次列为"新基建"范畴中的信息基础设施。

中国信科是星地融合移动通信的重要技术贡献者，提出了"5G 体制兼容、6G 系统融合"的星地融合移动通信技术发展路线，倡导 5G 体制的卫星通信，引领 6G 星地融合移动通信技术发展[25-26]。中国信科一直在积极从事星地融合移动通信的技术研究与标准制定、设备研发与技术验证等工作。2023 年《星地融合通信白皮书》[33]发布，系统性介绍了以手机直连卫星为代表的星地融合移动通信系统的驱动力、需求与应用场景，关键指标与技术挑战，星地融合发展路径，星地融合通信关键技术，以及未来的标准与技术验证推进等。在国际上，中国信科一直在积极参与 3GPP NTN 项目，已经在多个工作组牵头了 10 余个立项并已经完成 5 项，在 ITU-T 牵头了 4 个标准立项并完成了 3 项，此外正在 ITU-R WP4B 积极推动 5G 卫星通信标准制定和 6G 卫星通信未来技术趋势研究。中国信科研制了 5G NTN 宽带透明转发高低轨一体化端到端通信设备，包括星地融合核心网、星地融合终端、高低轨一体化地面基站，并基于高轨卫星和低轨卫星开展技术验证，验证中使用星地融合终端和地面 5G 手机进行业务互通（即 5G NTN 终端通过卫星通信链路连接到地面信关站的 5G NTN 基站和 5G NTN 核心网，5G NTN 核心网通过互联网与公网核心网连接，公网核心网与地面 5G 手机连接），支持了短消息、语音对讲、FTP 下载、4K 高清视频通话等业务，从架构、协议、设备等方面全面验证了 5G NTN 标准的实现可行性，为后续星地融合技术与产业的商用落地打下坚实基础。

针对当前所处的 5G 体制兼容的星地融合阶段，业界多个组织均在持续开展基于 5G 及演进的卫星互联网体制融合研究，如 3GPP、ITU、ETSI 及国内标准化组织 CCSA 等。下面进行具体介绍。

1.4.1 第三代合作伙伴计划（3GPP）

第三代合作伙伴计划（3GPP）自 R15 阶段开始研究 NTN，至目前的 R19 阶段，已经成立了多个项目[31-32,34-35]，如图 1-5 所示。其中，R15 和 R16 阶段以研究项目为主，探讨卫星与 5G 融合的解决方案。在 R17 阶段，3GPP 完成了第一个支持 NTN 的 5G 透明转发卫星通信标准，并在 R18 阶段继续在移动性管理、终端增强等方面开展研究。在 R19 阶段，3GPP 进一步讨论再生处理、星间链路、核心网上星等更复杂的特性，支持星地融合移动通信深度发展[36]。

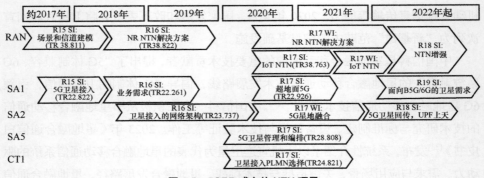

图 1-5　3GPP 成立的 NTN 项目

作为 NTN 需求研究的基础报告，TR22.822[35]对终端和原有地面网络提出新要求，结合 5G 卫星网络应用场景分析，对已有服务进行修改和更新。其主要内容如下。

- 将 5G 卫星接入用例分为服务连续性、服务无处不在、服务可拓展性 3 类，对各类用例的适用场景进行了分析。这 3 种类别不是互相排斥的，一个用例可能同时属于以上多种类别范畴。

- 提出 12 种功能需求及其对应的使用场景示例，包括卫星通信网络与地面移动通信网络之间的漫游、卫星覆盖的广播与多播、卫星物联网、卫星应急应用等，以及各用例的基本场景、业务流程、服务的潜在要求及对现有/未来服务的潜在影响与交互性。

- 分析 5G 卫星接入的性能指标，目前该部分已完成卫星接入时延的研究，确定了 5G 卫星接入场景下 LEO/MEO/GEO 这 3 类卫星应支持的最大端到端时延要求，以及各类时延场景下用户终端所对应的服务质量等级。

- 分析 5G 卫星网络应用的潜在要求和关键指标，涉及卫星网络安全、网络收费功能、网络路由、终端功能、通信服务质量要求等方面。

作为 NTN 方案研究的基础报告，TR38.811[31]针对 5G 应用场景的需求及现有卫星技术的发展水平，确定卫星网络部署方案及相关参数，是保障 5G 系统卫星通信功能和性能需求的关键。其主要内容如下。

- 定义了 5G 非地面网络的作用：在地面移动通信网络欠覆盖地区，实现低成本覆盖，为机器到机器（Machine to Machine，M2M）、IoT 及高速移动乘客提供服务，为网络边缘网元及终端提供多播和广播信息。

- 研究了非地面网络的各类业务特性及网络结构：根据宽带接入网和窄带接

入网的无线频率、终端类型及是否存在星间链路进行分类，提出了 5 种常见的卫星和空中接入网络架构。

- 研究了非地面网络部署方案：设计了 10 个典型的卫星通信应用场景，包括 8 个 eMBB 场景和 2 个 mMTC 场景，并根据不同应用场景及其功能需求，确定几类典型的 5G 网络应用场景下的非地面网络部署方案。
- 讨论了非地面网络信道模型：包括卫星信道现状和预期达到的功能、卫星与地面移动通信信道建模方法差异分析、卫星坐标系模型、天线模型、大规模通信模型、快衰落模型、用于链路级仿真的通道模型、信道模型修正等 10 个研究方向。

作为 NTN 方案研究的更深入报告，TR38.821[32]在 TR38.811 的基础上，给出了典型场景的性能仿真验证，研究了 NTN 对 5G 物理层的影响，研究和定义了层 2 和层 3 的可选解决方案及无线接入网的框架和对应的接口协议。其主要内容如下：

- 规定的卫星通信系统组成包括信关站、馈电链路、用户链路、卫星、星间链路、NTN 终端；
- 讨论透明转发和星间链路下的 NTN 典型应用场景，考虑圆形轨道、最长的往返时延、多普勒效应；
- 讨论卫星通信网络架构，包括透明转发下的网络架构设计及支持星间链路的网络架构设计；
- 开展无线协议研究，包括时延、非连续接收策略、随机接入过程、媒体接入控制（Media Access Control，MAC）层功能等方面；
- 开展无线网络架构和结构协议研究，包括跟踪区域管理、连接态下移动性管理、位置更新和寻呼处理、网络标识管理等 10 个方面。

1.4.2　国际电信联盟

国际电信联盟（ITU）早在 2016 年便提出了卫星通信与地面移动通信融合的构想，并设立重点研究课题"将卫星系统整合到下一代接入技术中的关键因素"（Key Elements for Integration of Satellite Systems into Next Generation Access Technologies，NGAT_SAT），发布了报告 ITU-R M.2460[37]定义和分析 5G 卫星网络的应用场景、网络架构、关键技术等。

2021 年，由中国牵头发起，ITU-R WP4B 进一步成立了"卫星无线接口研究项目"（Satellite Radio Interface of IMT-2020）[38]，计划 2025 年完成 5G 卫星的应用场景、关键性能指标及评估标准，如图 1-6 所示。2022 年 9 月，ITU-R WP4B 完成了 5G 卫星通信的愿景需求制定，明确了卫星增强移动宽带（eMBB-s）、卫星海量机器类通信（mMTC-s）、卫星高可靠通信（HRC-s）三大应用场景（如图 1-7 所示），并建立了包括峰值速率、用户体验速率、峰值频谱效率、用户面时延、控制面时延、最大移动速度、连接数密度、可靠性等多项关键技术指标（如表 1-2 所示），最终形成标准文件 ITU-R M.2514[39]。

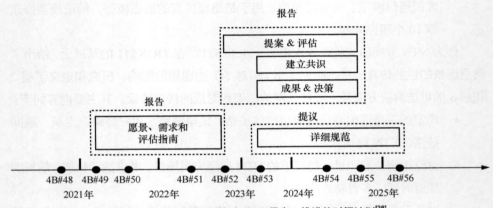

图 1-6　ITU-R WP4B 针对 5G 卫星空口推进的时间计划[38]

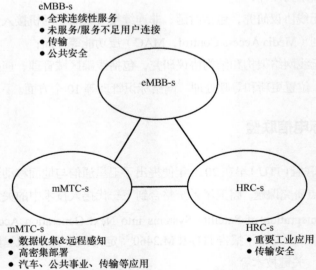

图 1-7　ITU-R WP4B 定义的 5G 卫星通信典型应用场景[39]

表 1-2　ITU-R WP4B 定义的 5G 卫星通信关键技术指标要求

技术指标	手持终端、IoT 终端	VSAT
峰值速率	70Mbit/s（DL）、2Mbit/s（UL）	900Mbit/s（DL/UL）
用户体验速率	1Mbit/s（DL）、100kbit/s（UL）	—
峰值频谱效率	3bit/(s·Hz)（DL）、1.5bit/(s·Hz)（UL）	2.3bit/(s·Hz)（DL/UL）
用户面时延	10ms	
控制面时延	40ms	
最大移动速度	250km/h	
连接数密度	500/km^2	
可靠性	99.9%	

2023 年 6 月，中国在 ITU-R WP4B 进一步发起了卫星未来技术趋势的研究 "Development and Technology Trends for the Satellite Component of International Mobile Telecommunications" 的建议草案[40]，获得了多个国家的积极响应，最终在 ITU 成功立项，预期 2026 年完成报告制定。

1.4.3　欧洲电信标准组织

欧洲电信标准组织（ETSI）下设的欧盟 5G 设施公私合作（5G Infrastructure Public Private Partnership，5GPPP）项目先后成立了 Sat5G 组织和 6G NTN 联盟。

2017 年 6 月，欧洲 16 家企业及研究机构联合成立了 5G 星地网络（Satellite and Terrestrial Network for 5G，SaT5G）组织[41]，研究卫星与地面 5G 融合技术，并推进相关内容的国际标准化工作。SaT5G 组织的研究包括在卫星 5G 网络中实施网络功能虚拟化（Network Function Virtualization，NFV）和软件定义网络（Software Defined Network，SDN）技术、卫星/5G 多链路和异构传输技术、融合卫星/5G 网络的控制面与数据面、卫星/5G 网络一体化的管理和运维，以及 5G 安全技术在卫星通信中的扩展。在 EuCNC-2019 大会（2019 European Conference on Networks and Communications）上，SaT5G 组织演示了标准 5G 用户设备如何通过卫星链路单独或与地面链路并行提供到核心网的回程连接。

2023 年 1 月，欧盟启动 6G NTN 研究项目，并成立 6G NTN 联盟[42]。6G NTN 联盟由 15 个在 5G/6G 研究和创新领域具有互补的合作伙伴组成，由意大利博洛尼亚大学牵头，其他成员单位有泰雷兹阿莱尼亚航天（法国和英国）、泰雷兹

DIS AIS、泰雷兹 SIX GTS、爱立信（法国和瑞典）、SES Techcom、高通、Orange、Greenerwave、Martel Innovate、加泰罗尼亚电信技术中心（CTTC）、德国航空航天局（DLR），以及一个专注于绿色技术和可持续数字发展的非营利性协会——数字地球。

6G NTN 项目旨在通过研究多维（空-地）网络基础设施、多约束无线接入网和多用户终端，设计和验证 NTN 关键技术，以将 NTN 和 TN 架构集成到 6G 中。其将定义和验证 NTN 充分集成到 6G 基础设施，在室内和室外条件下能够提供增强移动宽带（eMBB）及超可靠低时延通信（URLLC）服务垂直行业和消费者终端，并推动相关技术在 3GPP 和 ITU-R 中的标准化。

1.4.4 中国通信标准化协会

中国通信标准化协会（CCSA）于 2020 年成立了航天通信技术工作委员会（TC12），积极开展卫星网络接入、传输协议、协同组网和应用等方面的研究。

2020 年，TC12 设立了"面向 5G 增强和 6G 的星地融合技术研究"研究课题，从网络架构、空口传输、组网、频率复用等多个方面探讨 5G 和 6G 星地融合关键技术，分析各技术的背景和需求、技术现状和发展趋势、问题和挑战、潜在的解决方案等，为后续的标准推进和系统研发打下基础。

随后，TC12 一方面持续开展与星地融合相关的关键技术深入研究，设立了"面向星地融合的通信终端能力和技术研究""基于星地融合的网络切片技术研究""卫星通信多波束协同传输技术研究""星地融合协同的无线组网技术研究""基于星地融合网络的策略控制技术研究""星地融合网络 QoS 优化保障技术研究""星地融合网络确定性传送技术研究"等多项研究课题来深入探讨星地融合的关键技术；另一方面联合无线通信技术工作委员会（TC5）开启了 5G NTN 技术的行业标准制定工作，设立了 10 余个立项，进行 IoT NTN 和 NR NTN 的设备技术要求制定及测试方法制定。

/1.5 星地融合移动通信的发展趋势/

本节探讨了星地融合移动通信的技术路径，然后分别介绍了 5G 移动通信系统和 5G NTN 系统，最后分析了当今热点技术方向——手机直连卫星通信。

1.5.1 技术路径：从 5G 体制兼容到 6G 系统融合

在 5G 设计之初，并未将卫星通信纳入考虑。3GPP R15 版本是 5G 的第一个商用版本。随着技术的演进和需求的发展，在 R15 的标准化后期，基于 NTN（非地面网络）项目开始研究卫星通信技术；并在 R17 完成了第一个版本的标准规范，为 5G 技术在卫星通信中应用提供了标准支持。

5G 具有技术先进、产业链成熟及规模经济等优势。卫星通信与 5G 在体制上的兼容，能够充分利用并分享 5G 地面移动通信的产业链和规模经济效应。5G NTN 星地融合移动通信能支持透明转发和再生处理两种部署场景。相比现有的 5G 普通手机直连卫星的技术方案，5G NTN 通过技术方案设计与优化，复杂度、建设和运维成本更低，系统容量更大，先进性更为突出。

5G NTN 支持 GEO、MEO 和 LEO 场景，支持 L/S/C/Ka 等频段，终端类型包括 VSAT（如 Ka 频段）和普通手机（如 L/S/C 等频段），适用于卫星固定通信、"动中通"通信和卫星移动通信。基于 5G NTN 的手机直连卫星方案不仅契合手机更迭周期短的特点，满足行业应用需求，还为 6G 星地融合移动通信奠定了坚实的基础[25-27]。

虽然 5G NTN 研究在业界广泛开展，卫星通信与地面移动通信尚未完全形成深度融合的一个整体，这是因为在制定 5G NTN 标准的过程中，3GPP 没有完全接纳和满足卫星通信系统的实际需求，而只是对地面 5G 标准做了适应性的修改，未充分发挥出卫星网络能力。面向 6G，星地融合成为技术发展的必然趋势[43-46]，已经受到国内外标准组织和产业界的高度关注，多个公司或组织的 6G 相关研究和白皮书均提到了与星地融合相关技术愿景。例如，韩国电子通信研究院（ETRI）在其 6G 愿景白皮书中提出了三维立体覆盖的需求和关键技术，日本 NTT Docomo 在其 5G 演进和 6G 白皮书中提出了高空平台和卫星的空间覆盖需求，瑞典爱立信在其 6G 白皮书中提到非地面接入是 6G 的重要组成部分，中国 FuTURE 论坛在 2020 年发布了《空天地一体通信系统》白皮书[47]，系统性地介绍了空天地一体通信的需求和愿景及关键技术。此外，国内 IMT-2030（6G）推进组在网络工作组下成立了天地一体化任务组，主要探讨天地一体化对 6G 网络架构的影响；在无线技术工作组下成立了天地一体化子组，主要探讨空天地一体的无线传输技术与系统设计。

在 6G 时代，从标准开始研究制定时，就充分考虑了地面蜂窝网络与卫星网络两种不同类型无线信道的差异及其接入方式，有机融合地面移动通信和卫星通信，实现星地融合的通信网络体制，确保 6G 网络满足全球无缝覆盖，使得任何人在任何地点任何时间都可以接入网络[4,24-26,43]。其典型特征包括统一的网络架构、统一的空口协议、统一的频谱规划管理、融合的网络、融合的业务、融合的终端。

6G 星地融合移动通信网络是一个多维复杂的"巨系统"，是多个异构接入网络的融合，具有多层立体、动态时变的特点，将解决星地融合带来的系列挑战，如复杂跨域组网导致的网络架构设计困难、大尺度空间传播环境导致的传输效率低、卫星的高速运动引起网络拓扑高动态变化从而导致的移动性管理困难等，以及上述挑战导致的业务质量和通信连续性难以保障等难题。

1.5.2　5G 移动通信系统

ITU 为 5G 定义了三大典型场景、八大关键技术指标的需求。三大典型场景包括增强移动宽带(eMBB)、海量机器类通信(mMTC)、超可靠低时延通信(URLLC)，八大关键技术指标包括频谱效率、峰值速率、用户体验速率、流量密度、连接数密度、时延、移动性、能效。不同场景具有不同的关键技术指标挑战，其中，eMBB 场景需要满足 1Gbit/s 用户体验速率、数十 Gbit/s 峰值速率、数十 Tbit/(s·km^2) 的流量密度，mMTC 场景需要满足 10^6/km^2 的连接数密度，URLLC 场景需要为用户提供毫秒级的端到端时延和接近 100% 的业务可靠性保证。

为了满足上述需求，从系统架构上，5G 移动通信系统整体上包括 5G 核心网(5G Core Network，5GC)和下一代无线接入网（Next Generation Radio Access Network，NG-RAN），如图 1-8 所示。

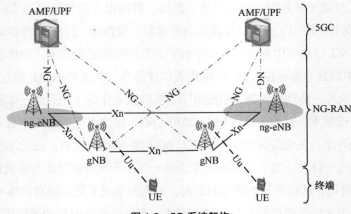

图 1-8　5G 系统架构

5G 核心网包括控制平面和用户平面网元。控制平面网元除了接入和移动性管理功能（Access and Mobility Management Function，AMF），还包括会话管理功能（Session Management Function，SMF），但是 SMF 和接入网之间没有接口。用户平面网元包括用户平面功能（User Plane Function，UPF）。

NG-RAN 由 gNB（NR 基站系统）和 ng-eNB（可接入 5G 核心网的 LTE 演进基站）两种逻辑节点共同组成。gNB 提供 NR 基站到 UE 的控制平面与用户平面的协议，ng-eNB 提供 LTE 基站到 UE 的控制平面与用户平面的协议。gNB 之间、ng-eNB 之间，以及 gNB 和 ng-eNB 之间通过 Xn 接口进行连接。

NG-RAN 和 5GC 之间通过 NG 接口进行连接，进一步分为 NG-C 和 NG-U 接口，其中与 AMF 控制平面连接的是 NG-C 接口，与 UPF 用户平面连接的是 NG-U 接口，NG 接口支持多对多连接方式。

UE 和 gNB 之间的接口是无线空口，也称为 Uu 接口，主要进行终端和基站的无线信号的传输，支持终端的网络接入和业务传输。Uu 接口的协议栈分为控制平面和用户平面，如图 1-9 所示。

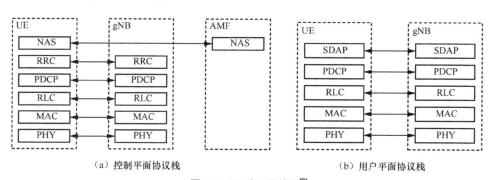

（a）控制平面协议栈　　　　　　　　　（b）用户平面协议栈

图 1-9　5G 空口协议栈[2]

各协议层的具体功能介绍如下。

（1）物理（Physical Layer，PHY）层，主要对各个信道的数据进行复用、调制、编解码、速率匹配、数据映射、重传合并等处理，还具有信号的时频同步、无线信道测量、基带数据的发送与接收等功能。

（2）媒体接入控制（MAC）层，主要功能包括上/下行数据的调度和空口时频域资源的分配，逻辑信道到传输信道的映射，逻辑信道优先级的处理，混合自动重传请求（Hybrid Automatic Repeat Request，HARQ）处理等。

（3）无线链路控制协议（Radio Link Control，RLC）层，主要功能包括传输上层协议数据单元（Protocol Data Unit，PDU），对服务数据单元（Service Data Unit，SDU）进行分段、重组和重传，对 SDU 进行编号和重复检测，处理 SDU 的丢弃，处理 RLC 重建等。

（4）无线资源控制（Radio Resource Control，RRC）协议层，属于控制平面，主要功能包括移动性管理、用户上下文管理、信令连接管理、承载管理、接口管理（NG、Xn 接口）、切片管理等。

（5）分组数据汇聚协议（Packet Data Convergence Protocol，PDCP）层，属于用户平面，主要功能包括 SDU 编号、重排序和重复检测，数据的按序递交，加解密和完整性保护，PDCP SDU 丢弃和向下层的指示，PDCP 状态报告，PDCP 重建和数据恢复等。

（6）服务数据自适应协议（Service Data Adaption Protocol，SDAP）层，属于用户平面，主要功能包括服务质量（Quality of Service，QoS）流和数据无线承载之间的映射，对下行和上行的数据包标记 QoS 流标识等。

为了支持高速数据传输，5G 移动通信系统在设计中考虑了更大的频段范围，能支持 100GHz 以内的频段。3GPP 自 R15 阶段为 5G 移动通信系统定义了 2 个频率范围，其中频率范围 1（Frequency Range 1，FR1）又称低频段（Low Frequency，LF），涵盖 450MHz～6GHz，支持的最大系统带宽为 100MHz。频率范围 2（Frequency Range 2，FR2）又称高频段（High Frequency，HF）或毫米波频段，涵盖 24.25～52.6GHz，支持的最大系统带宽为 400MHz。

5G 移动通信系统支持 FDD 和 TDD 两种双工方式，并且 TDD 成为主要的双工方式。一方面，低频段可以避免用于移动通信的频段日益稀少，5G 的目标工作频段会高于 4G 系统的工作频段，甚至需要在毫米波频段部署。在这个情况下，难以分配 FDD 系统所需的成对频谱。另一方面，TDD 系统可以利用信道互易性实现大规模天线和波束成形技术，以较低的开销获得高精度的信道状态信息，相对于 FDD 系统而言具有天然的优势。因此，5G 移动通信系统在设计上重点对 TDD 的帧结构和控制方式进行了优化。

1.5.3　5G NTN

在偏远地区、山区、沙漠等，由于单位面积内用户数稀少，建设和维护 5G 地面网络的成本极其高昂；而在海洋，难以建设 5G 网络。因此，3GPP 开发了 5G 非地面网络（NTN），预期通过卫星、高空平台等载体（或称 NTN 节点）来实现更广的覆盖。非地面网络与地面网络的融合，可以使移动通信不再受地形地貌和海域的限制，提供泛在覆盖，将空、天、地、海等空间连接起来，形成一体化的泛在接入网络，实现全场景的按需接入。

目前 3GPP 所讨论的 5G NTN 节点，可以是 LEO 卫星、MEO 卫星、GEO 卫星或者飞艇、热气球等高空平台电信系统（High-Altitude Platform Station，HAPS）以及无人驾驶飞行器（Unmanned Aerial Vehicle，UAV），如图 1-10 所示。和不同轨道类型的卫星相比，HAPS 因为具有更低的高度，更易于灵活部署，目前在应急覆盖及边境、海防、近海等场景的增强覆盖中起着越来越大的作用，但其面临着成本、频率规划、无线干扰等挑战。

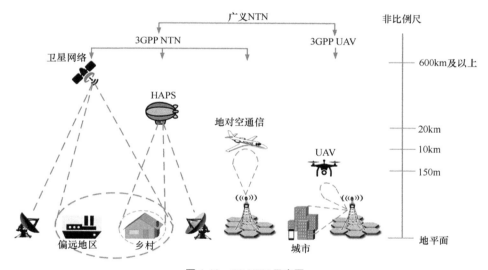

图 1-10　5G NTN 示意图

5G NTN 包括 NR NTN 和 IoT NTN，如图 1-11 所示。NR NTN 利用 5G NR 技术框架实现终端与卫星之间的连接，以提供语音和数据服务。NR NTN 支持两类业务：手机直连卫星通信业务和 VSAT 宽带通信业务。IoT NTN 专注于支持低复杂度增强机器类通信（eMTC）和窄带物联网（NB-IoT）终端的卫星物联网服务，如海运集装箱的资产跟踪等。

以 NR NTN 为例，图 1-12 和图 1-13 分别是透明转发模式和再生处理模式的 5G NTN 架构示意图。透明转发模式和再生处理模式的具体对比，见表 1-3。

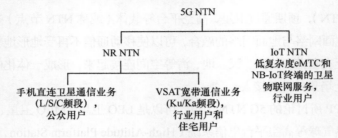

图 1-11　3GPP NTN 分类示意图

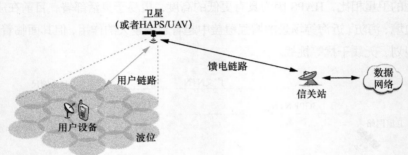

图 1-12　透明转发模式的 5G NTN 架构示意图[32]

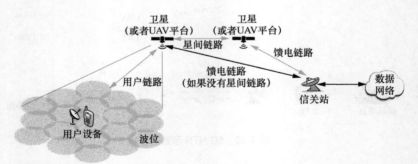

图 1-13　再生处理模式的 5G NTN 架构示意图[32]

表 1-3　透明转发模式和再生处理模式的具体对比

对比项	透明转发模式	再生处理模式
功能	仅完成信号的中继传输,包括低噪声放大、变频和功率放大等	完成基带信号的交换和处理,包括信号的解调或进一步的信号处理等
性能	传输时延大,链路质量低,系统容量小	传输时延较小,链路质量高,系统容量大

续表

对比项	透明转发模式	再生处理模式
星上交换	无法支持数据包交换与路由	能支持数据包交换与路由，未来卫星通信实现大容量、高性能的关键技术之一
技术体制	技术体制易于替换，且同时能够通过带宽分割来支持多样化的技术体制并行工作。技术体制的更换涉及地面信关站基站的替换，难度较小	技术体制相对固定，且同时只支持单一技术体制工作。技术体制的更换涉及星上基站的替换，难度较大，需通过对卫星进行动态重构、软件升级的方式进行，存在不同技术体制难以做到硬件兼容等问题
星间通信	不需要	星间通信支持下更具灵活性
地面信关站	地面信关站需遍布全球，数目较多	地面信关站无须遍布全球，数目较少
组网模式	天星地网	天星地网或天网地网，相对灵活

对于透明转发处理卫星，5G NTN 的系统架构如图 1-14 所示，包括接入网和核心网。接入网的卫星节点充当中继器，负责频率转换和功率放大，对 UE 是透明的。基站（gNB）位于地面，通过 NTN 网关与卫星节点连接。5G NTN 的终端和星载基站之间用 NR Uu 接口连接，接入网和核心网之间用 NG 接口连接。

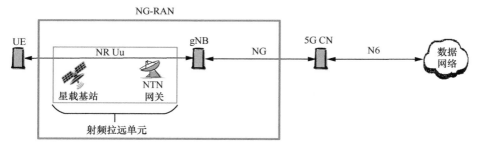

图 1-14　透明转发模式的 5G NTN 系统架构[32]

对于再生处理卫星和具有星间链路的低轨卫星星座，5G NTN 的系统架构如图 1-15 所示，包括接入网和核心网。接入网中又包含由星载基站组成的天基承载网，实现基站上天，俗称"5G 上天"。5G NTN 的终端和星载基站之间用 NR Uu 接口连接，星载基站之间用 Xn 接口连接，接入网和核心网之间用 NG 接口连接。

无论是透明转发模式，还是再生处理模式，由于 5G NTN 在系统框架和接口协议上完全与 5G 移动通信系统兼容，因此，无论是 Uu 接口还是 NG 接口，5G NTN 系统的协议栈架构与 5G 移动通信系统完全相同，主要的技术差异体现在处理星地时延、卫星移动性等方面带来的影响上。

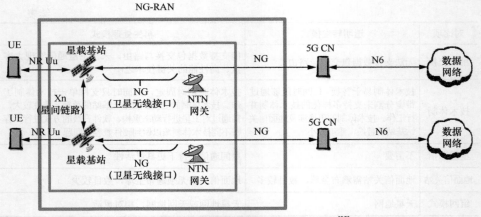

图 1-15　再生处理模式的 5G NTN 系统架构[32]

由于 NTN 节点带来的信号传输时延大，5G NTN 目前仅适用于 FDD 制式。在 3GPP R17 中，NTN 适用于使用 S 频段或 L 频段的低频率范围（FR1）。连接 NTN 的 UE 可以是手持设备、物联网设备或具有定向天线和较高发射功率的 VSAT。支持 NTN 的 UE 必须补偿上行链路传输中传播时延和卫星移动造成的时间和频率偏移。UE 必须具备全球导航卫星系统（Global Navigation Satellite System，GNSS）等定位能力，才能在系统信息广播中计算时间和频率补偿及卫星位置和速度。

1.5.4　手机直连卫星通信

手机直连卫星通信是指公众用户用同一部手机可以无感知地在地面移动通信网络和卫星通信网络间进行随遇接入和无缝切换，能在全球任何范围内享受不间断通信服务。

早在 20 世纪 90 年代，摩托罗拉公司基于低轨卫星通信的铱星系统就能实现专用手机终端直连卫星通信，与当时的地面移动通信系统（2G/3G）竞争，但由于成本高、资费贵，没有普及，在发展公众用户方面输给了地面移动通信系统，只服务于行业用户。

随着技术进步及人类活动拓展，作为星地融合移动通信应用的典型代表，手机直连卫星通信相较于宽带卫星互联网应用，具有受众广泛、终端便携、市场潜力巨大等优势，自 2022 年起再度成为业界新的研究热点。在国际上，以 AST SpaceMobile 为代表的美国初创卫星公司积极开展手机直连卫星通信的技术试验。在国内，卫星运营商、地面运营商、系统厂商和终端厂商等,均在积极关注手机直连卫星通信的需求与技术发展。

手机直连卫星通信是 5G 及未来 6G 发展的一个重要方面,将应用最广的地面移动通信网络与覆盖范围最大的卫星通信网络紧密结合,卫星通信与地面移动通信从竞争走向了互补。这不仅是增强手机终端能力与提高网络覆盖广度的重要方法,也是对传统依靠专用手持终端、以语音及低速率业务为主的卫星移动通信的重新定义,更是面向 6G 真正实现随遇接入、无缝覆盖的重要举措。

资料专栏:公众用户、行业用户

公众用户: 指通信满足生活和社交需要的普通消费者,目前绝大部分由地面移动通信提供服务,由消费者个人决策,对价格敏感。

行业用户: 指通信满足工作/专业需要的政府、企业、专业机构、军队等用户,目前部分由卫星通信提供服务,由组织决策,对价格不敏感。

从关键技术指标需求来看,相较于手机在地面移动通信网络工作,手机直连卫星通信在一些关键技术指标方面会受到一定影响[48-49]。

(1)通信速率

手机直连卫星通信受手机天线增益、发射功率等因素的影响,相比地面移动通信网络,手机通信速率会有量级下降。

(2)频段带宽

手机直连卫星通信,受无线传播特性及手机天线形式等因素的影响,一般工作在低频段,如 L、S 或 C 频段。按照 ITU 的规划,低频段可用于卫星移动通信业务的带宽一般低于20MHz,该带宽远低于 5G NR 的可用带宽及高通量卫星通信的带宽。

(3)频谱效率

由于手机直连卫星的功率受限,低信噪比导致高阶调制难以应用,同时卫星距离地面较远,传统的 MIMO 技术难以用于单星增容。这些因素都会限制手机直连卫星通信的频谱效率。

(4)多普勒频移

低轨卫星由于运动速度快,会带来较大的动态特性。即便是在较低的 L 和 S 频段,低轨卫星带来的多普勒频移也有数十 kHz,对频率同步也会造成较大的影响。

从手机所采用的技术体制来看,手机直连卫星通信主要有 3 种技术路线,如表 1-4 所示。

表 1-4 手机直连卫星通信的技术路线

对比项	技术路线一： 基于现有卫星通信体制	技术路线二： 基于现有地面移动通信体制	技术路线三： 基于 3GPP NTN 体制
技术方案	私有/专用，手机厂商主导	私有/专用，卫星厂商主导，与地面运营商合作	3GPP NTN 标准
终端类型	定制手机，集成专用卫星通信终端模组，双模手机（如华为 Mate 60 Pro 集成天通卫星终端模块，苹果 iPhone 14 集成 GlobalStar 卫星终端模块）	4G/5G 存量终端（手机）	3GPP NTN 手机
终端实现方式	传统卫星电话模式，使用专用卫星通信协议和频段	现有手机不进行任何改动，由卫星和网络处理各技术问题	3GPP NTN 标准
典型星座或参与公司	Iridium、GlobalStar、INMARSAT、天通一号	AST SpaceMobile、Lynk、Starlink GEN 2.0 Mini	Omnispace、爱立信、泰雷兹、高通和中国信科等
面临的挑战	采用卫星通信专用协议，手机需要定制，无法迅速做大生态链	对卫星的轨道、天线、通信频率等有更高要求，如 AST SM 使用 64m² 天线阵列	需要开展协同组网、协议增强、设备兼容等
手机和卫星的形态变化	新手机、旧卫星。即"新定制手机"＋"已有星座"	旧手机、新卫星。即"存量手机"＋"新建星座"	新手机、新卫星。即"新研手机"＋"新建星座"
系统的特点	手机双模、成本偏高，通信速率低，商用部署快	新建卫星复杂度高、成本高、实现难度大	手机成本变化不大，新建卫星复杂度中等，综合成本低

（1）技术路线一：基于现有卫星通信体制的手机直连卫星通信

该方案基于在轨卫星的现有卫星通信体制（如 Iridium 系统、GlobalStar 系统、天通一号卫星系统等），定制面向公众用户的新手机（是双模手机），同时集成地面移动通信终端芯片/模组、专用卫星通信终端芯片/模组，由手机厂商主导，卫星侧基本不做改动。该方案是"新定制手机"＋"已有星座"，可以通俗称为"新手机、旧卫星"。

因为使用已在轨卫星，该方案的优势是商用部署快；不足是新定制手机，必须集成卫星通信专用芯片，成本高，且面临终端小型化、卫星天线内置手机等挑战，受制于在轨卫星能力和手机内置天线，通信速率十分有限，仅提供 kbit/s 量级速率，只能解决基本通信问题，基本上是一种过渡方案。另外采用私有技术体制，在全球推广和协调受限。典型案例有华为 Mate 60 Pro 集成天通一号卫星终端模块，苹果 iPhone 14 集成 GlobalStar 卫星终端模块。

需要补充说明的是 20 世纪就已经出现了专用手机直连卫星通信，其主要以语音为基本业务，以行业用户为主。典型的卫星通信系统包括铱星系统、GlobalStar 系统及 INMARSAT 等。21 世纪初，我国也建成了支持手持终端接入的天通一号卫星通信系统。传统的卫星电话主要分为两类：地球同步轨道卫星通信系统和低轨卫星星座系统。其中，INMARSAT 和天通一号属于地球同步轨道卫星通信系统，而铱星系统和 GlobalStar 系统则属于低轨卫星星座系统。上述系统采用不同的定制化通信体制和协议，导致不同卫星通信系统的专用手机/终端无法进行漫游和互联互通，没有形成规模经济。例如，铱星系统采用类似 GSM 协议，GlobalStar 系统采用扩频技术，INMARSAT 第四代星采用 GMR-1 3G 协议，天通一号也采用私有的定制化通信协议。

（2）技术路线二：基于现有地面移动通信体制的手机直连卫星通信

该方案基于现有地面移动通信体制（如 4G、5G）实现存量手机直连卫星，用户既不需要更换 4G 和 5G 手机，也不需要对其进行改动，由卫星和网络侧进行改动和增强实现，将 4G/5G 基站改动后上星以应对卫星通信场景中的深度衰落、大时延和大频偏等挑战。一方面，现有手机的无线信号收发能力难以应对星地链路的巨大信号损耗，只能大幅增强卫星侧网络设备的能力，星上需要配置超大规模相控阵天线阵列以提升信号收发能力。例如，AST SpaceMobile 的 BlueWalker 3 卫星使用的相控阵天线在展开后面积达到约 $64m^2$，其卫星质量约为 1500kg，成本高达上亿美元，带来了功耗、体积、质量、成本等系列新挑战。另一方面，为了匹配现有手机所使用的技术体系，还对卫星的轨道高度、波束成形等有特殊要求和限制，导致用户速率和系统容量等受限[49]。

该方案是"存量手机"+"新建星座"，可以通俗称为"旧手机、新卫星"，优势在于 4G/5G 存量手机就能直连卫星，用户市场基数庞大，潜在用户数量大；其缺点是需新建高性能低轨卫星星座，卫星部署周期长，卫星复杂度高且成本高，实现难度大。

自 2022 年以来，业界开始关注存量 4G/5G 手机直连卫星通信。2023 年 4 月，AST SpaceMobile 与 AT&T 合作，宣布首次实现了使用普通智能手机通过卫星进行双向音频通话。2023 年 7 月，Lynk 发布视频，展示了通过其在轨卫星连接普通手机进行多次语音通话的场景。2023 年 10 月，Starlink 公布了面向存量手机用户提供直连卫星通信服务的时间计划，并于 2024 年 1 月发射了首批 6 颗具有手机直连卫星能力的试验卫星，基于 T-Mobile 的网络支持了短消息服务。

（3）技术路线三：基于 3GPP NTN 体制的手机直连卫星通信

该方案由手机和卫星网络侧根据 3GPP NTN 标准进行改进增强，是"新研手机"＋"新建星座"，可以通俗称为"新手机、新卫星"。

该方案的优势是手机和卫星间的复杂度和成本的系统平衡，与支持 5G NTN 演进的智能手机兼容，新手机是单模手机，主要涉及物理层时序和同步的增强，成本变化不大，且市场开拓容易；其缺点在于需要规划新频率，实现 5G NTN 标准的新手机和新卫星，新建卫星复杂度中等，但需要部署周期。依据手机的电池寿命等因素，目前业界换机的周期大概为 3 年，该周期内 5G NTN 卫星建设与组网基本成熟，使得公众用户换机时能直接使用 5G NTN 的手机直连卫星服务。爱立信、泰雷兹和高通联合声明将共同研制 5G NTN 卫星系统，还有 Omnispace、中国移动、中信科移动、中兴通讯、紫光展锐等企业也开展了基于 NTN 标准的直连卫星在轨验证。

3GPP 从 R14 开始成立了"NR（新空口）支持 NTN 的解决方案"工作组，探讨 NR 传输技术用于 NTN 场景的可行性。在 R17 阶段，针对透明转发模式下的 NTN 技术进行了研究，并于 2022 年 6 月，完成了 R17 版本的 NTN 标准化工作。在无线空口方面，主要涉及物理层时序关系的增强、上行时频同步技术的增强、混合自动重传请求（Hybrid Automatic Repeat reQuest，HARQ）技术的增强等关键技术。

- 物理层时序关系的增强。NTN 场景下，相比地面网络，卫星的覆盖范围增大、传输时延增加。因此，原 5G 标准协议中定义的时序关系及参数取值均需要增强，使其适应卫星通信的信道传输特点。
- 上行时频同步技术的增强。NTN 场景下单向传输时延增大，对于低轨卫星通信场景，卫星的快速运动造成严重的多普勒效应，影响上行时频同步。R17 版本标准中，终端需要根据星地传输时延和频率变化情况对上行时频进行预补偿。
- HARQ 技术的增强。NTN 场景的大传输时延导致原 NR 的 HARQ 进程难以满足需求，因此需要扩展原 HARQ 进程、支持关闭 HARQ 进程等。

在 R18 阶段，针对手持终端上/下行链路受限的特点，3GPP 开展了覆盖增强项目的研究。在未来的 R19 阶段，3GPP 仍会持续开展 NTN 标准的完善、增强工作。

/1.6　6G 星地融合移动通信展望/

本节展望 6G 星地融合移动通信的愿景，并进一步分析 6G 星地融合移动通信的关键技术指标和技术挑战。

1.6.1　6G 星地融合移动通信的愿景

从需求驱动看，当前，全球现有的地面移动通信网络，虽然人口覆盖率达到约 70%，但难以低成本覆盖空中区域、海洋、森林、沙漠及偏远地区。随着人类活动的拓展，6G 要支持数字孪生、万物互联，面临有效解决低成本的全球广域覆盖问题，卫星通信是比较有效的解决方案，实现了与地面移动通信的互补。

从产业驱动来看，一是传统卫星通信体制多，不兼容，产业规模小，成本高；二是现有地面网络和卫星网络独立发展，标准体制不统一，产业链割裂，没有规模经济效应。

未来的 6G 星地融合移动通信系统将支持星地间多样化的业务需求，统一通信体制，形成一个由地面网络、临近空间网络和卫星网络组成的立体通信网络[3,26]（如图 1-16 所示）。具体来说，地面网络包括地面基站和卫星信关站；临近空间网络包括无人机和临空接入平台（如热气球、低空平台、高空平台等）；卫星网络包括高轨、中轨和低轨卫星通信载荷平台及星间链路。从网元功能的角度来看，星地融合移动通信网络可以分为无线接入网、承载网和核心网。无线接入网包括高轨、中轨、低轨接入网，临近空间接入网和地面接入网。承载网包括空间承载网和地面承载网，其中，空间承载网由以 GEO 卫星为节点的空间骨干网和以 MEO 或 LEO 卫星为节点的中轨、低轨承载网组成，并采用空间激光通信；地面承载网由信关站和地面 IP 网络组成，采用地面光纤通信。核心网包括 5G/6G 核心网和 IP 多媒体子系统（IP Multimedia Subsystem，IMS），主要部署在地面（称为地面核心网），部分轻量化功能会根据功能实现需求部署在卫星上。

6G 星地融合移动通信网络将使用统一的网络架构和标准体制，统一的无线接入、传输和网络技术，统一的星地协同无线资源分配与业务管理，为手机、物联网终端、VSAT、"动中通"终端、大中型地面站提供宽带或窄带接入服务，满足天基、空基、海基和陆基用户随时随地的通信需要[26]。星地融合移动通信使得卫星通信和地面移动通信在通信技术、元器件、通信设备、通信网络、通信业务与应用方面得以深度融合，可以极大限度地降低成本，提升用户体验，促进整个产业的良性规模经济发展[25]。

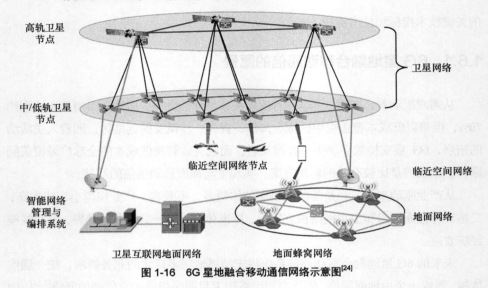

高轨卫星
节点

卫星网络

中/低轨卫星
节点

临近空间网络节点

临近空间网络

智能网络
管理与
编排系统

地面网络

卫星互联网地面网络

地面蜂窝网络

图 1-16　6G 星地融合移动通信网络示意图[24]

1.6.2　6G 星地融合移动通信的关键技术指标

基于用户与业务的需要,结合典型的卫星星座、频率资源和星上通信载荷配置,并考虑卫星通信技术、器件和组件发展水平,初步估算了未来 6G 星地融合移动通信系统中卫星部分需要满足的技术指标,如图 1-17 所示,具体分析如下。

(1)峰值速率:未来星地融合移动通信系统的卫星应具有部分或全部基站功能,每颗卫星支持数十至数百个波束。对于为低增益(几 dB 以内)天线的终端(如手机、物联网终端)提供接入服务的波束来说,单波束下行峰值速率可设为 10~70Mbit/s;对于为高增益(30dB 以上)天线的终端(如 VSAT)提供接入服务的波束来说,单波束下行峰值速率可设为 50~1000Mbit/s。每颗卫星的容量可设为 10~100Gbit/s。

(2)空口时延:空口时延包括传播时延、处理时延、跳波束调度时延、重传引入的时延,其中,传播时延取决于卫星通信的无线链路传输距离。对于再生处理的低轨卫星通信系统来说,空口传播时延为 1~11ms;对于地球静止轨道的卫星通信系统来说,单向空口传播时延为 119.2~135.3ms。一般情况下,馈电链路的最低仰角小于用户链路的最低仰角,因此,对于同一轨道高度卫星,透明转发模式下的空口传播时延大约是再生处理模式下空口传播时延的 2 倍。单侧处理时延一般为 1~

2ms。跳波束调度时延与跳波束周期有关，受跳波束同步时间影响，跳波束周期一般设为 80ms 以内。重传引入的时延由重传次数、传播时延、处理时延和跳波束调度时延等因素共同决定，当传播时延或跳波束调度时延比较大，或在传输过程中实时交互业务时，应尽量减少重传次数或避免使用重传机制。

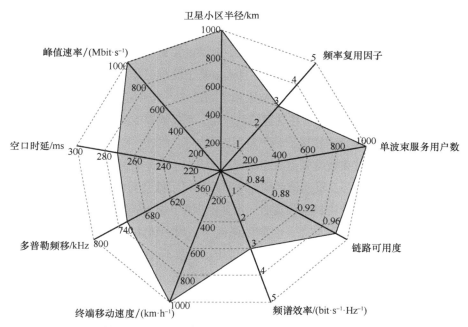

图 1-17　6G 星地融合移动通信的卫星通信关键技术指标

（3）多普勒频移：多普勒频移由信号频率、卫星与终端/信关站之间的相对径向速度决定，对于常用的 Ku 和 Ka 频段的低轨卫星通信系统来说，多普勒频移可高达数百 kHz；对于常用的 C 和 X 频段的低轨卫星通信系统来说，多普勒频移可超过 100kHz；对于常用的 L 和 S 频段的低轨卫星通信系统来说，多普勒频移有数十 kHz。在低轨卫星通信系统中，不仅多普勒频移绝对值很大，多普勒频移的变化率也比较大。因此，多普勒频移对同步、随机接入、信号检测等有明显的影响，星地融合移动通信系统设计需要能够对抗大多普勒频移特性。

（4）终端移动速度：卫星通信系统支撑的典型终端类型为手机、固定终端、车载终端、船载终端和机载终端等。对于机载终端，其移动速度可高达 1000km/h 以上，会影响接入、同步和移动性管理的方案设计，对波束宽度和波束控制也产生一定的约束。

（5）频谱效率：卫星通信系统功率受限，功率回退不宜太多，线性度不会太高；因此，调制阶数不能太高（特别是用户链路），频谱效率也不会太高。一般而言，对于低增益天线的终端来说，用户链路调制阶数在 4 以内；对于高增益天线的终端来说，用户链路调制阶数在 5 或者 6 以内，最高频谱效率大于 3bit/(s·Hz)。

（6）频率复用因子：地面移动通信系统一般使用 7GHz 以下低频段的频率，多采用同频复用。部分卫星通信系统采用 L、S、C、X 低中频段的频率，有些卫星通信系统采用 Ku、Ka 高频段的频率，并且大多基于波束空分及多频组网。同时，Q、V 频段也开始用于用户链路、馈电链路和星间链路，未来可能会引入 THz 频段用于星间链路通信。在星地融合移动通信系统中，不仅需要支持星内和星间的频率复用，也需要支持星地频率复用，频率复用因子≥3。此外，对于宽带卫星通信系统来说，每颗卫星的波束数与频点数之比一般为 2:1～8:1。

（7）链路可用度：卫星通信系统无线链路的可用性会受电离层、大气、云、雨等无线环境影响，在分析链路预算时，需要根据使用的频率考虑上述因素的影响。一般而言，在没有异地链路备份机制的条件下，用户链路的可用度设定为 98% 及以上，馈电链路的可用度设定为 99% 及以上。在实际中，可以从用户群、频率、覆盖区域和代价等方面综合考虑链路的可用度指标，并与用户签订适合的服务水平协议。

（8）卫星小区半径：卫星通信系统的单波束对应的小区半径从数十千米到上千千米，其覆盖范围可为数万平方千米，比地面移动通信系统百米到千米级的小区覆盖范围要高出几个数量级。

（9）单波束服务用户数：城市区域人口稠密，然而由于容量与成本因素，以地面基站服务为主，真正使用卫星通信系统的用户只是少数；对于无地面移动通信网络覆盖或者覆盖不足、主要由卫星通信网络覆盖的区域，如海洋、森林、沙漠及地广人稀的偏远区域，用户密度也不会太大。参照典型场景中用户分布情况和已有卫星通信系统的设计目标，未来的卫星通信系统单波束服务的用户数为 1000 个左右，单波束并发用户数可设为 100 个左右。

1.6.3　6G 星地融合移动通信的技术挑战

随着近年来通信、集成电路和卫星技术的进步，6G 星地融合移动通信的标准体制成为可能，将采用统一的无线空口、统一的接入认证、统一的核心网[24-27]，实现全域覆盖。这样，公众用户拿着手机可以在城市、偏远地区、沙漠、森林等，行业用户可以通过机载、车载、船载等各类终端，无缝地接入地面移动通信或卫星通信，实现自由切换与漫游，这将是 6G 的一个标志。但是地面移动通信和卫星通信在无线信号传输和移动性管理上存在巨大差异，如表 1-5 所示，在 6G 星地融合系统设计中需要特别关注。

表 1-5   地面移动通信和卫星通信在无线信号传输和移动性管理上的差异

对比项	地面移动通信	卫星通信
基站是否移动	固定	对于 NGSO 系统来说，星上基站高速移动
多普勒频移和多普勒频移变化率	来自终端的移动，较小	来自终端和卫星的相对移动，比地面移动通信高数十倍（对于 LEO 卫星系统来说）
时间漂移	来自终端的移动，较小	来自终端和卫星的相对移动，比地面移动通信高数十倍（对于 LEO 卫星系统来说）
无线传播距离	从数十米到数十千米，微秒级传播时延	从数百千米到数万千米，数毫秒到数百毫秒传播时延
无线信道	多径、衰落信道	以强莱斯信道为主
远近效应	远近效应明显，不同终端接收到同一基站信号强度可相差数十分贝	远近效应不明显，不同终端接收到同一基站信号强度最大相差 10dB 左右
小区半径	小，通常在数百米到数千米	大，通常在数十千米到数百千米
位置管理	基于小区的终端位置管理	对于 LEO 卫星通信系统来说，基于小区的终端位置管理存在多方面的挑战，需要基于终端地理位置的位置管理
切换控制	只有用户链路切换，且以基于信号质量的切换为主	包含用户链路切换（波束间切换）、馈电链路切换和星间链路切换，且以基于位置的切换为主，基于信号质量的切换为辅

除了上述差异外，在 6G 星地融合移动通信系统设计中还应考虑卫星平台和空间电磁环境限制、星地协同问题及设备与网络功能部署限制等问题。表 1-6 总结了上述问题及其给 6G 星地融合移动通信系统设计带来的挑战，而这些问题与挑战必然影响 6G 系统的实现，主要表现在如下几个方面。

（1）同一通信体制对多种迥异部署环境的适应性。对于卫星通信而言，信道环境受轨道、频率、终端天线类型等方面影响，信道以强莱斯信道为主。对于高轨卫星通信系统来说，传播时延和信道衰减问题突出；对于中低轨卫星通信系统来说，多普勒频移、信道衰减、传播时延和时间漂移问题突出；卫星通信虽然传输路径损耗很大，但覆盖范围内的终端间信号强度差异比较小，通常只有 10dB 左右。此外，对于采用全向天线或低增益天线的低频段卫星通信终端，多径效应的影响不容忽视。对于地面移动通信系统而言，信道环境明显不同于卫星通信系统，其典型特征包括较强的多径衰落、微秒级的传播时延、线性射频通道（含功放）、终端到基站之间信号强度差异可达数十分贝。因此，上述差异给统一无线空口技术带来巨大挑战。

（2）有限数量波束与充分覆盖需求之间的差距。卫星跳变波束虽然能够按照业务需求动态调整卫星覆盖，增加系统容量，但因跳变波束数量有限，系统往往需要在波束效率与覆盖率之间寻求折中方案。如何利用有限的波束覆盖更广阔的区域将是卫星星座和通信体制设计时需要面对的重大挑战。

（3）复杂而动态的干扰管理。在未来星地融合移动通信系统中，需要处理同一卫星通信系统内的干扰问题、不同卫星通信系统间的干扰问题，以及卫星通信系统与地面移动通信系统之间的干扰问题；在与对地静止卫星通信系统共用频率时，非对地静止卫星通信系统还需要实现对地静止卫星通信系统的干扰规避功能；同时，还要防止卫星通信系统对地球探测、气象卫星等系统的干扰。更为复杂的是，上述问题的处理需要随着卫星的运动、波束指向变化而动态变化与调整。另外，若还部署了高空平台（如飞艇、热气球等）基站或无人机基站，则会出现更复杂的多层干扰问题。

（4）轻量化的协议。受卫星载荷能力的限制、空间电磁环境和功耗等约束，再生处理能力受限，未来星地融合移动通信系统应该保证再生处理的各层协议简洁、轻量化，并便于软件/固件空间防护措施的实现。

（5）多样化的终端。未来星地融合移动通信系统需要支持多种类型终端。由于终端的部署及使用场景不同，终端间的能力也存在巨大差异，这将导致终端在工作频段、工作带宽、峰值速率、动态适应性、业务类型、能耗等方面可能存在较大的差异。因此，在通信协议设计、资源调度编排及移动性管理、业务管理等方面需要适应多样化终端的需求，这可能提升星载通信设备的复杂度。

（6）高动态巨型空间承载网络。在未来星地融合移动通信系统中，低轨卫星数量可达数千至上万颗，卫星间将通过星间链路通信组网，形成复杂的空间承载网，典型跳数可达数十跳，且难以用简单的方法把它分成多个固定的路由域。空间承载网拓扑动态变化，缺少链路级弹性机制，设备级弹性机制很弱，而且激光星间链路的稳定性较弱。因此，空间承载网络远比地面移动通信系统的承载网络复杂，如何实现满足 QoS 要求的空间承载网将是巨大的挑战。

表 1-6　6G 星地融合移动通信系统设计的问题与挑战

存在的问题	面临的挑战
星地无线信号传输问题	• 星地链路呈现多普勒频移大、传播时延大、链路预算差、覆盖范围大等恶劣特性，给链路传输速率和可靠性带来较大的限制。 • 星地信道主要是直射径，限制了 MIMO 多流技术的应用
卫星平台和环境限制	• 卫星空间环境给卫星器件可靠性带来较大的挑战，散热能力限制要求传输波形具备低峰均比（Peak to Average Power Ratio, PAPR）特性。 • 卫星的平台能力限制导致数据和信号处理能力不足，使得协议轻量化设计需求迫切
移动性管理	• 低轨卫星的高速运动引起频繁的用户链路和馈电链路切换，影响业务的连续性。 • 低轨卫星的高速运动使得基于小区的位置管理面临挑战：基站频繁地修改小区（基于位置）或终端频繁地更新位置
星地协同的接入和传输	• 由于频率资源限制，星间、星地干扰协调和频率共享需要特别考虑。 • 星地协同覆盖和传输增强需要解决网元接口信息交互问题
承载网和部署的限制	• 地面信关站的部署困难导致透明转发卫星应用带来限制，要求具备星间组网能力。 • 中低轨卫星的高动态性导致网络拓扑复杂，对空间路由设计和服务质量（Quality of Service, QoS）保障带来较大挑战。 • 星历、授时和终端定位信息的不准确导致实际应用和用户体验效果不佳

可以预期，随着 6G 的发展，卫星通信和地面移动通信将向全方面、深度融合方向发展，从无线空口、网络架构、网络管理、频率复用等方面进行统一设计，实现包括无线传输体制融合、网络融合、管理融合、频谱融合、业务融合、平台融合、终端融合等多维度的融合，为用户提供星地一体、无感知切换的连续服务，形成真正空天地一体的 6G 移动通信网络。

 思考题

1．星地融合移动通信的驱动力主要有哪些？

2．为什么通常的卫星移动业务的传输速率远比卫星固定业务的传输速率低？

3．为什么卫星通信系统中的远近效应没有地面移动通信系统中的远近效应明显？其影响有哪些？

4．在支持星间组网的卫星通信系统中，其空间承载网与地面移动通信系统的承载网有哪些区别？

┃ 参考文献 ┃

[1] FRENKIEL R H. A high-capacity mobile radiotelephone system model using a coordinated small-zone approach[J]. IEEE Transactions on Vehicular Technology, 1970, 19(2): 173-177.

[2] 王映民, 孙韶辉, 等. 5G 移动通信系统设计与标准详解[M]. 北京: 人民邮电出版社, 2020.

[3] CHEN S Z, CHEN L, HU B, et al. User-centric access network (UCAN) for 6G: motivation, concept, challenges, and key technologies[J]. IEEE Network, 2024, 38(3): 154-162.

[4] CHEN S Z, LIANG Y C, SUN S H, et al. Vision, requirements, and technology trend of 6G: how to tackle the challenges of system coverage, capacity, user data-rate and movement speed[J]. IEEE Wireless Communications, 2020, 27(2): 218-228.

[5] CCSA TC12. 面向星地融合的通信终端能力和技术研究报告（2021B68）[R]. 2022.

[6] 汪春霆, 翟立君, 徐晓帆. 天地一体化信息网络发展与展望[J]. 无线电通信技术, 2020, 46(5): 493-504.

[7] 李仰志, 刘波, 程剑. Intelsat 卫星系列概况(上)[J]. 数字通信世界, 2007(7): 86-88.

[8] 张颖, 王化民. 基于 GSM 的铱星通信系统[J]. 航海技术, 2013(3): 35-37.

[9] 吴廷勇, 吴诗其. 正交圆轨道星座设计方法研究[J]. 系统工程与电子技术, 2008, 30(10): 1966-1972.

[10] 张更新, 李罡, 于永. 卫星通信系列讲座之八 全球星系统概况[J]. 数字通信世界, 2007(12): 82-85.

[11] 段少华, 张中兆, 张乃通. 区域性中低轨卫星移动通信系统星座设计[J]. 哈尔滨工业大学学报, 1999, 31(6): 48-51.

[12] 沈永言. 全球高通量卫星发展概况及应用前景[J]. 国际太空, 2015(4): 19-23.

[13] 谭东, 苑超, 张晓宁. ViaSat-1 宽带卫星通信系统简介[C]//八届卫星通信学术年会. 2012: 201-210

[14] 陈建光, 王聪, 梁晓莉. 国外软件定义卫星技术进展[J]. 卫星与网络, 2018(4): 50-53.

[15] 腾讯科技. 2019 年互联网趋势报告解读[R]. 2019.

[16] 张有志, 王震华, 张更新. 欧洲 O3b 星座系统发展现状与分析[J]. 国际太空, 2017(3): 29-32.

[17] 翟继强, 李雄飞. OneWeb 卫星系统及国内低轨互联网卫星系统发展思考[J]. 空间电子技术, 2017, 14(6): 1-7.

[18] FOUST J. SpaceX's space-Internet woes: Despite technical glitches, the company plans to launch the first of nearly 12, 000 satellites in 2019[J]. IEEE Spectrum, 2019, 56(1): 50-51.

[19] DEL PORTILLO I, CAMERON B G, CRAWLEY E F. A technical comparison of three low earth orbit satellite constellation systems to provide global broadband[J]. Acta Astronautica, 2019, 159: 123-135.

[20] 高菲, 南勇. 天通一号 01 星开启中国移动卫星终端手机化时代[J]. 卫星应用, 2016(8): 73.

[21] 周慧, 张国航, 东方星, 等. 中星 16 号 叩开通信卫星高通量时代大门[J]. 太空探索, 2017(5): 20-22.

[22] 徐菁. "鸿雁"星座闪亮亮相 移动通信或将全球无缝覆盖[J]. 中国航天, 2018(11): 35-36.

[23] 陈静. 虹云工程首星[J]. 卫星应用, 2019(3): 77.

[24] 中信科移动通信技术股份有限公司. "全域覆盖、万物智联" 中国信科 6G 白皮书[R]. 2019.

[25] 陈山枝. 关于低轨卫星通信的分析及我国的发展建议[J]. 电信科学, 2020, 36(6): 1-13.

[26] CHEN S Z, SUN S H, KANG S L. System integration of terrestrial mobile communication and satellite communication—the trends, challenges and key technologies in B5G and 6G[J]. China Communications, 2020, 17(12): 156-171.

[27] 陈山枝, 孙韶辉, 康绍莉, 等. 6G 星地融合移动通信关键技术[J]. 中国科学: 信息科学, 2024, 54(5): 1177-1214.

[28] ITU-R WP4B. Document 4B/22. Submission of BMSat RIT for IMT-Advanced satellite candidate technology[R]. 2013.

[29] ITU-R WP4B. Documents 4B/16, 4B/15 – Detailed technical specification of SAT-OFDM[R]. 2013.

[30] ITU-R. Detailed specification of the satellite radio interfaces of international mobile tele-communications-advanced (IMT-A): ITU-R M.2047[S]. 2013.

[31] 3GPP. Study on new radio (NR) to support non-terrestrial networks: TR38.811[S]. 2018.

[32] 3GPP. Solutions for NR to support non-terrestrial networks (NTN): TR38.821[S]. 2019.

[33] 中信科移动通信技术股份有限公司. 星地融合通信白皮书[R]. 2023.

[34] 3GPP. Service requirements for next generation new services and markets: TS22.261[S]. 2017.

[35] 3GPP. Study on using satellite access in 5G: TR22.822[S]. 2017.

[36] 缪德山, 柴丽, 孙建成, 等. 5G NTN 关键技术研究与演进展望[J]. 电信科学, 2022, 38(3): 10-21.

[37] ITU-R. Key elements for integration of satellite systems into next generation access technol-ogies: ITU-R M.2460[S]. 2019

[38] ITU-R. Document 4B/47-E. Proposal on the preliminary draft detailed timeline for develop-ment of satellite radio interface(s) of IMT-2020[R]. 2021.

[39] ITU-R. Vision, requirements and evaluation guidelines of satellite radio interface(s) of IMT-2020: ITU-R M.2514[S]. 2012.

[40] ITU-R. Document 4B/146. Future technology research of satellite IMT systems towards 2030 and beyond[R]. 2023

[41] 中国国防科技信息中心. SaT5G 联盟演示验证卫星与 5G 体系架构的关键整合原则[EB]. 2020.

[42] 薛海相商业航天观察. 欧盟启动 6G 非地面网络技术（NTN）研究项目，成立 6GNTN 联盟[EB]. 2023.

[43] CHEN S Z, et al. Dual iconic features and key enabling technologies of 6G[EB]. 2023.

[44] 孙韶辉, 戴翠琴, 徐晖, 等. 面向 6G 的星地融合一体化组网研究[J]. 重庆邮电大学学报（自然科学版）, 2021, 33(6): 891-901.

[45] 康绍莉, 缪德山, 索士强, 等. 面向 6G 的空天地一体化系统设计和关键技术[J]. 信息通信技术与政策, 2022(9): 18-26.

[46] 徐晖, 孙韶辉. 面向 6G 的天地一体化信息网络架构研究[J]. 天地一体化信息网络, 2021, 2(4): 2-9.

[47] 未来移动通信论坛. 空天地一体化通信系统[R]. 2021.

[48] 缪德山, 韩波, 康绍莉, 等. 手机直连卫星应用的关键技术与挑战[C]//三届未来空间科学与技术高峰论坛, 2022.

[49] 孙晓南, 周世东, 侯利明, 等. 存量 5G 手机直连低轨卫星通信技术研究[J]. 信息通信技术, 2023, 17(5): 22-31.

第 2 章

星地无线信道建模与链路预算分析

本章首先分析了星地无线信道建模的需求与挑战；然后介绍了星地无线信道模型的具体特性，包括大尺度衰落和小尺度衰落等；接着介绍了无线链路预算的计算方法；最后探讨了星地融合移动通信的仿真验证与评估技术，包括数字化软件仿真评估、半实物仿真评估、数字孪生仿真系统等方面。

/ 2.1 需求与挑战 /

　　无线信道是移动通信系统的关键媒介，准确、科学地认知无线信道的传播特性，能够更好地设计移动通信系统，从而提高系统性能。无线信道的传播特性依靠信道模型来描述，一般需要通过实际信道数据测量以及理论分析来完成信道建模。

　　目前，地面移动通信系统 5G 主要使用 6GHz 以下的中低频段以及 26GHz 左右的毫米波两种频段，而频段对于无线信道的传播特性有着很大的影响，例如高频段的信号衰减和传播损耗较大，覆盖能力较差，但是可用频率资源的带宽较大；低频段的信号衰减和传播损耗较小，但是频率资源较为紧张。一般地面移动通信系统的无线信道研究集中在 6GHz 以下的中低频段，但是由于 6GHz 以下频段的无线通信系统较多，可用频段资源十分匮乏，于是 6GHz 以上的频段成为后续地面移动通信系统演进的重点频段。其中 24～300GHz 的频段被称为毫米波频段，该频段对于后续地面移动通信系统演进有重要意义。

　　针对 6GHz 以下的频段，国际上的一些研究单位及组织对地面通信系统的无线信道特性进行了研究及建模，其中包括 ITU、3GPP、IEEE 等国际标准组织。ITU 的 ITU-R M.2135[1]模型主要研究了 2～6GHz 的频段，主要考虑因素为距离和频率。在 3GPP TR25.996[2]中定义的模型也主要研究了2～6GHz频段地面移动通信系统传播特性。IEEE 802.11 系列模型侧重于研究 2GHz 及 5GHz 频段在居住环境、办公室以及开阔空间中的传播特性。还有一些经典的信道模型，例如 WINNER II 模型可使用的频段为 2～6GHz，使用场景有室外、室内热点、室内办公室等，考虑因素包括距离、频率、墙体以及楼层间损耗等；COST231 Hata 模型[3]主要针对 2GHz 以下的频段进行无线信道建模。

　　6GHz 以上的高频段可以提供较大的传输带宽，因此被用于提高通信容量和用户速率。目前，无线通信可利用的 6GHz 以上的频段主要包括 15GHz、28GHz、32GHz、38GHz、45GHz、72GHz 以及更高的频率。学术界和标准化组织已针对 6GHz 以上频段的传播特性进行了研究和建模，在 3GPP TR39.901[4] 中定义了 0.5～100GHz 的全频段信道模型，可用于新型传输技术的性能评估，但高频段在实际网络中的信道特性建模及实测验证还需要进一步的研究。

　　卫星通信的使用场景通常仅考虑室外信道环境，因为常规卫星通信信号穿透墙体进入室内的信号强度无法满足性能要求。卫星通信信道属于移动通信信道的一类，但是又兼具卫星信道的特征，在信号的传播过程中存在路径损耗（简称路损）、多径效应、阴影效应、多普勒频移以及电离层闪烁等现象，这些现象给卫星通信系统带来了严重的影响。由于 GEO 卫星的轨道高度比 LEO 卫星及 MEO 卫星高，所以 GEO 卫星的路径损耗以及传播时延会比较大。在透明转发模式下，单程信号要经历约 260ms 的时延，其长时延特性直接影响卫星通信系统的自适应传输性能，需要在大时延下对信道状态信息进行准确预测。

　　国内外常见的卫星平坦型衰落通信信道模型包括 Loo 模型[5]、Lutz 模型[6] 和 Corazza 模型[7]。这 3 种模型作用于不同的应用场合。Loo 模型主要适用于乡村信道环境，特点是将视距信号分量和多径信号分量区分开，只有视距信号分量受阴影遮蔽的影响，所以 Loo 模型也被称为部分阴影模型。与其相对应的是 Corazza 模型，该模型几乎适用于所有的卫星通信场景，包括乡村、公路、城市、郊区等。Corazza 模型的所有分量（包括视距信号分量和多径信号分量）都受阴影效应的影响。Lutuz 模型和前面两种信道模型的不同点在于，它是从功率的角度来实现建模的；该模型也适用于所有应用场景，根据是否有视距信号分量，把信道模型分为 "Good" 和 "Bad" 两种状态。在 "Good" 状态下，信号存在视距信号分量且无阴影效应；在 "Bad" 状态下，信号不存在视距信号分量且需要考虑阴影遮蔽带来的影响。

　　在城区环境中，相比一些传统的瑞利信道模型，Suzuki 模型[8] 能够更好地描述信道特性。在城区环境中，由于终端和卫星之间被众多障碍物所遮挡而不存在视距信号，各个独立路径的反射信号相互叠加，所以信号的包络服从瑞利分布，而在终端运动距离较短的情况下，可以假定瑞利过程具有恒定的平均功率。若终端的运动距离比较长，由于阴影效应的影响，瑞利过程的功率将发生显著变化，在这种情况下 Suzuki 模型能够比较好地描述信道特性。但是 Suzuki 模型所设计的应用场景是完全没有视距分量的城区环境，然而在实际的卫星通信过程中，由于终端与卫星之间的仰角远大于终端与地面基站之间的仰角，所以在卫星通信条件下的城区用户是有可能接收到视距信号分量的。因此，为了解决 Suzuki 模型缺乏视距分量的问题，在原有模型基础上采用莱斯过程来代替瑞利过程，以此提高信道的建模准确度。Corazza模型中构成莱斯过程的同向分量和正交分量是不相关的，与之对应的是，扩展 Suzuki 模型的同向分量和正交分量是相关的。扩展 Suzuki 模型利用了构成莱斯分布的同向分量以及正交分量的相关性，可以被应用在具有非对称功率谱的信道情况下。

对于星地融合移动通信系统来说，如何实现地面移动通信系统与卫星通信系统的无线传输融合是一个关键点。一般来说，通信系统中传输技术的选择与通信信道的特点密切相关。卫星通信的信道具有较大的多普勒频移、较大的传输时延、较低的信噪比以及复杂的应用场景的特点，如表 2-1 和表 2-2 所示，而地面移动通信系统多径信道对传输的影响较为明显。星地融合移动通信应用场景复杂多变且具有信道变化非常大的随机性，所以星地融合移动通信信道需要考虑更多的影响因素，这导致地面移动通信和卫星通信融合面临着一些棘手的问题。例如，过高的多普勒频移会破坏子载波的正交性，从而引入子载波间干扰，极大地降低了通信系统的传输效率。

表 2-1　不同轨道卫星的传输时延（UE 最小俯仰角为 10°，GW 最小俯仰角为 5°）[9]

卫星	轨道高度/km	最大单向传播时延/ms	
		透明转发	再生处理
GEO	35786	272.37	135.28
MEO	20000	165.16	81.69
LEO	1200	22.35	10.44
	500	12.57	5.65

表 2-2　不同轨道卫星的最大多普勒频移[9]

参数	GEO		LEO		地面蜂窝
轨道高度	35786km		500km		—
载频	20GHz	2GHz	20GHz	2GHz	<3.5GHz
最大多普勒频移	±18.51kHz（1000km/h 飞机）	±1.851kHz（1000km/h 飞机）	±471.05kHz	±47.105kHz	±1.62kHz（500km/h 高铁）
相对多普勒	0.0001%	0.0001%	0.0024%	0.0024%	—
最大多普勒变化率	可忽略	可忽略	−7.18kHz/s	−718Hz/s	可忽略

/2.2 无线信道建模/

地面移动通信的传输距离较短，主要的信道变化来自传输路径的障碍物带来的快速衰落。然而，卫星通信通常传输距离较远，影响因素复杂，传输环境多变，这给卫星通信的信道建模带来更大的难度。

作为普遍意义的信道模型，按照信号在传播过程中受到衰落的剧烈程度，可分为大尺度衰落和小尺度衰落，同时适用于卫星通信和地面移动通信。大尺度衰落又分为路径损耗和阴影衰落，随着时间或者距离缓慢变化；小尺度衰落主要受多径效应和多普勒效应影响，其变化则快很多。

2.2.1 大尺度衰落

大尺度衰落包括路径损耗和阴影衰落，路径损耗受到发送端与接收端之间的距离变化影响，而阴影衰落和地表环境因素的相关性较高。对于卫星通信信道，路径损耗的影响因素较多，主要包括基本路径损耗、大气损耗、电离层或对流层闪烁衰减等。基本路径损耗又包括自由空间路径损耗及地物损耗。这一系列的损耗各自有着不同的特征，影响因素也不尽相同，对信号的传输有着各不相同的影响。对于卫星通信信道，通常的应用环境是室外，因此视距直射径为信号的主要传播路径，星地较长的通信距离带来的自由空间路径损耗为主导因素。

2.2.1.1 路径损耗

对于地面移动通信，路径损耗和场景有极大关系，城市、郊区、农村各不相同，主要是由于传输环境和障碍物的遮挡，不能简单建模为自由空间传输，而且还需要区分室内和室外，对于室内还需要额外考虑穿透损耗。地面移动通信的路径损耗模型相对成熟，文献[4]针对不同场景有详细的信道建模推荐。对于卫星通信，信号在卫星与终端之间传播，由于二者距离较大，且穿越大气层，信号会受到多种不同的衰减，主要包括自由空间路径损耗、大气损耗、降雨衰减（雨衰）、云雾衰减及电离层闪烁[9]。下面对不同衰减类型分别进行分析。

（1）自由空间路径损耗模型

对于卫星通信，大部分传播路径位于自由空间中，因此其信号衰减的主要组成之一为自由空间路径损耗。电磁波在自由空间传播时，其能量既不会被障碍物所吸收，也不会产生反射或散射，仅随着距离的增大而衰减。自由空间路径损耗描述了电磁波在空气中传播的能量损耗。自由空间路径损耗（单位为 dB）的计算式为：

$$PL(d, f_c) = 32.45 + 20\lg f_c + 20\lg d \qquad (2\text{-}1)$$

其中，f_c 是信号载波频率，单位为 GHz；d 是卫星和终端之间的距离，单位为 m。

（2）大气损耗模型

卫星通信的上行链路信号和下行链路信号均需要穿过大气层，在其传播路径上存在多种气体组成成分，会造成信号电平的降低。大气损耗包括大气吸收、散射和衰减等。大气吸收主要由大气中的水蒸气、氧气和氮气等分子引起，也是大气损耗中的重要因素。大气损耗带来的信号衰减程度取决于频率、俯仰角、温度、压力以及水蒸气、氧气等气体的浓度等因素。在俯仰角较低时，即使信号频率较低，大气损耗也会显著加大。

目前，业界普遍接受的大气损耗模型是 ITU-R P.676 推荐的经验估计模型[10]，该模型给出了详细的水蒸气和氧气的吸收谱线数据 $A_{zenith}(f)$，可适用于 1～350GHz 的所有频段。具体的模型为：

$$PL_A(\alpha, f) = \frac{A_{zenith}(f)}{\sin \alpha} \qquad (2\text{-}2)$$

其中，PL_A 是大气损耗值，α 是俯仰角，f 是信号载波频率。

（3）雨衰模型

由于卫星通信的传输距离较远，降雨对其影响较大。对于 10GHz 以上的频率范围，降雨是影响电波传播的十分重要的因素。雨水不仅吸收电波能量，而且对电波产生散射，这种吸收和散射造成了电波衰减，就是雨衰。雨衰的大小与频率有关。在 10GHz 以下的频段，雨衰对空间链路的影响较小；但在 10GHz 以上的频段，雨衰将随着频率的增加而快速增大。因此，在工程上，在 10GHz 以下的频段基本可以忽略降雨影响；而在 10GHz 以上的频段，应将雨衰作为主要考虑因素。

对于雨衰模型的分析，国际上已经有相关的模型可作为参考，用于信道建模和工程设计。目前文献中经常出现的模型有两种——ITU-R 雨衰模型[11]和克雷恩（Crane）雨衰模型[12]，它们都属于半经验模型。国际电信联盟给出的 ITU-R 模型是基于观测数据和实验结果得来的，具有较高的准确性，并在国际上被广泛认可，其计算式为：

$$A_p = A_{0.01} \left(\frac{p}{0.01} \right)^{-(0.655+0.033\ln p-0.045\ln A_{0.01}-\beta(1-p)\sin\theta)} \tag{2-3}$$

其中，A_p 代表雨衰（单位为 dB），$A_{0.01}$ 表示超过年均 0.01%时间的衰减值，p 表示降雨出现的年时间概率百分比（0.001%～5%），β 表示预计衰减超过年均其他百分比，θ 表示天线仰角。

（4）云雾衰减模型

云和雾皆属于水悬体，是悬浮着的液态水滴，对电波信号也会产生衰减。对于工作在 10GHz 以上频段的系统，水悬体造成的衰减会很大。

业界有两种认可度较高的云雾模型：ITU-R 云衰减模型[13]和斯洛宾（Slobin）云模型[14]。两种模型都是基于瑞利近似，适用于粒子的极限尺寸在 0.01cm 之下且频率低于 200GHz 的情况。在瑞利区，云中液态水滴主要通过吸收来对无线电波造成衰减，相比之下，由液态水造成的散射影响可忽略不计。因此，云的衰减特性与云中液态水含量相关，而与具体液态水滴尺寸无关。在确定云衰减时，液态水含量的精确测量就显得十分重要。则特定的云或雾中的具体衰减量计算式为：

$$\gamma_c(f,T) = K_l(f,T)M \tag{2-4}$$

其中，γ_c 为云或雾中的衰减量（单位为 dB/km），K_l 为云中液态水比衰减系数，M 为云或雾中的液态水密度，f 为频率，T 为云中液态水温度。

（5）闪烁模型

闪烁模型包括电离层闪烁和对流层闪烁两部分。

①电离层闪烁

电离层电子密度的不均匀性使得无线电波产生聚焦或散焦，从而导致无线电波的振幅和相位波动，称为闪烁。闪烁的特点为：在地理上有两个强烈的闪烁区域，一个在高纬度区域，另一个在地磁赤道±20°的区域。在这两个区域，从 10MHz 最高到 12GHz 的频率可观测到严重的闪烁。而在中纬度区域，只有在异常情况下（如地磁暴过程中）才会出现闪烁。极光带也是闪烁较为突出的地区。强闪烁在振幅上呈瑞利分布，弱闪烁几乎呈对数正态分布。

电离层闪烁的衰落速率为 0.1～1Hz。空间和时间上的功率谱可以用一个宽阔范围的斜线族表示。根据不同的观测资料报告，斜率范围为 f^{-6} 到 f^{-1}。如果没有直接测量结果，建议将 f^{-3} 的斜率用于系统应用，其中 f 为无线电波的频率。这些波动随频率的增加而减少，且依赖于传输路径、地点、季节、太阳活动和当地时间等因素。

②对流层闪烁

对流层闪烁是无线电波穿过大气层传播时，由较小尺度的介质不规则性引起的电波振幅与相位快速随机起伏的现象。对流层闪烁是由海拔几千米高度内的大气折射率波动产生的，其强度随频率、穿过介质的路径长度、温度、湿度的增加而增大，随着天线尺寸和仰角的增大而减小。以晴空效应为重点的模型有 Karasawa[15]和 ITU-R 模型[16]，基于大部分闪烁是距离地面某一固定高度的晴空湍流造成的假设。另外，Van De Kamp[17]推导了一个涵盖表层和云层的闪烁模型，是以 Karasawa 模型为基础并对其进行扩展得到的。

ITU-R 给出了仰角在 5°及以上时预测对流层闪烁累积分布的一般方法[11]。该方法基于每月和长期的平均温度 t（单位为℃）以及相对湿度 H，它反映了站点的特定气候环境；所以，t 和 H 的值应该与被研究站点当地的气候数据相对应。计算时间百分比 p 在(0.01, 50]范围内的时间百分比系数 $a(p)$：

$$a(p) = -0.061(\lg p)^3 + 0.072(\lg p)^2 - 1.71\lg p + 3.0 \tag{2-5}$$

计算超出时间百分比 p 内的衰减深度 $A(p)$（单位为 dB）：

$$A(p) = a(p) \cdot \sigma \tag{2-6}$$

其中，σ 为适用期间内和路径上信号的标准偏差。

2.2.1.2 阴影衰落

阴影衰落是指障碍物的遮挡对电磁波传输造成阴影区，该接收信号阴影区随着地理位置发生缓慢变化带来的信号衰减，在地面移动通信和卫星通信中都适用。但总体来说，卫星通信信道的视距径分量占主导，受阴影衰落的影响相对要小一些。阴影衰落的数学模型通常用对数正态分布来表征。

在以树木、建筑物为主要障碍物的农村、郊区和城市地区，阴影衰落主要表现在树木和建筑物的吸收、散射或绕射引起视距波的衰减变化，以及相关多径分量对视距波的干涉作用。衰减量由树叶和枝干的浓密度、电波穿越树冠的路径以及建筑物的大小决定。这种衰落是一种慢衰落，衰落速率与移动物的速度以及阻挡物的分布有关。

阴影衰落的衰落速率受信号传输环境的影响很大，而和发射信号的频率没有直接的关系，但衰落深度一般由信号的频率和传输过程中受障碍物影响的情况共同决定。频率越高的信号穿透障碍物的能力就越强，而频率越低的信号往往具备更强的绕射能力。

2.2.2　小尺度衰落

当终端在极小范围内移动时，无线信号在经过短时间或短距离传播后，其幅度将快速衰落，以至于其信道相对于大尺度路径损耗有明显的变化，这被称为小尺度衰落。小尺度衰落产生的原因是信道的多径效应和多普勒效应。由于信号的多径传输，每径信号的幅度、相位和入射角度都是相互独立的，这样的合成信号造成了接收信号的幅度和相位快速变化，从而引起小尺度衰落。其主要效应表现为经过短距离或短时间传播后信号强度的急速变化；在不同多径信号上，存在着时变的多普勒频移引起的随机频率调制；多径传播时延引起的时域扩展。由多径效应造成的小尺度衰落被称为频率选择性衰落（也称多径衰落），当信号的传输带宽比信道的相关带宽更大时，会引起不同频段的衰落特性不同；而由多普勒效应带来的信道变化被称为时间选择性衰落，信道幅度在不同时间点快速变化。

3GPP TR38.811 协议中提供了两种信道模型描述方法：CDL 模型和 TDL 模型。CDL 模型参考 3GPP TR38.901 协议中的几何随机建模方法。根据星地的实际运行轨迹在坐标系中建立符合实际几何位置信息（包括卫星位置、卫星天线面板信息等）的星地无线通信场景，根据星地轨迹信息与配置的 CDL 模型，计算卫星与地面终端之间的角度信息（AOA、AOD、ZOA、ZOD）；根据角度信息更新卫星和地面终端之间的相位、时延和多普勒信息，并合成随轨迹点变化的星地无线信道冲击响应。相对于地面网络（3GPP TR38901 协议）中的模型，NTN 模型的簇的个数较少，这对信道建模的效率是一个利好。相对于 CDL 模型，TDL 模型简化了来波角度对无线信道的影响，TDL 模型和 CDL 模型在簇的个数、时延和功率方面保持一致。

2.2.2.1　多径效应

由于电波传播过程中会有各种各样的反射、散射和绕射，入射电波从不同方向传播，具有不同的传播时延，这就导致接收端的信号是由许多电波合成的。这些具有随机分布幅度、相位和入射角度的多径成分被接收端天线按向量合成幅度和相位都急剧变化的信号，使得接收信号产生衰落失真，这种由多径传播引起的衰落称为多径衰落，属于小尺度衰落。

在城区环境，由于终端收发天线的高度比周围建筑物矮得多，不存在从终端到基站之间的视距传播，这导致了衰落的产生。即使视距传播路径存在，由于地面与周围建筑物的反射，多径传播仍然发生。这在地面移动通信是普遍存在的，终端所处的位置周边一般都存在遮挡。对于卫星通信，卫星距离地面较远，当存在信号被建筑物遮挡时，接收信号的强度会明显变弱，因此在实际应用时，需要考虑视距径作为主要信道分量，小尺度衰落带来的影响则变得更小。对于高频段场景，卫星通信信道的非视距径信号衰减较大，通常可忽略；而在低频段场景，卫星通信信道的非视距径信号衰减降低，在信道建模时需要考虑进去。

2.2.2.2　多普勒效应

卫星和终端的相对移动，会导致接收信号的频率变化，从而产生多普勒效应。在地面移动通信系统中，对于高铁、汽车等高速移动场景，多普勒效应相对明显。而在卫星通信系统中，低轨卫星的快速运动将带来巨大的多普勒效应，多普勒频率的变化也非常明显，这在卫星通信信道建模中需要充分考虑。

由于卫星或者终端的速度并不是一个固定值，移动速度的变化会带来多普勒扩展，即接收信号并不是只有一个固定的多普勒偏移。另外，当信号传输存在多径分量时，每径信号的传播方向不同，这直接带来多普勒扩展。对于主径分量，由于终端与卫星的相对运动，接收信号受多普勒频移影响。若载波频率为 f_c，则终端接收到的信号频率为 $f_c+f_{d_1}$，f_{d_1} 表示终端与卫星的相对运动造成的多普勒频移。对于其他径分量，由于卫星相对于散射体的运动，散射体接收到的信号受多普勒频移影响。散射体接收到的信号频率为 $f_c+f_{d_2}$，f_{d_2} 为卫星与散射体的相对运动造成的多普勒频移。终端接收到来自各个方向的散射体反射的信号，从而造成了多普勒扩展。

对于地球静止轨道，由于卫星对地面是相对静止的，$f_d(f_d = f_{d_1} + f_{d_2})$ 接近 0，因此，该场景下的多普勒频移主要是由终端的运动造成的。对于非地球静止轨道，特别是低轨卫星，卫星相对地面是非静止的，$f_d \neq 0$，且随时间而不断变化。因此，对于终端接收到的信号，不仅其主径分量的多普勒频移随时间而变化，其他各径分量也会发生多普勒频移变化的现象。

/2.3　无线链路预算/

链路预算主要依据发送端和接收端的能力来确定系统工作的信噪比，是决定系统传输能力的重要因素。对于再生处理的卫星通信系统，链路预算主要考虑终端到卫星单段的星地链路预算；而透明转发的链路预算，需要考虑终端到卫星和卫星到信关站两段叠加的效果。本文以再生处理为例，对用户链路的链路预算进行阐述。

通常，星地无线链路预算的通用计算式为：

$$\mathrm{CNR} = \mathrm{EIRP} + \frac{G}{T} - k - \mathrm{PL_{FS}} - \mathrm{PL_A} - \mathrm{PL_S} - \mathrm{PL_{AD}} - B \qquad (2\text{-}7)$$

相关参数说明如下。

- CNR：载噪比，单位为 dB。
- EIRP（等效全向辐射功率）：发送端的等效全向辐射功率，是发送功率和天线增益之和，单位为 dBw。
- G/T：接收天线的天线增益与噪声温度的比，温度单位为开尔文（K），G/T 的单位为 dB/K。
- k：玻尔兹曼常数为 -228.6dB，对应 1J/K，单位为 dBw/(K·Hz)。
- $\mathrm{PL_{FS}}$：自由空间路损，单位为 dB。
- $\mathrm{PL_A}$：大气路损，单位为 dB。
- $\mathrm{PL_S}$：闪烁路损，单位为 dB。
- $\mathrm{PL_{AD}}$：额外路损，单位为 dB。
- B：10·lg（带宽），单位为 dB·Hz。

依据链路传输方向的不同，链路预算又可分为卫星到终端的下行链路预算和终端到卫星的上行链路预算，下面将分别说明。

2.3.1 下行链路

对于下行链路，卫星负责发送信号，终端作为接收端。

下行链路预算计算式为：

$$\frac{C}{N} = \text{EIRP} + \frac{G}{T} - \text{LOSSES} - k - B \qquad (2\text{-}8)$$

其中，

- EIRP：卫星的 EIRP。
- LOSSES：终端接收侧的无线链路传输损耗。
- G/T：终端接收侧的 G/T。
- B：载波带宽，假设信号带宽和噪声带宽相等。
- C/N：终端接收参考点处的数值。

2.3.2 上行链路

对于上行链路，终端负责发送信号，卫星作为接收端。

上行链路预算的计算式为：

$$\frac{C}{N} = \text{EIRP} + \frac{G}{T} - \text{LOSSES} - k - B \qquad (2\text{-}9)$$

其中，

- EIRP：终端的 EIRP。
- LOSSES：卫星接收侧的无线链路传输损耗。
- G/T：卫星接收侧的 G/T。
- B：载波带宽，假设信号带宽和噪声带宽相等。
- C/N：卫星接收参考点处的数值。

2.3.3 链路预算示例

以手机直连卫星应用为例，假设频率为 2GHz，卫星轨道高度为 500km，终端最大仰角为 35°，用户链路的下行和上行链路预算如表 2-3 所示。

表 2-3　用户链路的下行和上行链路预算（轨道高度为 500km，频率为 2GHz）

链路类型	下行（卫星到终端）		上行（终端到卫星）	
终端位置	中心波束	边缘波束（35°仰角）	中心波束	边缘波束（35°仰角）
链路距离/km	500	850	500	850
工作频率/GHz	2	2	2	2
发送端 EIRP/dBw	50	50	−10.5	−11
接收端 G/T/(dB·K^{-1})	−35.6	−36.1	8.8	8.8
卫星扫描损耗/dB	0	4	0	4
卫星波束边缘损耗/dB	3	3	3	3
大气损耗/dB	0.1	0.1	0.1	0.1
极化损耗/dB	3	3	3	3
指向误差损耗/dB	0.1	0.1	0.1	0.1
人体损耗/dB	2	2	2	2
路径损耗/dB	152.4	157	152.4	157
带宽/MHz	50	50	1	1
信噪比 CNR/dB	5.4	−3.7	6.3	−2.8
传输速率(Mbit·s^{-1})	68	12	1.5	0.3

对于卫星到终端的下行链路，当终端处于中心波束时，路径损耗为 152.4dB，假设卫星发射的 EIRP=50dBw，终端接收的 G/T=−35.6dB/K，链路经历的其他损耗为 8.2dB（包括卫星扫描损耗 0dB、卫星波束边缘损耗 3dB、大气损耗 0.1dB、极化损耗 3dB、指向误差损耗 0.1dB、人体损耗 2dB），则在 50MHz 带宽下终端（接收端）的信噪比 CNR=5.4dB，能支持的最大传输速率为 68Mbit/s。当终端处于边缘波束时，路径损耗为 157dB，假设卫星发射的 EIRP=50dBw，终端接收的 G/T=−36.1dB/K，链路经历的其他损耗为 12.2dB（此时卫星扫描损耗为 4dB），则在 50MHz 带宽下终端（接收端）的信噪比 CNR= −3.7dB，能支持的最大传输速率为 12Mbit/s。

同理，对于终端到卫星的上行链路，当终端处于中心波束时，路径损耗为 152.4dB，假设终端发射的 EIRP=−10.5dBw，卫星接收的 G/T=8.8dB/K，链路经历的其他损耗为 8.2dB，则在 1MHz 带宽下卫星（接收端）的信噪比 CNR=6.3dB，能支持的最大传输速率为 1.5Mbit/s。当终端处于边缘波束时，路径损耗为 157dB，假设卫星发射的 EIRP=−11dBw，终端接收的 G/T=8.8dB/K，链路经历的其他损耗为 12.2dB，则在 1MHz 带宽下卫星（接收端）的信噪比 CNR= −2.8dB，能支持的最大传输速率为 0.3Mbit/s。

依据表 2-3 的链路预算，针对手机直连卫星场景，受限于手机终端的收发能力，上行链路相对于下行链路存在更为严重的链路预算不足的问题，需要采取相应的覆盖增强措施。

/2.4 星地融合移动通信仿真验证与评估技术/

在星地融合移动通信技术的研究过程中，需要大量的仿真评估和技术测试验证，以提高星地融合移动通信系统产业成熟度。常用的方法包括数字化软件仿真评估、半实物仿真评估和数字孪生系统仿真评估。下面分别进行介绍。

2.4.1 数字化软件仿真评估

数字化软件仿真评估主要指采用软件对通信协议和算法进行仿真模拟。为提高仿真效率，通常需要多台高性能服务器组成分布式仿真集群，支持多个并行处理，高性能仿真集群示意图如图 2-1 所示。常用的卫星通信数字化软件仿真如图 2-2 所示，包括链路仿真集群和系统仿真集群。链路仿真涉及多址接入、信道估计、信道编解码、随机接入、信道建模、波形产生、星座映射/解映射、定时同步、频偏估计等关键模块，性能评估参数主要有误码率、星座图、峰均比（Peak to Average Power Ratio，PAPR）、误差矢量幅度（Error Cector Magnitude，EVM）等。系统仿真涉及卫星建模、信关站建模、接入网建模、核心网建模、链路预算、干扰建模、用户业务建模、用户分布建模、用户移动性、用户信道质量等关键模块，性能评估参数主要有吞吐量、链路预算、容量等。

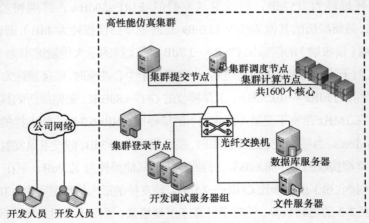

图 2-1 高性能仿真集群示意图

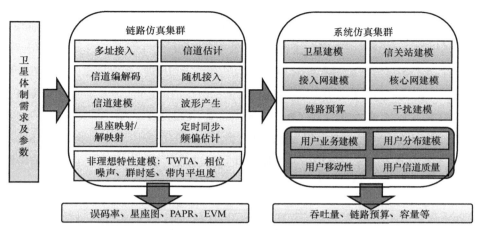

图 2-2　常用的卫星通信数字化软件仿真

卫星通信的数字化软件仿真要既能支撑物理层关键技术、高层关键技术及系统整体性能的研究，又能支撑标准制定、样机与设备开发及测试验证等工作。以 5G NTN 为例，卫星通信的数字化软件仿真评估项举例如表 2-4 所示，给出了链路仿真和系统仿真所支持的仿真评估项举例。

表 2-4　卫星通信的数字化软件仿真评估项举例

分类	仿真评估项
链路仿真	下行同步信道性能验证
	上行随机接入信道性能验证
	下行控制信道性能验证
	上行控制信道性能验证
	数据信道性能验证
	HARQ 性能验证
	非理想因素的性能验证（EVM、TWTA 等）
	依据测试的性能分析&优化
系统仿真	小区干扰性能评估
	星内切换性能验证
	星间切换、馈电切换性能验证
	寻呼性能验证

2.4.1.1　链路仿真

链路仿真平台具备验证星地融合通信系统的链路级传输方案的能力，考虑单波束下的物理层关键技术的功能和性能，包括信道建模、信道编码、多址接入、下行初始同步、上行随机接入、上行时间同步、上行调度、波束测量和移动性管理、上行功率控制、导频设计、调制编码机制选择和反馈、混合自动重传请求和反馈、控制信道、业务信道等。

链路仿真平台架构示例如图 2-3 所示，依据数据流的走向，涉及信道映射（CM）、信道编解码（CC）、数据成帧（BC）、无线信道（Channel）、干扰抑制（IR）、接收端解调（DE）、测量（M1）等关键模块。此外，通信过程还涉及同步检测（SD）、小区搜索（CS）等关键模块，各模块之间互相进行数据输入输出交互，并与链路的输入输出子系统进行交互。

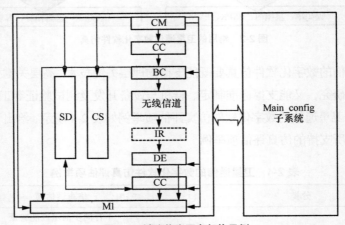

图 2-3　链路仿真平台架构示例

（1）链路仿真方法研究

与链路仿真相关的输入和输出参数的设计：需要针对仿真目的和关键技术原理，设计对应的重要技术输入参数指标，技术性能参数指标，并结合平台特性，给出参数的统计方法等。

链路仿真场景设计：针对各项物理层关键技术，同时考虑单用户和多用户场景，配置合理的用户信道特征和场景分布，开展单用户和多用户的链路性能的研究。

关键技术在端到端的链路级仿真中的模拟：通信体制中的信号编码、信号调制、多址接入、业务信道、控制信道、下行初始同步、上行随机接入、上行时间同步、上行调度、波束测量、上行功率控制、调制编码机制选择和反馈、混合自动重传请求和反馈等技术，需要在平台中通过合理的方式去模拟实现，体现技术的性能效果并且不产生过于复杂的仿真运算，以期望提升仿真效率。

（2）链路仿真软件设计

链路仿真软件将完成物理层关键技术的评估工作，仿真软件至少应包括以下功能模块：支持单天线、多天线发送和接收，支持采用理想信道估计和真实信道估计，支持单用户和多用户链路性能仿真，同时支持上行链路和下行链路性能仿真，输出误块率、误码率、吞吐量等随信噪比变化的曲线。

（3）链路仿真评估

链路仿真评估用于物理层各关键技术以及关键算法的链路级性能仿真，主要验证各单项技术的链路性能，包括卫星通信下行同步技术的性能验证、卫星通信上行接入技术的性能验证、卫通信物理层控制信道性能验证、卫星通信业务信道及导频的性能验证等。

以 NTN-TDL-C 信道[9]为例，假设载频为 2GHz，子载波间隔为 15kHz，不同同步信号块（Synchronization Signal Block，SSB）重复发送次数下的下行同步检测性能如图 2-4 所示。可以看出，SSB 重复发送次数越多，同步检测性能越好。以检测错误率为 10^{-2} 的情况下的接收端信噪比（Signal-to-Noise Ratio，SNR）来分析 SSB 检测性能，SSB 重复 1 次的 SNR 为 -4dB，而 SSB 重复 4 次和 8 次分别对应的 SNR 为 -7.8dB 和 -9.2dB，明显提升了 SSB 的检测性能。

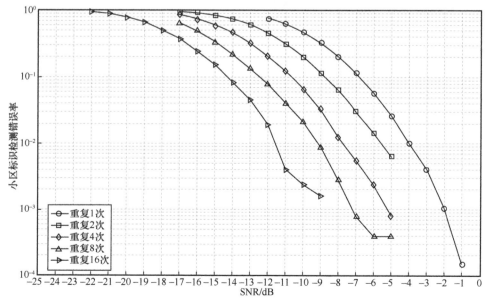

图 2-4　不同 SSB 重复发送次数下的下行同步检测性能

2.4.1.2　系统仿真

系统仿真软件应具备验证星地融合移动通信系统级传输方案的能力，考虑多星、多波束下的物理层和高层关键技术的系统级性能，包括波形、随机接入、抗干扰、抗频偏、切换、寻呼等。

基于 OPNET 的系统仿真平台架构示例如图 2-5 所示，依据 STK 等星座仿真软件提供的星座拓扑构型，可以获得卫星的轨道参数、覆盖范围、动态拓扑变化等信息，从而将其作为基本参数输入系统仿真平台。系统仿真平台可以使用 C/C++、MATLAB 或者 OPNET、OMNET 等传统的网络协议软件来实现卫星通信协议，包括终端、卫星、信关站等通信节点及其具体的通信流程。利用系统仿真平台，可以进行卫星通信系统的性能评估，包括系统干扰分析、时延性能评估、吞吐量性能评估、容量性能评估、移动性性能评估等。

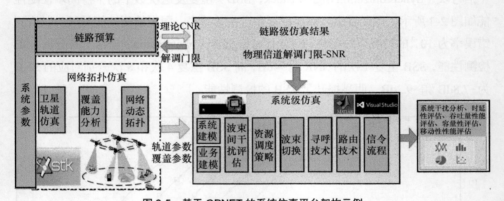

图 2-5　基于 OPNET 的系统仿真平台架构示例

（1）系统仿真方法研究

系统仿真拓扑场景分析：为了评估终端或卫星运动导致的切换，如星内波束切换、星间波束切换、馈电切换等，需要构建多信关站、多星、多波束的场景，灵活配置业务模型、系统参数和网络参数。

系统仿真大尺度信道模型设计：基于给定的星座信息，针对每个卫星的每个波束，需要为用户链路和馈电链路选择合理的大尺度衰落模型，包括路损和阴影。

系统仿真小尺度信道模型设计：小尺度信道模型主要基于信道测量结果和建立的数学模型，设计其在系统仿真中建模的步骤和方法，包括信道初始化、信道参数配置、信道的生成以及信道随仿真时间更新的方法及相关性模型。

系统仿真中的干扰建模方法：需要考虑系统仿真中的同频干扰、邻频干扰、波束内的干扰。为了提高仿真运算速度，对多波束环境下的干扰，可以考虑进行一定的简化，只需要对最强的几个邻区波束进行信道建模，而将更多的弱干扰波束当作等功率白色噪声来进行等效。

系统仿真与链路仿真接口方法设计：合理地设计系统仿真的颗粒度，并以此建立系统和链路仿真的接口，这对仿真的准确度和置信度非常重要，也影响仿真的速度和效率。系统仿真通常以子帧或者半帧为最小时间单元，在频率上通常根据信道时延拓展特性得到相干带宽，选择相干带宽的 1/2 频率为采样间隔。可以选取指数有效信噪比映射（Exponential Effective SNR Mapping，EESM）的链路接口方法，并通过大量的链路仿真，将得到的不同的调制编码率下误块率与信噪比的曲线作为接口。

系统仿真主要性能评估参数设计：系统仿真通常输出系统级性能指标，包括多波束环境下系统平均每波束的吞吐量、频谱效率、边缘用户频谱效率、用户速率分布曲线，在采用突发（Burst）业务模型时考虑系统的有效吞吐量、系统负载、系统的丢包率、用户体验速率等指标。另外，根据具体研究的算法，还可以进一步设计特定的系统级参数以及中间参数。

（2）系统仿真软件设计

系统仿真主要针对多小区构成的系统性能进行评估，仿真软件应具备基本功能特性，包括：支持多轨道面、多轨位的大型星座仿真建模；支持不同类型的终端与天线；支持终端具备高、中、低速度移动模型；支持全缓冲区（Full Buffer）以及 Burst 业务模型；支持不同组网技术和无线传输技术的性能评估；支持输出评估参数，包括每颗星总吞吐量、每个波束的平均吞吐量、用户吞吐量及其分布、平均频谱效率、边缘频谱效率、掉话率、丢包率、覆盖电平、下行载波干扰噪声比（Carrier to Interference plus Noise Ratio，CINR）分布等各种系统级性能参数。

（3）系统仿真评估

系统仿真评估主要用于物理层和高层各项关键技术和算法的系统级性能评估，以及系统总体性能评估。主要开展如下方面的系统性能仿真：多星多系统的干扰性能评估、抗多普勒频移能力的性能评估、切换技术的性能评估、寻呼方案的性能评估和不同业务服务的系统性能评估。

以每颗卫星支持多个矩形椭圆波束为例，相邻轨道相邻卫星的波束间干扰示意图如图 2-6 所示，给出了最简配置（3 个相邻轨道、每个轨道 3 颗卫星）下的波束间干扰示意图。基于该配置，不同频率复用系数下的下行 CINR 性能如图 2-7 所示，评估了不同频率复用情况下的 CINR 的性能。可以看出，频率复用系数越大，系统的 CINR 越高，意味着系统的干扰抑制能力越好。此外，在给定的仿真配置下，4 色复用和 8 色复用的性能接近，这意味着系统设计时可以采用 4 色复用，以尽量降低频率资源需求。

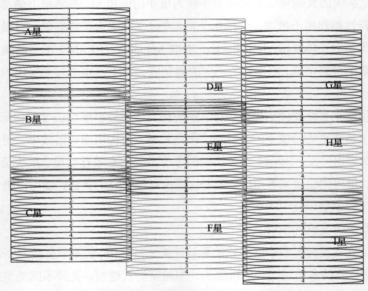

图 2-6　相邻轨道相邻卫星的波束间干扰示意图

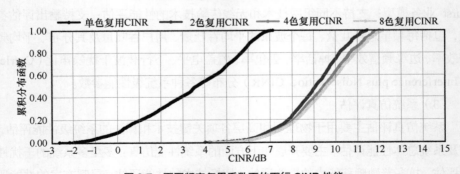

图 2-7　不同频率复用系数下的下行 CINR 性能

2.4.2　半实物仿真评估

为了验证星地融合移动通信系统设计的有效性，需要基于仿真平台来进一步考虑星地融合移动通信系统的半实物仿真评估环境，从而支持物理层关键技术、高层关键技术的性能验证和优化研究，支撑通信流程的正确性和通信协议的完整性验证。半实物仿真系统包括基于软件无线电的仿真系统和基于原理样机的仿真系统。

卫星通信端到端半实物仿真评估系统如图 2-8 所示，基于原理样机的半实物仿真评估环境将由核心网样机或设备、基站样机或设备、终端样机或设备、业务模拟器等共同组成。

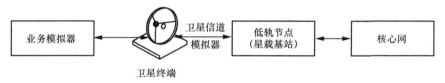

图 2-8　卫星通信端到端半实物仿真评估系统

该验证环境能进行的测试验证包括：单项关键技术测试验证、系统功能和性能测试验证。

（1）单项关键技术测试验证

为支持验证星地融合移动通信系统通信体制的功能、性能指标，可将每项技术分别进行测试验证。通过开放验证环境构建卫星通信传输链路（用户链路、馈电链路），该验证环境具备物理层帧结构与基础参数、信道编码、物理层信道调制技术、多普勒频移估计和校正等测试能力。

（2）系统功能和性能测试验证

该验证环境支持验证星地融合移动通信系统的无线接入网样机或设备、核心网样机或设备、终端样机或设备的性能、功能和协议一致性的评估和论证。通过联调联试，进一步研究星地融合移动通信系统通信体制设计时的关键问题，包括性能、功能、协议和业务指标的合理性、有效性。

2.4.3　数字孪生系统仿真评估

数字孪生系统仿真评估是指在地面搭建卫星通信仿真模拟系统，针对卫星运行场景进行高度仿真，从而实现卫星通信系统的地面镜像，用于解决卫星通信的技术问题。和地面移动通信仿真系统相比，针对低轨卫星广覆盖、大动态、长时延及其应用场景，卫星通信仿真系统需要做大量适应性设计，其通信流程、物理信道、网络架构、配置参数等方面与地面移动通信系统的差别也较大。因此，通过在实验室搭建卫星通信仿真系统，建立集成验证环境，开展协议、系统功能、安全性以及导航增强等验证。

卫星通信数字孪生系统仿真如图 2-9 所示，实验室集成验证环境主要由空间系统、地面系统、应用系统以及测试系统组成。空间系统主要包括星座场景仿真子系统、空间承载网仿真子系统、卫星载荷仿真子系统。地面系统由信关站仿真子系统、核心网仿真子系统、地面网控设备、卫星运控设备构成。应用系统主要是终端仿真子系统。测试系统主要由射频测试设备、业务仿真子系统构成。

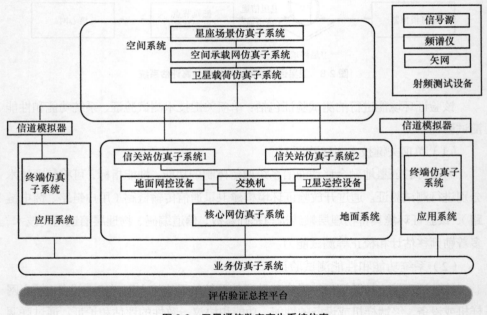

图 2-9　卫星通信数字孪生系统仿真

 思考题

1. 卫星通信系统用户链路的无线信道和地面移动通信系统的无线信道有哪些差异？

2．卫星通信的信道建模主要考虑哪些因素？

3．如何进行卫星通信系统的链路级和系统级性能评估？

▌参考文献▐

[1]　SERIES M. Guidelines for evaluation of radio interface technologies for IMT-Advanced[J]. Report ITU, 2009, 638(31).

[2]　3GPP. Spatial channel model for multiple input multiple output (MIMO) simulations: TR25.996[S]. 2017.

[3]　3GPP. Study on channel model for frequencies from 0.5 to 100GHz: TR 38.901[S]. 2017.

[4]　吴志忠. 移动通信无线电波传播[M]. 北京: 人民邮电出版社, 2002.

[5]　LOO C. A statistical model for a land mobile satellite link[J]. IEEE Transactions on Vehicular Technology, 1985, 34(3): 122-127.

[6]　LUTZ E, CYGAN D. The land mobile satellite communication channel-recording, statistics, and channel model[J]. IEEE Transactions on Vehicular Technology, 1991, 40(2): 375-386.

[7]　CORAZZA G E , VATALARO F . A statistical model for land mobile satellite channels and its application to nongeostationary orbit systems[J]. IEEE Transactions on Vehicular Technology, 1994(43): 738-742.

[8]　杨大成. CDMA2000 1x 移动通信系统[M]. 北京: 机械工业出版社. 2003.

[9]　3GPP. Study on new radio (NR) to support non terrestrial networks: TR38.811[S]. 2018.

[10]　ITU. Attenuation by atmospheric gases: ITU-R P.676[S]. 2016.

[11]　ITU. Propagation data and prediction methods required for the design of Earth-space telecommunication systems: ITU-R P.618-13[S]. 2017.

[12]　MISME P, WALDTEUFEL P. A model for attenuation by precipitation on microwave Earth-space links[J]. Radio Science, 1980, 15(3): 655-665.

[13]　ITU. Attenuation due to clouds and fog: ITU-R P.840-8[S]. 2019.

[14]　SLOBIN S D. Microwave noise temperature and attenuation of clouds: statistics of these effects at various sites in the United States, Alaska, and Hawaii[J]. Radio Science, 1982, 17(6): 1443-1454.

[15]　IWAI H , KARASAWA Y. The theoretical foundation and applications of equivalent transmission-path model for assessing wideband digital transmission characteristics in Nakagami-rice fading environments[J]. IEICE Transactions on communiations, 1996, E79-B(9): 1205-1214.

[16]　ITU. Ionospheric propagation data and prediction methods required for the design of satellite

services and systems: ITU-R P.531[S]. 2016.

[17] VAN DE KAMP M M J L, TERVONEN J K, SALONEN E T, et al. Improved models for long-term prediction of tropospheric scintillation on slant paths[J]. IEEE Transactions on Antennas and Propagation, 1999, 47(2): 249-260.

第 3 章

星地融合无线传输技术

本章首先分析了星地融合无线传输的需求与挑战，然后探讨了星地融合统一空口设计的思路，最后详细介绍了星地融合无线传输的关键技术，包括波形技术、多址接入技术、编码与调制技术、至简随机接入技术、定时技术、同步技术、波束管理技术、大规模天线与波束空间复用技术、无线传输可靠性控制技术等。

/ 3.1 需求与挑战 /

传统卫星通信业务场景中，低码率业务融合主要用于语音和少量数据传输，高码率业务融合主要用于基站回传、点对点数据交换等场景。卫星通信系统和地面移动通信系统独立组网，不能实现互联互通，并且空中接口标准差异较大。为了适应不同业务的深度融合、不同速率的传输方案统一以及空口资源灵活调度的需求，新一代卫星通信系统应考虑与 5G 融合的无线传输体制以及面向 6G 的无线传输统一空口设计，充分利用地面移动通信系统的产业和技术优势来进一步促进卫星通信的发展，实现卫星通信与地面移动通信的系统融合。国际标准化组织 3GPP 从 R15 阶段已经开始讨论 5G 星地融合的无线传输技术的研究与设计工作，相继发布了技术报告 TR 22.822[1]、TR 38.811[2]和 TR 38.821[3]。其中 TR 22.822 对相关的接入网协议及架构进行了评估，TR 38.811 定义了包括卫星网络在内的 NTN 部署场景及信道模型，TR 38.821 主要探讨无线传输技术。3GPP NTN 目前主要讨论透明转发模式下的无线传输技术，针对 GEO、MEO 和 LEO 轨道类型，分析研究 S 频段和 Ka 频段的无线传输技术。

地面移动通信与卫星通信的无线传输融合面临复杂的信道环境，传输特性差异极大，高效利用时、空、频等多维资源以提升网络效能面临巨大挑战。卫星通信的无线传输性能同时受时间、频率、空间、功率等多维属性影响，尤其低轨卫星通信具有高动态、大时延、大多普勒偏移、频繁切换、难以保障 QoS 等难点，给无线传输性能带来极大的挑战。研究星地融合移动通信的高性能无线传输技术是 5G 和 6G 无线移动通信系统发展的重要目标。

采用星地融合的无线传输统一空口设计可极大加速卫星通信技术的升级演进，

降低系统建设成本，壮大卫星通信和地面移动通信的产业链，为用户带来广域覆盖的业务连续性和用户体验的一致性。然而低轨卫星的高移动性和大多普勒频移、高轨卫星的大时延、卫星发送功率的限制都给业务的有效传输和 QoS 保障带来了难题。

星地融合移动通信的未来发展阶段是系统全面融合，星地一体提供无感知一致服务。面向未来的星地深度融合包括统一的空口设计、统一的网络架构、统一的资源调度与管理、统一的频谱共享与协调管理、统一的业务支持与调度、网络平台的一体化设计以及统一的终端标识与接入方式。只有星地在无线传输、网络架构、资源管理、终端与业务等方面进行深入的系统融合，才能为用户提供无感知一致服务。可见，基于统一空口的无线传输设计是实现"万物互联""随遇接入""全球无缝覆盖"的重要方式，是解决星地融合、实现泛在互联的重要途径。面向统一空口设计，需要针对星地链路的不同特点深入研究无线传输关键技术，包括波形与调制方式选择、时频同步、接入和移动性管理、混合自动重传请求、多天线传输等技术。

（1）波形与调制方式选择

低轨卫星的快速运动特性，造成严重的多普勒效应，影响子载波间隔的选择。由于卫星功率受限，一般需尽量提高卫星功率利用率，选择合适的波形可减小信号峰均比（PAPR）对卫星功放的影响。地面移动通信中的高阶调制以正交振幅调制（Quadrature Amplitude Modulation，QAM）为主，传统卫星通信常用相移键控（Phase-Shift Keying，PSK）调制方式。因此，星地融合移动通信系统需要根据具体需求来选择合适的高阶调制方式或者采用降低峰均比的技术。

（2）时频同步

由于卫星通信链路存在距离远、运动速度快（低轨卫星）、功率受限等特征，因此在星地融合无线传输统一空口设计方面需要考虑低信噪比、大多普勒频移、大时延等因素对时频同步的影响。对于 600km 轨道高度的 LEO 卫星而言，载频为 20GHz 时，运动带来的最大多普勒频移为 ±480kHz，最大多普勒变化率为 ±5.44kHz/s，严重的多普勒频移给频率同步带来影响。另外，单程星地时延变化范围从几毫秒到几十毫秒，给星地时间同步带来影响。星地传输距离远、信号衰落大、信噪比低带来了信号检测难度。

（3）接入和移动性管理

由于卫星传输时延大，传统地面移动通信的四步接入方式时延过长，需要设计简化的接入方案。另外，由于低轨卫星的快速运动，终端将频繁地实施星间切换。同时，基于无线资源管理（Radio Resource Management，RRM）信号测量的传统切换判决方式，在信噪比分布较为平均的卫星小区难以满足需求。

（4）混合自动重传请求（HARQ）

卫星通信链路的传输时延大，导致地面移动通信使用的 HARQ 技术所规定的进程数量难以满足传输效率需求，需要研究 HARQ 进程数量扩展及反馈机制，以及由此带来的进程指示等问题。

（5）多天线传输

卫星通信场景引入了天线圆极化方式，与地面移动通信常用的线极化有一定的差异；卫星波束、小区的概念与地面移动通信也存在差异。因此，需要研究星地融合移动通信的天线极化方式、波束管理与切换等技术。

总之，星地融合移动通信网络是具有大时空尺度的多维异构网络，针对卫星通信与地面移动通信在无线链路距离、时延、传播特性、移动性等方面存在的差异，为了实现无感知无差异化的网络服务能力，星地融合移动通信网络通过采用无线传输统一空口设计实现卫星通信与地面移动通信技术体制一体化、星地通信接入链路与馈电链路一体化，形成统一、全面、覆盖星地所有场景的无线传输技术体制。同时，面向 6G 星地融合移动通信背景下的大规模高/中/低轨异构混合卫星组网与地面移动通信网络异构共存融合的复杂通信场景，研究多星多波束高效协同传输、星地融合新波形与多址接入、面向星间和星地通信的极简接入与同步控制、星地融合异构网络的高效频谱共享等技术，最终实现高效率、高鲁棒性的星间/星地通信，解决星地融合移动通信网络下的卫星通信高效传输问题。

资料专栏：空口、无线传输、无线接入

空口：是指终端与基站的无线传输逻辑接口，规定了终端与基站之间通信的无线传输参数配置和协议栈结构。

无线传输：是指发送端和接收端的信息通信方式，物理信号采用电磁波，在信号上层约定了信号传输的格式、数据调制方式和相关通信过程。

无线接入：是指终端通过无线传输的方式连接网络的过程，包括同步建立、信号握手和信道连接的过程。

/3.2　星地融合统一空口设计/

星地融合统一空口设计基于业务驱动、智能感知、配置空口参数等关键环节，主要设计思路如图 3-1 所示[4]。

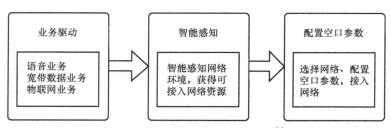

图 3-1　星地融合统一空口设计思路[4]

星地融合统一空口设计以业务需求为驱动，通过智能感知网络环境判断当前可选择接入的网络资源，然后基于业务和网络资源的约束条件在参数集中选择可配置的参数。这些约束条件包括：当前业务需要的带宽、时延等 QoS 约束，以及当前可用网络所能提供的接入资源等。终端可以在卫星网络和地面蜂窝网络之间无感知无缝切换，仅需判断当前可接入的网络资源是否能满足终端的业务需求，然后选择匹配的空口参数进行配置并接入网络。

在星地融合统一空口设计中，可变参数集的设计是核心与关键。可变参数集是指将空口的主要技术参数构建一个集合，该集合内的技术参数适用于卫星通信和地面蜂窝通信，通过灵活配置空口参数，从而适应不同应用场景的需要，实现星地间随遇和按需接入。例如，对于卫星通信无线传输而言，可以配置大带宽、大子载波间隔和更多 HARQ 进程等。对于用户而言，不需要区分卫星通信或地面移动通信，通过动态地配置不同的空口参数接入网络，星地融合系统统一进行网络资源配置和网络管理，从而实现无缝切换和漫游，达到真正的无感知星地网络融合。

星地融合统一空口设计可变参数集的主要参数包括：传输带宽、调制波形、调制方式、编码方式、子载波间隔、导频格式、HARQ 配置、多址接入方式、时频同步方式、控制信道格式、随机接入方式、切换方式等。星地融合统一空口设计可变参数集的主要参数[4]如表 3-1 所示，给出了基于 5G 星地融合的主要空口参数示例，包括但不局限于这些参数[4-5]。

表 3-1 星地融合统一空口设计可变参数集的主要参数[4]

主要参数	参考范围	备注
传输带宽	180kHz～1GHz	适应物联网、语音到宽带数据等各类业务需求
调制波形	DFT-s-OFDM，CP-OFDM 等	卫星通信尽量选用低峰均比的单载波波形，地面移动通信可选多载波波形
调制方式	π/2-BPSK、BPSK、QPSK、8PSK、16QAM、16APSK、32APSK、64APSK、64QAM、128APSK、256APSK、256QAM 等	适应目前地面移动通信和卫星通信的大多数调制方式
编码方式	卷积码、Turbo 码、小块码、Polar 码和 LDPC 码等	可扩展支持其他类型编码
子载波间隔	15kHz、30kHz、60kHz、120kHz 和 240kHz	提供多种子载波间隔
导频格式	支持连续导频、梳状导频	可扩展支持其他类型导频
HARQ 配置	少于或等于 32 个进程或者关闭 HARQ	支持不同时延范围的应用场景
多址接入方式	OFDMA、PDMA 等	提供正交多址或非正交多址接入方式，可根据不同场景选取
时频同步方式	允许基于 GNSS 位置和星历的时频同步预补偿机制	支持定时提前量和多普勒的精确补偿，低信噪比下的信号检测等
控制信道格式	专属控制信道或者动态控制信道	可根据不同场景灵活选取或配置
随机接入方式	随遇接入、极简接入	根据业务需求、网络状态选择接入
切换方式	自适应切换	支持基于位置、基于终端需求、AI 辅助的切换方式等

资料专栏：无线传输的空口参数集的演变

2G 空口参数集：2G 系统的代表有 GSM 系统和 IS-95 CDMA 系统，其中 GSM 系统的空口参数包括帧结构、信道号、同步配置等，IS-95 CDMA 系统的空口参数包括扩频序列 ID、扩频码长、功率参数等。

3G 空口参数集：3G 系统采用 CDMA 扩频传输方式，主要空口参数包括扩频码长、信道频点、扩频序列 ID、帧结构等。

4G 空口参数集：4G 系统以 OFDM 信号为基础，空口参数包括频点、帧结构、同步和随机接入格式、系统带宽、CP 长度、编码调制、小区 ID、调度带宽、传输流数、导频格式、加扰方式等。

5G 空口参数集：5G 系统的空口参数和 4G 系统的空口参数比较相似，主要增加了波束配置、子载波间隔、部分带宽（Bandwidth Part，BWP）配置等。

/3.3　波形技术/

波形技术是历代地面移动通信系统更新换代的标志性技术。面向未来的星地融合场景，除了支持传统基于 OFDM 的正交波形，还需要研究新的波形技术。

3.3.1　现有波形

载波波形设计需要综合考虑频谱效率、频谱分配灵活性以及载波峰均比等因素。

（1）频谱效率

传统的宽带卫星通信系统广泛使用卫星数字视频广播（Digital Video Broadcast for Satellite，DVB-S）标准，包括 DVB-S2、DVB-S2X、DVB-RCS 等。通常前向链路为 DVB-S2 标准，频谱成形滤波器采用根升余弦滤波器，滚降系数为 0.35、0.25 和 0.2；反向链路为 DVB-RCS 标准，采用多频-时分多址（Multi-Frequency Time-Division Multiple Access，MF-TDMA）波形，频谱成形滤波器的滚降系数为 0.35。此外，新一代卫星电视广播标准 DVB-S2X 采用了更高的调制阶数和更小的滚降系数，滚降系数为 0.15、0.10 和 0.05，并且滚降系数越小，频谱利用率越高。

基于 5G NR 的卫星通信系统无线传输波形采用循环前缀-正交频分复用（Cyclic Prefix-Orthogonal Frequency Division Multiplexing，CP-OFDM）和离散傅里叶变换-扩频正交频分复用（Discrete Fourier Transform-Spread-Orthogonal Frequency Division Multiplexing，DFT-s-OFDM），由于 CP-OFDM 子载波的正交特性，子载波间不需要保护间隔，但在时域通过添加循环前缀作为保护间隔，以避免 CP-OFDM 符号间干扰。

不考虑调制编码情况下，不同波形频谱利用率对比如表 3-2 所示。从表 3-2 可以看出，在传统 DVB 系统中，只有当根升余弦滤波器的滚降系数降至 0.05 时，其频谱利用率才优于 DFT-s-OFDM 和 CP-OFDM 波形；而滚降系数为 0.05 时，滤波器的阶数将导致极高的系统实现复杂度。DFT-s-OFDM 和 CP-OFDM 波形由于子载波间的正交性，避免了频带间保护间隔的额外开销，频谱利用率在整体上优于传统的 DVB 系统。

表 3-2　不同波形频谱利用率对比

空口波形		频谱利用率
波形	滚降系数	
单载波（SC-TDM/MF-TDMA，根升余弦滤波器，频带间保护间隔开销）	0.05	0.9524
	0.10	0.9091
	0.15	0.8696
	0.20	0.8333
	0.25	0.8000
	0.35	0.7407
DFT-s-OFDM（循环前缀开销）		0.9333
CP-OFDM（循环前缀开销）		0.9333

（2）频谱分配灵活性

和 DVB 系统使用的 TDMA 波形相比，5G 使用的 CP-OFDM 和 DFT-s-OFDM 波形支持以物理资源块（Physical Resource Block，PRB）为颗粒度的频域资源分配，从而能够在单位时间内包含更多用户，并且用户的业务量大小可以差异化，做到对频域资源的"见缝插针"式有效处理。即，OFDM 比 TDMA 在多用户的资源分配和调度上具有更好的灵活性。

此外，CP-OFDM 波形更易于终端实现。以下行为例，对于大带宽 500MHz，TDMA 波形和 DFT-s-OFDM 波形需要终端直接接收 500MHz 的大带宽，这对于终端实现是个挑战。而 CP-OFDM 波形只需要终端接收其实际数据的发送带宽，有利于差异化终端类型的实现。

（3）载波峰均比

传统 DVB 系统为时域单载波调制，经过根升余弦滤波器滤波，具有较低的峰均比，并且滚降系数越大，峰均比越低。与单载波系统相比，由于 OFDM 符号由多个独立的经过调制的子载波信号叠加而成，合成的信号可能产生大的峰值功率，带来较大的峰均比。按照业界研究[6]，OFDM 信号经过削峰等处理，发送端能够达到与单载波相比拟的峰均比，同时对接收端检测性能影响很小。

此外，从实现角度来看，未来的星载基站设备会是多个载波共用一个功放，即 DVB 系统使用的是 MF-TDMA 方式，其峰均比相对于单载波 TDMA 会明显提升，而且载波数越大，提升越明显。而 OFDM 波形本身就是多载波，峰均比基本不会发生变化。因此，综合来看，实际系统中 5G 体制的峰均比会接近 DVB 系统的峰均比。

图 3-2 给出了几种波形的峰均比对比，可以看出，DFT-s-OFDM 波形的峰均比

和滚降系数 α 为 0.05 的单载波波形接近。CP-OFDM 波形的峰均比比 DFT-s-OFDM 高 2～3dB。

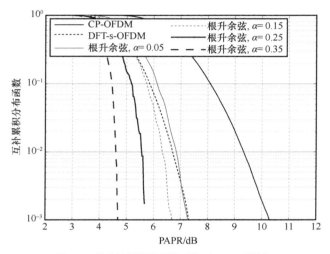

图 3-2　几种波形的峰均比对比（QPSK 调制）

OFDM 波形可以采用多种削峰方式来降低峰均比，包括削波和滤波（Clipping And Filtering，CAF）技术、压缩扩张（Companding）技术、部分传输序列（Partial Transmit Sequence，PTS）技术等。通常，削峰后的 CP-OFDM 波形和 DFT-s-OFDM 与单载波波形相比，大概有 1dB 的峰均比差异。

针对星地融合移动通信系统，可以以 CP-OFDM 和 DFT-s-OFDM 波形为基础，通过基于软件参数的自适应配置，实现卫星通信和地面移动通信的无线传输融合波形。

3.3.2　OTFS 波形

除地面移动通信在使用的 CP-OFDM 和 DFT-s-OFDM 波形外，业界研究适用于星地融合移动通信的波形还有正交时频空间（Orthogonal Time Frequency Space，OTFS）波形[7]、超奈奎斯特调制（Faster-Than-Nyquist，FTN）[8]、恒包络正交频分复用（Constant Envolope OFDM，CE-OFDM）[9]等。

OTFS 作为近年来的新兴技术，在多普勒频移和时延较大的场景下具有性能优势，与其他新兴技术也有较好的融合性。图 3-3 给出了 OTFS 波形的技术框架[7]，其中，u 表示信源比特，$\hat{u}$ 表示信宿比特，$g_{tx}(t)$ 表示 Heisenberg 转换函数，$g_{rx}(t)$

表示 Wigner 转换函数。可以看出，与 OFDM 波形相对照，OTFS 波形可利用二维逆辛有限傅里叶变换（Inverse Symplectic Finite Fourier Transform，ISFFT）将时延–多普勒（Delay-Doppler, DD）域上的每个信息符号扩展到整个时频（Time-Frequency，TF）域平面上，使每一个传输符号都经历一个近似恒定的信道增益，具有良好的鲁棒性。相应地，利用辛有限傅里叶变换（Symplectic Finite Fourier Transform，SFFT）便可将时频域上的传输符号映射回时延–多普勒域上。

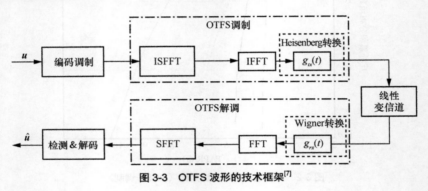

图 3-3　OTFS 波形的技术框架[7]

为了研究星地融合场景下 OTFS 波形的性能，使用 3GPP 中给出的 NTN 系统信道 TDL 模型[10]，考虑非线性功放并加回退和预失真，其余仿真参数参照 NR 物理层给定的系统参数[11]，星地融合波形性能仿真参数如表 3-3 所示。使用 MATLAB 软件仿真了 OTFS 波形的性能，并与 OFDM 波形和 DFT-s-OFDM 波形进行了性能比较。

表 3-3　星地融合波形性能仿真参数

参数	取值
载波频段	S 频段：2GHz
FFT 长度	256
占用子载波数	128 个
符号数	14 个
子载波间隔	15kHz
多径信道模型	NTN TDL NLoS 模型，10°仰角
最大相对移动速度	500km/h
非线性模型、预失真	Saleh 模型[11]
信道均衡	线性 MMSE 均衡

图 3-4 给出了 OTFS 波形与 OFDM 波形、DFT-s-OFDM 波形的峰均比对比，可

以看出，DFT-s-OFDM 波形的峰均比最低，OTFS 波形的峰均比低于 OFDM。

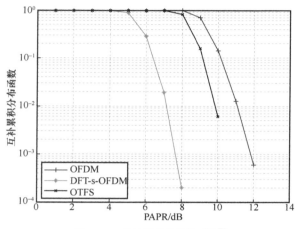

图 3-4　3 种波形的峰均比对比[7]

图 3-5 给出了 OTFS 波形与 OFDM 波形、DFT-s-OFDM 波形的功率谱密度（Power Spectral Density，PSD）对比，可以看出，3 种波形的带外泄露（Out-Of-Band Emission，OOBE）相差不大。

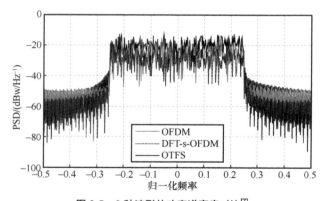

图 3-5　3 种波形的功率谱密度对比[7]

3 种波形的误码率比较[7]如图 3-6 所示，给出了在经过非线性和预失真之后，3 种波形在 NTN 信道下的输出回退（Output Backoff，OBO）等于 3dB 时的误码率性能。可以看出，OTFS 的整体误码率（Bit Error Ratio，BER）性能在高信噪比下高于其他两种波形。

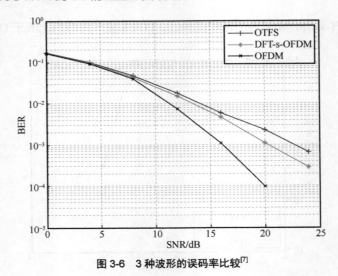

图 3-6　3 种波形的误码率比较[7]

/3.4　多址接入技术/

对于地面移动通信系统，传统上采用正交多址接入方式。为了更好地满足 5G 的三大典型场景要求，在 5G 标准推进中讨论了非正交多址接入技术，预期通过非正交多址接入来提升增强移动宽带场景的频谱效率、提升海量机器类通信场景的接入用户数、降低低时延高可靠场景的时延等。和地面移动通信相比，卫星通信的波束覆盖范围远远大于地面小区，这意味着卫星通信的单小区需要支持的用户数可能多于地面移动通信；此外，相对于地面通信，卫星通信具有更大的链路传输时延，由此对降低整个通信过程时延的需求也很迫切。因此，需要研究新的多址接入方式。

新型多址接入技术应用到卫星通信中，需要解决下述关键问题。

- 卫星信道下的码本/复数域扩频序列设计：卫星通信覆盖范围广、时延较大及卫星信道开放性的问题，在免许可竞争接入、安全等方面需进一步优化码本/复数域扩频序列的设计。

- 低复杂度多用户检测算法研究与实现：现有非正交多址多用户检测算法的复杂度较高，再生处理较为困难，需进一步优化。

- 兼容正交多址卫星通信系统：受卫星寿命影响，星地融合移动通信网络中多体制卫星通信系统共存的局面将长期存在，为保证用户的服务质量以及技术升级的平滑过渡，新型多址卫星通信系统应能兼容传统正交多址接入系统。

按照3GPP中针对5G NR的非正交多址接入技术讨论，非正交多址接入方式大概分为3种类型：功率域、编码域、随机交织域。基于这些类型最终产生了图样分割多址（Pattern Division Multiple Access，PDMA）[12]、稀疏码分多址（Sparse Code Multiple Access，SCMA）[13]、多用户共享接入（Multi-User Sharing Access，MUSA）[14]、交织多址（Interleave Disivion Multiple Access，IDMA）[15]等10多种非正交多址接入技术方案。和正交多址接入相比，非正交多址接入在有限的时频资源上能够进一步复用更多的用户，在卫星单波束下支持更多用户接入和物联网场景等方面均有优势。笔者预期地面移动通信系统中探讨的非正交多址接入技术，未来也能在卫星通信系统中应用。

资料专栏：频分多址（FDMA）、时分多址（TDMA）、码分多址（CDMA）、空分多址（Space Division Multiple Access，SDMA）

频分多址：传输信道总带宽被分成多个子频段，多个用户占用不同的子频段。为避免干扰，不同子频段之间需要留有一定保护间隔。地面移动通信系统1G及传统卫星通信系统均使用该复用方式。

时分多址：在相同的频率上，多个用户占用不同的时隙。地面移动通信系统2G、卫星通信系统铱星等使用该复用方式。

码分多址：在相同的时频资源上，多个用户通过不同的编码方式来进行区分。地面移动通信系统3G、卫星通信系统全球星等使用该复用方式。

空分多址：在相同的时频资源上，多个用户通过不同的空间位置来进行区分。波束的引入，有利于地面移动通信系统和卫星通信系统使用该复用方式。此外，该复用方式可以与频分多址、时分多址、码分多址联合使用。

资料专栏：PDMA、SCMA、MUSA、IDMA

PDMA是由电信科学技术研究院有限公司（原大唐电信集团笔者团队）提出的非正交多址接入技术[16]，技术原理为发送端将多个用户的信号通过编码图样映射到相同的时域、频域和空域资源进行复用传输，在接收端采用广义串行干扰删除接收机算法进行多用户检测，实现上行和下行的非正交传输，从而逼近多用户信道的容量边界。

SCMA是一种基于码域叠加的新型非正交多址接入技术，它将低密度码和调制技术相结合，通过共轭、置换以及相位旋转等方式来选择最优的码本集合，不同用户基于分配的码本进行信息传输。

MUSA 是一种基于码域叠加的非正交多址接入方案，对于上行链路，将不同用户的已调符号经过特定的扩展序列扩展后在相同资源上发送，接收端采用 SIC 接收机对用户数据进行译码。

IDMA 是一种特殊的 CDMA 通信方式，使用低速率码基于交织器区分用户。交织序列打乱原来编码顺序，使相邻码片近似无关，且其接收端采用码片到码片的迭代多用户检测接收方式，计算复杂度较小。

下面具体介绍适用于星地融合移动通信系统的正交多址接入技术和非正交多址接入技术。

3.4.1 正交多址接入技术

在无线通信技术的几十年发展历史中，其采用的正交多址接入技术发生了许多变革，经历了 FDMA、TDMA、CDMA、OFDMA。地面移动通信系统使用的正交多址接入方式，也在卫星通信系统中得到应用或正在进行探讨。目前，卫星通信中常用的多址接入方式是频分多址（FDMA）、时分多址（TDMA）、码分多址（CDMA）、空分多址（SDMA）（也称卫星交换时分多址（Satellite Switching Time Division Multiple Access，SS-TDMA））[17]，多种多址接入方式在卫星通信中应用的优缺点分析如表 3-4 所示。

表 3-4　多种多址接入方式在卫星通信中应用的优缺点分析

方式	优点	缺点
FDMA	• 实现简单、技术成熟、成本较低； • 不需要网络定时； • 对每个载波采用的基带信号类型、调制方式、编码方式、载波信息速率及占用带宽等均没有限制	• 滤波器设计困难； • 峰均比高和信号互调
TDMA	• 卫星转发器或者功率放大器几乎可在饱和点附近工作，因此有效地利用了卫星功率，同时增大了系统容量； • 可以方便地开展各种数字业务，便于实现综合业务的接入； • 使用灵活方便，有利于在系统中应用各种信道分配技术，使系统更具灵活性	• 复杂度高； • 对同步比较敏感

续表

方式	优点	缺点
CDMA	• 由于传输信号经过了扩频处理,系统的抗干扰性能好; • 系统可以通过多径信号提供路径分集,抗多径衰落能力强; • 频率复用的能力使得系统的频率利用高; • 在指定干扰电平下,系统容量没有硬性限制	• 对于码同步时间要求较长并且还需进行适当的功率控制; • 考虑到扩频码片速率的影响和限制,其体制主要应用于低速率数据传输业务中
SDMA/SS-TDMA	• 具有更大的容量	• 为了在各个波束覆盖的区域之间进行通信,通常在卫星上必须设置一个交换矩阵,根据预先设计好的次序进行高速切换
OFDMA	• 配置灵活,资源利用率高,星地融合便利	• 对时频同步要求较高,在单波束对应一个功率放大器时,峰均比稍高

3.4.2 非正交多址接入技术

在星地融合移动通信网络中,由于星地传输时延长,采用非正交多址接入技术能增加传输机会、增加支持的用户数、有效降低星地传输的系统接入时延和数据传输时延。此外,未来星地融合移动通信呈现多轨道、多层次、星间及星地可充分协作的特点,利用星地融合移动通信网络的特征,设计低时延、低开销、灵活高效的新型多址接入机制,在未来融合广域覆盖网络中尤为重要。

一种典型的非正交多址接入技术就是图样分割多址(PDMA)技术[12]。PDMA 是基于收发端联合设计的非正交多址接入技术,在发送端对多用户信号进行不等分集度编码,并映射至时频域/功率域/空域资源,并通过不同的编码图样来区分资源复用的多用户信号。在接收端,PDMA 通过利用置信传播等高性能低复杂度的多用户检测算法,逼近最大后验概率的检测性能。基于 PDMA 的多用户示意图如图 3-7 所示,每个用户分配一个码矩阵,矩阵中的一个元素对应一个维度的传输指示,比如时、频、空等维度。

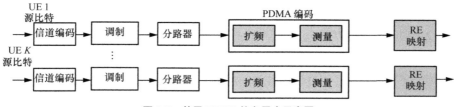

图 3-7 基于 PDMA 的多用户示意图

（1）时频域图样方案

当 PDMA 图样在时频资源上进行映射时，多个用户信号能够根据 PDMA 图样矩阵的不同列（即 PDMA 图样）来进行资源映射，实现非正交传输。以 3 个时频资源单元（Resource Element，RE）传输 7 个用户的数据为例，PDMA 的时频域资源映射方式如图 3-8 所示，其对应的 PDMA 图样矩阵如下：

$$G_{\mathrm{PDMA}}^{[3,7]} = \begin{bmatrix} 1 & 1 & 1 & 0 & 1 & 0 & 0 \\ 1 & 1 & 0 & 1 & 0 & 1 & 0 \\ 1 & 0 & 1 & 1 & 0 & 0 & 1 \end{bmatrix} \qquad (3\text{-}1)$$

由式（3-1）可知，用户 1 的信号映射到第 1、2、3 个 RE 上，用户 2 的信号映射到第 1、2 个 RE 上，用户 3 的信号映射到第 1、3 个 RE 上，用户 4 的信号映射到第 2、3 个 RE 上，用户 5 到用户 7 的信号分别映射到第 1、2、3 个 RE 上。因此，用户 1 到用户 7 的发送分集度依次为 3、2、2、2、1、1、1。最终，第 1 个 RE 上包含用户 1、2、3、5 的叠加数据，第 2 个 RE 上包含用户 1、2、4、6 的叠加数据，第 3 个 RE 上包含用户 1、3、4、7 的叠加数据。

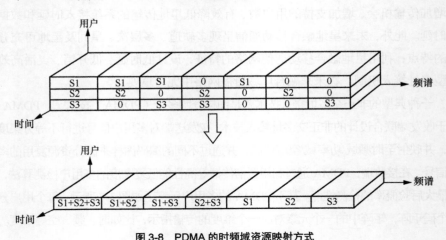

图 3-8　PDMA 的时频域资源映射方式

（2）功率域图样方案

功率域图样是在时频域图样基础上引入功率因子以及相位旋转因子，通过优化这两项因子可以进一步提升传输性能。对于上述举例的 3 个 RE 传输 7 个用户，功率域图样矩阵表达为：

$$G_{\text{PDMA}}^{[3,7]} = \begin{bmatrix} g_{1,1}e^{j\theta_1} & g_{2,1}e^{j\theta_2} & g_{3,1}e^{j\theta_3} & 0 & g_{5,1}e^{j\theta_5} & 0 & 0 \\ g_{1,2}e^{j\theta_1} & g_{2,2}e^{j\theta_2} & 0 & g_{4,2}e^{j\theta_4} & 0 & g_{6,2}e^{j\theta_6} & 0 \\ g_{1,3}e^{j\theta_1} & 0 & g_{3,3}e^{j\theta_3} & g_{4,3}e^{j\theta_4} & 0 & 0 & g_{7,3}e^{j\theta_7} \end{bmatrix} \quad (3\text{-}2)$$

其中，$g_{i,j}$ 表示用户 i 在第 j 个 RE 上的功率因子，$e^{j\theta_i}$ 表示用户 i 的相位旋转因子。为提升传输性能，需要通过优化用户的功率因子 $g_{i,j}$ 来实现用户间的功率分配，此外，对于多个用户合成的星座图，可以优化相位旋转因子 $e^{j\theta_i}$ 来使其趋于高斯分布，以获取星座成型增益[12,16]。

（3）空域图样方案

多个用户信号经过 PDMA 编码后，可以根据不同的空域 PDMA 图样将用户的信号映射到空域资源单元（RE），实现非正交传输。每根天线可以作为空域 RE，对于 3 根天线传输 6 个用户的情况，空域 PDMA 图样矩阵为：

$$G_{\text{PDMA}}^{[3,6]} = \begin{bmatrix} 1 & 1 & 0 & 1 & 0 & 0 \\ 1 & 0 & 1 & 0 & 1 & 0 \\ 0 & 1 & 1 & 0 & 0 & 1 \end{bmatrix} \quad (3\text{-}3)$$

其中，用户 1 的数据在天线 1、2 上传输，用户 2 的数据在天线 1、3 上传输，用户 3 的数据在天线 2、3 上传输，用户 4 到用户 6 的数据分别在天线 1、2、3 上传输。因此，用户 1 到用户 6 的发送分集度依次为 2、2、2、1、1、1。最终，天线 1 传输用户 1、2、4 的叠加信号，天线 2 传输用户 1、3、5 的叠加信号，天线 3 传输用户 2、3、6 的叠加信号，即 1 根天线上承载 3 个用户的数据。通过空域 PDMA 图样设计，可以在 3 根天线上对 6 个用户的数据进行同时传输。对同一个用户的多个数据流进行空域 PDMA 的非正交传输，以上原理同样适用。

应当指出的是，空域 PDMA 图样矩阵可以与波束成形/预编码矩阵进行结合。继续以式（3-3）给出的 $G_{\text{PDMA}}^{[3,6]}$ 为例，则与波束成形/预编码矩阵结合后的空域 PDMA 图样矩阵可以表示如下：

$$G_{\text{PDMA}}^{[3,6]} = \begin{bmatrix} w_{11} & w_{12} & 0 & w_{14} & 0 & 0 \\ w_{21} & 0 & w_{23} & 0 & w_{25} & 0 \\ 0 & w_{32} & w_{33} & 0 & 0 & w_{36} \end{bmatrix} \quad (3\text{-}4)$$

其中，w_{ij} 表示用户 j 在天线 i 上发送信号的波束成形权值。基于式（3-4）给出的 PDMA 图样矩阵 $G_{\text{PDMA}}^{[3,6]}$，发送信号可以表示为：

$$
\begin{bmatrix} s_1 \\ s_2 \\ s_3 \end{bmatrix} = \begin{bmatrix} w_{11} & w_{12} & 0 & w_{14} & 0 & 0 \\ w_{21} & 0 & w_{23} & 0 & w_{25} & 0 \\ 0 & w_{32} & w_{33} & 0 & 0 & w_{36} \end{bmatrix} \begin{bmatrix} x_1 \\ x_2 \\ x_3 \\ x_4 \\ x_5 \\ x_6 \end{bmatrix} \tag{3-5}
$$

其中，$x_j, \forall j \in \{1, 2, \cdots, 6\}$ 表示用户 j 的调制符号。以用户 1 为例，通过对波束成形变量 w_{11} 和 w_{21} 进行合理优化，用户 1 的调制符号除了获得发送分集增益，还将获得波束成形增益。

除了将天线作为空域资源，还可以将波束资源[18-19]、空时分组码[20]作为空域资源。PDMA 使能的多波束卫星通信网络模型如图 3-9 所示，给出了一种基于功率域和波束域的 PDMA 方案[21]，满足卫星通信网络支持用户终端大规模接入需求。在卫星发送端，一方面通过最小化任意两个波束域图样间的最大内积值，减小波束域复用引发的卫星波束间干扰，提升波束复用增益；另一方面，通过优化功率域图样映射矩阵来抑制波束内干扰，旨在保证卫星总传输功率限制以及用户最小速率需求的前提下，实现系统可达速率的进一步提升。在用户接收端，为分离叠加的多域信号，采用基于空间滤波器（Spatial Filter，SF）和串行干扰消除（Successive Interference Cancellation，SIC）的混合检测方案，其中空间滤波器用于抑制因波束域资源复用引发的波束间干扰，串行干扰消除用于抑制功率域资源复用引发的波束内干扰。

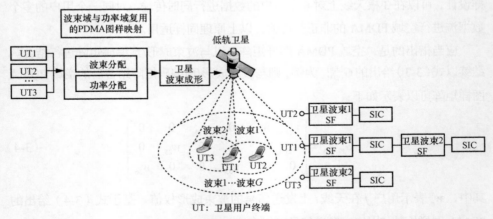

UT：卫星用户终端

图 3-9　PDMA 使能的多波束卫星通信网络模型

/3.5　编码与调制技术/

通信系统的质量与性能在很大程度上依赖所采用的编码和调制方式。编码调制的目的是使信号特性与信道特性相匹配，将基带信号通过编码调制转变为适合信道有效传输的信号形式，在接收端通过解调解码恢复为基带信号。编码调制方式的选择是由系统的信道特性决定的，不同类型的信道特性要采用不同类型的编码调制方式。在功率受限的情况下，应采用功率利用率较高的调制方式；而在频带受限的情况下，则应采用频带利用率较高的调制方式。

3.5.1　星地融合编码

信道编码是提高系统可靠性的重要手段。对于地面移动通信系统，3G 对控制信道采用卷积码，数据信道引入接近香农极限的 Turbo 码。4G 对纠错编码从性能与译码速度进行了优化，控制信道引入咬尾卷积码（Tail Biting Conventional Code，TBCC），数据信道在 Turbo 码的基础上引入二次置换多项式（Quadratic Permutation Polynomial，QPP）交织器。5G 为了支持下行的 20Gbit/s 峰值吞吐量，数据信道引入了 LDPC 码，控制信道引入可达香农极限的极化（Polar）码。

作为可逼近信道容量限的编码方案，LDPC 码与 Turbo 码、级联码相比，虽然性能差距不大，但复杂度低（线性复杂度），且易于实现。其次，LDPC 码的码率高，比较常见的码率为 1/2、3/4、7/8。而且 LDPC 码具有较好的灵活性和较低的错误平层（Error Floor，EF）特性，抗干扰能力强。LDPC 码的缺点是如果码长较长，时延也会变长，不利于实时语音通信，而且复杂度相对卷积码要高不少。

在大多数情况下，LEO 卫星信道中是存在视距分量的。在这种情况下，信道变为莱斯信道。LDPC 码除了在加性白高斯噪声（Additive White Gaussian Noise，AWGN）信道中比卷积码有更高的编码增益，在莱斯信道中仍有优势。当信道的相关性不是很强时，不需要引入交织器也可以取得较好的纠错性能。研究表明，LDPC 码在高斯信道和莱斯信道下都有着良好的纠错性能。DVB-S2(X)通过把 LDPC 码作为内码、把 BCH（Bose-Chaudhuri-Hocquenghem）码作为外码来配合使用，获得了优良的性能。LDPC 码在卫星移动通信系统中的性能还需进一步验证，为了获得更好的适用性，可以采取选用较大码长、引入交织器、选用鲁棒译码算法等措施。

和地面移动通信系统相比，卫星通信系统的链路存在传输距离远、时延大等特点，而且卫星功率和载荷受限，对编码有着不同诉求，具体如下。（1）卫星通信链路传输距离遥远，需要设计极低码率的纠错编码。（2）卫星通信链路存在较大的 HARQ 时延，需要设计支持低 HARQ 时延的纠错编码方案，例如，编码需要具有更低的错误平层，编码需要优异的初传概率，从而尽量避免重传。（3）卫星通信系统采用的编码方式应该降低编译码的存储开销及复杂度。

因此，相对于地面移动通信系统，卫星通信系统的编码方案设计需要额外考虑如下方面。（1）极低速率的纠错编码设计，例如 Polar 码至少支持最低码率为 1/12，扩展 NR 5G LDPC 码以支持更低的码率。（2）"外码+内码"联合的编码方案，例如，采用外码降低错误平层，降低重传次数；恰当设计外码等效增大码长，提高性能减少 HARQ 重传。（3）LDPC 码简化设计，例如采用构造简单的 LDPC 码结构，基于简单的移位寄存器实现编码，译码器也能得到简化；LDPC 码的校验矩阵可设计成具有嵌套结构的形式。

3.5.2 星地融合调制

对于基带数字信号，地面移动通信系统常用的调制方式为正交振幅调制（QAM）。通常，系统支持的信噪比越大，则对应的调制阶数越高。此外，针对更低的信噪比，地面移动通信系统还引入了 π/2-BPSK 的调制方式。卫星通信信道具有典型的非线性特性，要求所用调制方式的包络恒定或起伏小，因此卫星通信系统常用的调制方式为相移键控（PSK）或幅度相移键控（Amplitude Phase Shift Keying，APSK）。各通信系统的调制方式如表 3-5 所示。

表 3-5　各通信系统的调制方式

通信系统	支持的调制方式
3G	QPSK、16QAM
4G	QPSK、16QAM、64QAM
5G	π/2-BPSK、QPSK、16QAM、64QAM、256QAM
DVB-S2X	BPSK、QPSK、8PSK、16APSK、32APSK、64APSK、128APSK、256APSK

为了适应卫星信道特点和高频谱利用率，应采用高阶调制方案，并尽量减少信号幅度的起伏，而且星座形状应呈圆形，则圆周个数少的星形成为首选。同时，为

降低误码率，应充分利用星座信号平面，增大信号的最小欧氏距离，使外圆的信号点数大于内圆的信号点数。APSK 是与传统矩形 QAM 不一样的幅度相位调制方式，其分布呈中心向外沿半径发散。与内外圆信号点数相等的 QAM 星座不同，APSK 调制星座外圆信号点数多，比 QAM 更便于在卫星信道上实现变速率调制。因此，目前星地融合移动通信系统的调制方式面临下述方面的挑战：

（1）地面移动通信和卫星通信使用的调制方式不完全相同，码率划分等级也有所不同，后续需要考虑统一或者合并；

（2）因卫星通信系统可能支持–10dB 以下的信噪比，因此需要针对低信噪比进行调制方式和码率的优化。

为了适应卫星通信的特点，新型调制方式的研究考虑以下几个方向：

（1）低峰均比的调制方式，以提高卫星的功率利用效率；

（2）基于信道环境自适应的调制方式配置；

（3）针对卫星通信场景，考虑传输时延大，需要提高目标误码率的要求，建立更精细的信噪比间隔的调制编码方案（Modulation and Coding Scheme，MCS）表。

/3.6　至简随机接入技术/

随机接入的主要目的是使 UE 实现上行时间同步，并在 UE 建立初始无线链路（即 UE 从空闲态转换到连接态）时，可以通过随机接入过程获取用户标识——小区无线网络临时标识（Cell Radio Network Temporary Identifier，C-RNTI）信息。

低开销的快速接入可归结为前导序列结构设计、检测算法设计、接入流程设计等问题。在星地融合移动通信系统中，随机接入技术与卫星波束和 UE 的工作方式密切相关。随机接入序列的设计需要综合考虑卫星载荷的链路预算、最小系统带宽、多普勒频移和子载波间隔等方面因素。卫星通信波束的工作方式和传输时延决定了随机接入响应窗的等待时间，随机接入时机的配置与卫星通信波束的工作方式和同步信号块（SSB）的发送机制密切相关。具有定位能力的终端，可以简化随机接入流程的设计。

和地面移动通信相比，卫星通信因为传输路径更远具有更大的时延，此外低轨卫星的快速运动也会带来很大的多普勒频移。因此，首先需要解决随机接入中上行的频率和时间估计问题。具有全球导航卫星系统（Global Navigation Satellite System，GNSS）定位能力的终端，可以根据 GNSS 的位置信息和星历信息进行上行时间和频率预补偿，从而简化了卫星通信系统的随机接入设计。

　　随机接入过程中的另一问题是接入时延问题，为了加快接入流程，特别是针对卫星传输的较大时延，需要对随机接入过程进行优化。以地面移动通信的随机接入技术为基础，卫星通信的上行随机接入需要进行适应性修改，主要包括上行随机接入信道设计、低时延随机接入保障。

3.6.1　上行随机接入信道设计

　　对于上行随机接入信道设计，存在两个基本问题：一是随机接入信道容忍的频率偏差（简称频偏）是多少，二是随机接入信道容忍的时延偏差（简称时偏）是多少。针对卫星通信，除了考虑卫星的移动带来的时频偏影响，对于高速运动的终端，还需要考虑终端的移动带来的时频偏影响。上行随机接入信道设计需要考虑（随机接入）前导序列类型、前导序列长度、循环前缀和保护时间、子载波间隔、终端能力等多方面因素。

　　（1）（随机接入）前导序列类型

　　常用的随机接入前导序列包括 m 序列、通常类啁啾（General Chirp-Like，GCL）序列和 ZC（Zadoff-Chu）序列。对于随机接入前导序列，需要研究不同类型的前导序列性能，评估各种序列的相关性。通常前导序列接收机检测只能采用非相干检测，从鲁棒性角度考虑，一般需要采用相关性比较好的序列。此外，因终端发射机通常具有低 PAPR 要求，一般需要采用峰均比相对低的序列。目前，前导序列倾向使用 ZC 序列，其相关性好，PAPR 低，可以满足随机接入信道非相干检测的需求。

　　（2）前导序列长度

　　前导序列长度和链路的信噪比相关，一般来说，序列越长，抗低信噪能力越强。但是，在子载波间隔固定的情况下，长序列的使用需要配置更大的上行带宽。因此，前导序列的设计，需要折中考虑序列长度和系统开销。根据链路预算和系统需求，前导序列的持续时间是由前导序列符号的重复发送次数决定的。

　　（3）循环前缀和保护时间

　　设计循环前缀和保护时间的主要作用，都是防止给前导序列检测带来干扰。循环前缀用于避免前面符号的时延扩展进入前导序列，保护时间用于防止前导序列的定时时延落入下一个符号，以避免符号间干扰。地面蜂窝系统的保护时间，决定了系统允许的最大往返路程时间（Round Trip Time，RTT）。卫星通信系统因存在直视径，RTT 比较长，与 RTT 相比，多径时延扩展一般可以忽略。而对于星地融合系统，如果终端具备定位能力，并能从系统信息获取星历信息，终端便能获得相对准确的频率和定时估计信息。在此基础上，循环前缀和保护时间抵抗的定时偏差，不再由允许的最大 RTT 决定，而是由定位误差和星历偏差决定。从前导序列设计的角度看，需要考虑实际条件下的残留时延和频率偏差大小。通过设置合适的子载波间隔和序列长度，可以抵抗多普勒频移残差和信号传输时延偏差。循环前缀是指将前导序列的尾部符号复制到头部，因此，循环前缀的另一个作用就是允许在物理随机接入信道（Physical Random Access Channel，PRACH）接收机上利用周期简化检测算法。

（4）子载波间隔

为对抗卫星运动带来的最大多普勒频移，PRACH 设计中还需要考虑合适的子载波间隔及循环移位受限集合。如果考虑与 5G NR 系统后向兼容，可以从 5G NR 现有 PRACH 格式中挑选合适的序列。子载波间隔和终端的频率偏差有关，其中主要部分是多普勒偏移。多普勒偏移需要考虑终端和卫星的移动速度，为了对抗不同卫星场景下的频率偏差，子载波间隔可以设置为 15kHz、30kHz、60kHz、120kHz 等，以适应不同的应用场景。

（5）终端能力

卫星通信系统中存在不同类型的终端。因此，需要根据终端的处理能力等因素，选择不同的前导序列。此外，对于能力等级低的终端，可以利用随机接入时机组来实现重复发送，以提高上行覆盖能力。

综上所述，最终设计的前导序列性能如何，需要通过链路级仿真进行评估验证，挑选相关性比较好的序列作为前导序列，在保证虚警概率满足需求的前提下，对单用户和多用户的前导序列的检测概率或者漏检概率进行比较。随机接入前导序列设计如图 3-10 所示。

| 循环前缀 | 前导序列 | 保护时间 |

图 3-10　随机接入前导序列设计

3.6.2　低时延保障的随机接入

5G NR 支持竞争和非竞争的随机接入过程，支持基站的下行发送波束扫描和上行接收波束扫描，支持通知 UE 的上行发送扫描过程。对于竞争的随机接入过程，5G NR 支持完整的四步随机接入过程和简化的两步随机接入过程。考虑到卫星通信系统大时延的特点,已有的四步接入流程过于低效,需要设计更加快速的接入流程,其中涉及时延分割、波束公共点设置等问题。

在卫星通信系统中,终端到卫星或者终端到信关站的时延较大,使得接入和数据传输时延较大。因此,为了降低接入时延,需要研究低时延保证的随机接入和调度机制。对于随机接入机制,典型的方法是从四步随机接入(其流程如图 3-11 所示)优化为两步随机接入[22](其流程如图 3-12 所示),卫星通信系统的接入时延大大降低。同时,对于小数据包传输,还有其他降低时延的办法,即用户在接入过程中就传输了数据,从而无须等到接入网络中后再传输数据,减少了无线资源控制(Radio Resource Control,RRC)连接的时延。针对两步随机接入,前导序列和资源请求数据都放在随机接入信道(Random Access Channel,RACH)中,以竞争的方式进行传输。该方式的优点为,在前导序列和无线资源请求数据均能正确检测的条件下具有较小的接入时延,但是必须设计适当的随机接入信道结构。即在两步随机接入流程中,资源请求数据的传输方式及其对碰撞概率的影响,是随机接入技术有效性的关键。

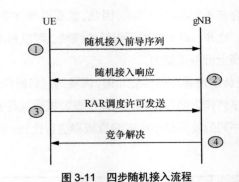

图 3-11　四步随机接入流程

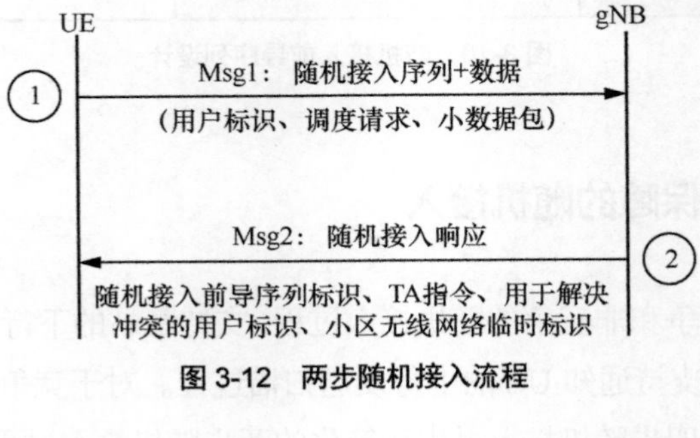

图 3-12　两步随机接入流程

前导序列是在随机接入过程 Msg1 中由终端（UE）向基站（gNB）发出的随机接入序列。在地面移动通信网络中设计的前导序列需要使 gNB 能够快速、无误地检测，从而判断是否有 UE 接入。在卫星通信系统中，由于卫星具有速度快、距离地球远的特性，故随机接入过程受时延和载波频率偏移的影响很大，此时前导序列的设计显得尤为重要。因此，既具有能够对抗大时延、大载波频率偏移的能力，又具有较低计算复杂度的前导序列成为研究的热点。前导序列在传输的过程中容易受到多径、载波频率偏移等因素的影响，将给接收端的检测造成极大的阻碍。因此，优良的前导序列检测算法不仅需要准确无误地检测出前导序列发送与否，而且要具有较低的复杂度，能够快速地完成检测并告知基站进行下一步操作。因此，在接入过程中具有较低复杂度且能够高效检测出前导序列发送与否的检测算法，具有很高的研究和使用价值。

从接入的角度看，待研究解决的问题是如何提供更多并发用户的接入，如何优化接入的流程，如何降低用户的接入时延和提高可靠性等。对于数据时延的优化，常用方法是采用无授权调度方法，也称为免调度技术，即为用户预先配置资源，多个用户进行共享。然而在卫星通信中，由于传输时延较大，网络可能需要预先配置大量时间资源，因此对于无授权的调度方法，需要研究如何管理不同用户的时延，使得调度时延能匹配用户的位置，能帮助每个用户占用合适的资源。无授权调度方法的另一个问题是 HARQ 管理，为了减少重传，需要提高传输的可靠性，进而提高资源调度的有效性。需要说明的是，采用重复传输的方法，不仅可以用于无授权发送模式，也可用于授权的发送模式，通过关闭 HARQ 反馈的功能，可以降低系统传输的时延。

3.7 定时技术

为了能够对齐收发两端信号的发送和接收，需要约定上/下行数据的时序关系。5G 通信协议中，通常以时隙（Slot）为单位，对物理上行共享信道（Physical Uplink Shared Channel，PUSCH）数据的发送定时、对承载在物理上行控制信道（Physical Uplink Control Channel，PUCCH）的 ACK/NACK 反馈定时、信道状态信息（Channel State Information，CSI）参考资源发送定时等进行了约束[23]。

5G NR 通信协议中的典型上/下行时序关系包括：下行控制信息（Downlink

Control Informatin，DCI）调度的 PUSCH 发送定时、随机接入响应（Random Access Response，RAR）授权调度的 PUSCH 发送定时、承载混合自动重传请求-确认指令（HARQ-ACK）的 PUCCH 发送定时、承载 CSI 的 PUSCH 发送定时、CSI 参考资源发送定时、非周期探测参考信号（Sounding Reference Signal，SRS）发送定时、MAC 控制单元（Control Element，CE）生效定时。卫星通信系统的定时关系与卫星载荷工作模式和波束工作模式密切相关。卫星通信系统的定时关系与定时参考点有关，卫星载荷工作在再生处理模式时，参考点在卫星；卫星载荷工作在透明转发模式时，参考点的位置可以灵活配置，可以位于卫星或者基站，或者馈电链路上的任意一点。当参考点位于基站以外的位置时，基站处的上/下行子帧是不对齐的。上/下行定时关系需要考虑上/下行子帧之间的偏移量。此外，如果波束工作在跳波束的模式，上/下行定时关系还需要考虑跳波束周期。

3.7.1　K_{offset} 增强的定时关系

以承载 HARQ-ACK 的 PUCCH 发送定时为例，UE 在下行时隙 n 接收到 PDSCH 数据或半持续调度（Semi-Persistent Scheduling，SPS）PDSCH 数据，UE 需要在上行的时隙 $n+K_1$ 反馈 HARQ-ACK，其中 K_1 是由 DCI 中的 PDSCH-to-HARQ-timing-indicator 指令索引表（dl-DataToUL-ACK 信令传输表）得到的值。

由于 OFDM 系统的正交特性，为了使卫星小区/波束内来自不同用户终端的上行信号在基站侧对齐，用户终端在发送上行信号时需要引入定时提前（Timing Advance，TA）。而卫星通信的往返时延远远大于地面通信，意味着定时提前调整量比较大，即在 UE 侧的上行数据与下行数据之间具有较大的定时偏移。若采用地面系统中的时序关系，例如在时隙 n 收到的 PDSCH 数据，UE 需要在 $n+K_1$ 时隙上反馈 HARQ-ACK，会出现定时提前大于 K_1 的情况。如图 3-13 所示，UE 发送的上行数据的定时提前调整量大于 K_1 个时隙长度时，UE 已经无法按时发送 HARQ-ACK。

对于传统地面移动通信系统，上/下行传输之间的时间偏移远大于往返时延，故在应用定时提前后的上行传输无须进行定时增强。相对于地面移动通信系统的传播时延，不同轨道高度的卫星具有更长的传播时延，可以达到几毫秒到几百毫秒。如果星地融合移动通信系统继续沿用地面移动通信系统的上/下行定时关系规则，卫星通信超大的传播时延会超出地面移动通信系统的定时关系规则的限定范围, 造成严重的上/下行冲突。

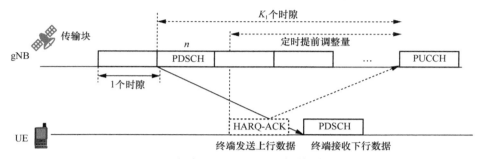

图 3-13　K_1 个时隙长度的不足引起定时提前调整问题

在卫星通信系统中, 为了消除卫星通信系统中大往返传播时延对时序关系的影响, 引入偏移量 K_{offset}, K_{offset} 是大于或等于 TA 的一个定时偏移, 用于处理用户侧大 TA 的影响, 避免大 TA 带来的上/下行冲突。例如, 终端在时隙 n 收到 PDSCH 数据, 卫星通信系统中的大往返传播时延大于时间偏移 k_1 的限定范围, 故在 $n+k_1$ 的时序基础上增加 K_{offset}, 抵消了大 TA 的影响, 避免 PUSCH 的传输时间被提前到 DCI 接收以前, 终端在 $n+K_1+K_{\text{offset}}$ 时隙上反馈 HARQ-ACK, 如图 3-14 所示。

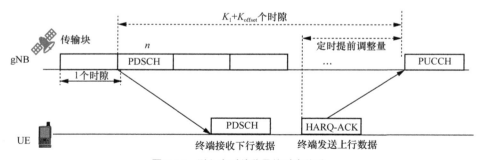

图 3-14　引入定时偏移量的时序关系

关于参数配置, K_{offset} 在初始接入和 RRC 连接后是不一样的。在初始接入阶段, 由于用户还不能上报位置信息或者定时提前信息, 因此, 在随机接入过程中, 用户使用偏移量 K_{offset} 发送 Msg3 和 Msg4 对应的 HARQ-ACK, 可以通过系统信息获得一个小区或者波束级别的 K_{offset}。由于现有地面移动通信系统的系统信息为小区级别，因此相比波束级别的 K_{offset}，采用小区级别的 K_{offset} 可以减少信令的开销和对现有协议的影响。但初始接入的定时偏移 K_{offset} 为小区内的最大 RTT，当一个小区包含多个波束时，该值可能会远远大于用户终端实际所需的定时偏移，从而增大了调度的时延，因此，有必要在用户接入之后对定时偏移进行更新。最简单的一种方式是更新到波束级别，一个波束内的最大 RTT 会远远小于小区内的最大 RTT。采用较大的 K_{offset} 意味着网络侧需要等待更长的时间来接收上行信号，最终导致 DCI 或 RAR 调度与其对应的上行信号间隔较大，相应地减小 K_{offset} 值可以减少网络侧的调度时延。此外，无论是小区级别还是波束级别的更新，小区波束内所有的用户终端的等待时间都需要遵循小区或波束最大 RTT。然而对于某些用户终端来说，实际所需等待时间小于小区或波束最大 RTT。因此 K_{offset} 的更新方式也可以采用用户级别的更新，也就是针对连接态的用户配置不同的 K_{offset}，从而达到减少等待时间、优化时延的目标。因此，K_{offset} 由小区级特定的定时偏移量 $K_{cell,offset}$ 和用户级特定的定时偏移量 $K_{UE,offset}$ 两部分组成，分别通过系统信息块（System Information Block，SIB）广播和 MAC CE 信令指示给用户，$K_{offset} = K_{cell,offset} - K_{UE,offset}$。其中，$K_{cell,offset}$ 以 ms 为单位，取值范围为 $0 \sim 1023$ms，用于覆盖小区内所有用户的最大 TA；$K_{UE,offset}$ 以 ms 为单位，取值范围为 $0 \sim 63$ms，用于减小用户 TA 与 K_{offset} 的差值。这样区分是为了在初始随机接入过程中满足用户接入时延要求的基础上，节省不必要的信令开销，而在 RRC 连接态中获得更为精细的上/下行定时来提高传输效率。在用户应用 K_{offset} 的定时增强过程中，由于基站无法获取用户的自身位置信息，$K_{UE,offset}$ 需要通过用户的 TA 上报来及时更新。目前 3GPP 协议达成一致，通过事件触发的方式实现 TA 上报，即当用户发现当前 TA 与上次上报的 TA 差值大于一定阈值时，上报 TA，帮助基站侧更新 K_{offset}。

卫星通信系统需要引入 K_{offset} 支持更多信道的无线资源调度，具体包括：通过 PDCCH 调度的 PUSCH 传输、通过 RAR grant 调度的 PUSCH 传输、通过 PDCCH order 触发的 PRACH 传输（仅使用 $K_{cell,offset}$）、通过 PDCCH 激活的半静态上行传输、PDSCH 相对应的 PUCCH 上的 HARQ 传输、CSI 参考资源与相应的 CSI 反馈、通过 PDCCH 激活的非周期 SRS 传输、通过定时提前命令生效的上行传输。

3.7.2 K_{mac} 增强的定时关系

除了引入 K_{offset} 来满足上/下行定时关系增强，K_{mac} 也被引入相关时序关系的增强中。K_{mac} 的定义为一个定时偏移量，对应于基站与时间同步参考点之间的往返时延，即基站侧上/下行定时的偏差。如果时间同步参考点位于基站处，即基站侧的上/下行定时对齐，则 K_{mac} 为 0，馈电链路对应的往返时延完全由用户补偿；若时间同步参考点位于基站以外的地方，则基站侧的上/下行定时不对齐，K_{mac} 大于 0。这种情况下，馈电链路对应的往返时延为公共 TA 加上 K_{mac}。此时，基站需要将 K_{mac} 指示给用户，用户才能估计出到基站的往返时延，如图 3-15 所示。

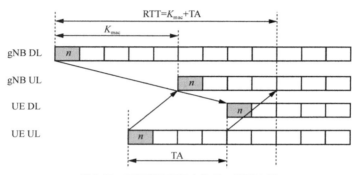

图 3-15　卫星通信系统中的 K_{mac} 增强实例

关于参数配置 K_{mac}，通过 SIB 由基站广播给用户，其取值范围为 1～512ms，覆盖基站与时间同步参考点之间的往返时延。当 K_{mac} 没有配置时，认为其取值为 0。

K_{mac} 可以应用于以下情况的增强。

（1）在 RACH 过程中，RAR window 需要延迟 RTT，避免用户在不可能接收到 RAR 的时间段进行 PDCCH 的检测，以节省能量。此时，计算 RTT 需要用到 K_{mac}。

（2）用户在上行时隙传输了携带 MAC CE 命令的 PDSCH 对应的 PUCCH，确定 MAC CE 生效的下行时隙时，需要额外延迟 K_{mac}。

（3）对于波速失败恢复的 PRACH 传输，确定 RAR 窗内 UE 监听 PDCCH 的下行时隙时，需额外延迟 K_{mac}。

/3.8　同步技术/

低轨卫星的高速运动会产生较大的多普勒频移，其数值远远超过了子载波间隔，且卫星时刻处于高动态的环境下，接收信号的多普勒频移并不是恒定值，而是随时间变化的值。考虑到多普勒频移具有高阶频偏变化率的情况，大多普勒频移下的时频同步可以归结为初始时频同步及时频同步跟踪的问题。为解决卫星通信下的快速时频变化，主要的关键技术包括：①基于星历信息对卫星位置进行准确判断；②结合终端的位置和速度信息计算星地传输时延和星地传输的多普勒偏移，然后进行预补偿；③基于同步信号、导频信号对时频误差进一步精确估计，从而消除残留误差，保持时频同步的维持和跟踪。

3.8.1 初始时频同步

在基于 OFDM 的通信系统中，无线资源被划分为多个相互正交的资源单元，接收端需要在正确的时频位置上才能有效地进行数据接收和发送。为了找到正确的时频位置，用户终端需要进行上/下行时频同步。另外，为了使小区/波束内 UE 的上行信号在到达基站时的定时对齐，需要 UE 在发送上行信号时做定时提前调整。

为了与基站建立连接，用户终端需要通过检测基站下发的下行同步信号来进行下行时频同步。根据下行同步信号的时频位置，用户终端可以进一步地对基站下发的系统消息进行接收。由于不同的用户相对基站具有不同的距离和速度，如果用户终端根据下行同步所得的时频位置进行上行发送，受到传输时延和多普勒效应的影响，基站侧无法预知上行信号抵达时的时频位置。同时，不同用户的上行数据也无法在基站侧对齐，时频域上的正交性被破坏，从而产生干扰。在上行同步过程中，每个用户终端会通过 TA 过程，使得不同用户上行数据到达基站的时间对齐。基于调度信息，基站侧能测得每个用户终端的时延和频偏，并进行时间频率后补偿。

初始同步可以通过同步信号的发送和检测来完成。下行同步依靠对 SSB 的检测完成，SSB 由一个主同步信号（Primary Synchronization Signal，PSS）、一个辅同步信号（Secondary Synchronization Signal，SSS）和物理广播信道（Physical Broadcast Channel，PBCH）组成，PSS 和 SSS 均为 127 长的 m 序列。由于 m 序列的性质，只有当时频偏接近零时，对 m 序列做自相关才会产生峰值。因此用户终端可以通过做相关来在时频域上搜索得到下行信号的时频位置。

上行同步则依靠随机接入信号完成。终端在完成下行同步后，会向基站发送随机接入前导序列。前导序列是一个 ZC 序列,基站通过做相关来检测前导序列的定时偏差和频偏,然后将定时偏差发送给终端。终端则根据定时偏差来调整上行信号发送的定时提前,使得不同终端的上行信号在基站侧对齐。

随着通信需求的日益发展和不同应用场景的出现,时频同步可以被设计为利用别的参考信息(如地理位置信息)来完成,用来解决更大的传输时延和多普勒效应问题。

在卫星通信系统中,卫星相对于终端具有较远的距离和较大的运动速度,带来了远超地面移动通信系统的传输时延和大多普勒频移,给时频同步带来了困难。对于下行同步来说,终端需要在可能的时频位置上搜索参考信号。当可用频段范围过大时,需要搜索的位置过多,会导致终端计算复杂度过大。对于上行同步来说,时频偏远超传统随机接入前导序列能容忍的范围,使得上行同步无法完成。同时,卫星相对于终端的距离会随时间快速变化,这使得传输时延不断变化。在 5G 地面移动通信系统中,终端的 TA 调整值由 MAC CE 通知,但是在卫星通信系统中该信令的指示范围及发送频率都需要增大,带来了额外的信令负担。为了缩小接收端时频偏纠正范围,下行馈电部分的频偏由信关站负责预补偿,上行发送部分由终端基于位置信息和星历信息进行上行时间和频率预补偿。

3.8.2　基于 GNSS 和星历的辅助同步

由于卫星通信系统的信道具有大传输时延和高多普勒频移的特性,卫星通信系统的时频同步变得困难,定时误差范围会比较大。具有 GNSS 定位功能的终端,加上辅助的卫星星历信息可以使卫星通信系统的时频同步变得简单。当终端具有 GNSS 能力时,终端可以提前对上行时频偏进行估计和预补偿。通常有下述两种方法。

方法一:终端利用 GNSS 获取自身的位置信息,同时卫星广播自己的星历信息。根据星历信息可以对卫星的位置和速度进行估计,然后就可以计算终端到卫星的时延和频偏,并进行预补偿。

方法二:终端和卫星利用 GNSS 校准自己的时间,此时两者具有了相同的时间坐标。然后卫星广播自己的时间戳,终端将接收到的时间戳和自己的时间进行比对,就能得到信号的传输时延。进一步地,通过多个时间戳可以得到传输时延的变化,进一步推断出频偏。如图 3-16 所示，基站分别在 T_1 和 T_2 时刻发送时间戳，终端接收后，可以通过式（3-6）来计算此时的频偏。其中，f_c 表示载波频率。

$$f = -\frac{(t_2 - T_2) - (t_1 - T_1)}{t_2 - t_1} \times f_c \tag{3-6}$$

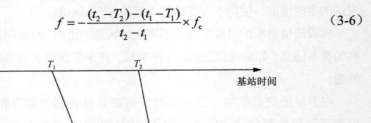

图 3-16　基站和终端的时间示意图

通常，两种常见的星历格式表示方法为开普勒轨道参数法和状态矢量法。

（1）开普勒轨道参数法

以使用开普勒轨道六根数法表示星历为例，建议采用 21Byte，具体如表 3-6 所示。

表 3-6　开普勒轨道六根数法

参数名称	变量表示/单位	比特数	取值范围	步长
半长轴	a/m	33bit	[6500, 43000]km	4.249×10^{-3}m
偏心率	e	20bit	≤0.015	1.431×10^{-8}
近地点幅角	ω/rad	28bit	[0, 2π]	2.341×10^{-8}rad
升交点经度	Ω/rad	28bit	[0, 2π]	2.341×10^{-8}rad
倾角	i/rad	27bit	[−π/2, π/2]	2.341×10^{-8}rad
在 Epoch Time 处的平均近点角	M/rad	28bit	[0, 2π]	2.341×10^{-8}rad

使用开普勒轨道参数法可以计算得到更精确的星历信息，如卫星在某一时刻的位置和速度矢量信息，但外推时间长，计算量大。

（2）状态矢量法

使用位置速度状态矢量表示星历格式，采用 17Byte，x、y、z 表示卫星在地心地固（Earth-Centered Earth-Fixed，ECEF）坐标系中的当前时刻位置，v_x、v_y、v_z 表示卫星在 ECEF 坐标系中的当前时刻运行速度，广播多组卫星位置和卫星速度，具体如下。

① 位置域大小：78bit。

- GEO 的位置范围：−42200～42200km。
- 位置的量化步长：1.3m

② 速度域大小：54bit。

- 轨道高度为 600km 的卫星的速度范围：−8000～8000m/s。
- 速度的量化步长：0.06m/s。

状态矢量法也可以外推得到下一时刻的星历信息，但外推时间带来的误差会不断累积，外推时间比开普勒轨道参数法短，通常只能维持几秒，但可以减少计算量。

轨道预测精度取决于以下因素。

- 用于获得卫星星历的轨道确定精度：这将得到传播模型的初始误差。
- 轨道传播模型的精度：有一些传播模型或多或少精确地考虑了对卫星运动的物理影响（如 J2/4 扰动、空气动力等因素）。
- 预测的时间范围：当预测周期变长时，初始误差与传播模型误差相结合，往往会增大预测误差。

3.8.3　公共定时参数

星地融合移动通信系统支持透明转发模式和再生处理模式的 NTN 架构。在卫星通信场景中，传播时间远大于传输时间。具有 GNSS 能力的 UE 可以根据其所在位置和卫星星历计算出 UE 与卫星之间的相对速度，以及 UE 与卫星之间的 RTT。UE 可以根据相对速度计算多普勒频移，并对多普勒频移进行预补偿，以确保其上行信号在卫星或 gNB 所允许的频偏范围内。为了进行精确定时，gNB 为 UE 提供公共定时参数，公共定时参数包括公共定时提前（Common TA）及其变化率参数，Common TA 为参考点到卫星载荷之间的往返时延，Common TA 与参考点的位置有关，参考点可以位于信关站、卫星，或者由网络实现决定，在馈电链路或者用户链路上任意一点。

（1）当参考点在信关站时，终端需要补偿用户链路和馈电链路的时偏，所有上行信号在信关站对齐。由于终端不知道信关站的位置，网络侧需要指示馈电链路部分的时偏，并将其作为所有终端需要补偿的公共时偏。

（2）当参考点在卫星时，终端只需补偿用户链路的时偏，由网络侧补偿馈电链路部分的时偏，所有上行信号在卫星侧对齐。在该场景下，网络侧补偿的时偏会随着卫星的运动实时变化，因此上/下行的定时也会跟着发生变化，如图 3-17（a）所示。

（3）参考点还可以在馈电链路上的某一个位置，其具体的位置由网络侧决定。网络侧会广播公共定时参数，终端将用户链路部分的定时提前与该 Common TA 相加，可以得到终端所需要补偿的定时提前，剩余的时偏由网络侧补偿，如图 3-17（b）所示。因此，前面所描述的基于信关站和卫星这两种参考点的位置可以作为参考点在馈电链路上某一个位置的两个特例。

另外，卫星运动是具有一定规律的。在终端接入之后，为了减小网络的公共定时指示开销，或者避免 UE 频繁地监听公共定时指示，需要引入公共定时变化率，由终端根据定时变化率来估计某一段时间内的 TA 变化，从而减少信令的开销。

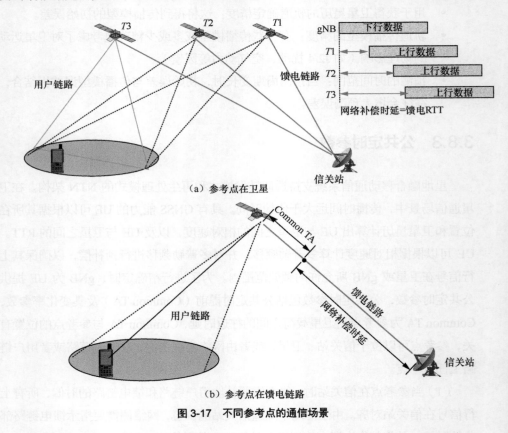

（a）参考点在卫星

（b）参考点在馈电链路

图 3-17 不同参考点的通信场景

具有 GNSS 能力的 UE 可以根据其所在位置和卫星星历表计算出 UE 专属 TA。即，将 UE 和卫星之间的 RTT 与公共 TA 相加以获取完整的 TA，使用完整 TA 作为终端接收到的下行链路定时与上行链路传输定时之间的偏移量。例如，如果下行链路时隙 n 在 t_1 时刻开始传输，则上行链路时隙 n 在 t_1 时刻减去完整 TA 处开始传输。这使得 UE 能够利用从 gNB 接收的准确定时进行上行传输，以实现随机接入和连接模式下的数据传输。定时参数示意图如图 3-18 所示。其中，$K\text{-mac}$ 表示上/下行链路定时偏差。

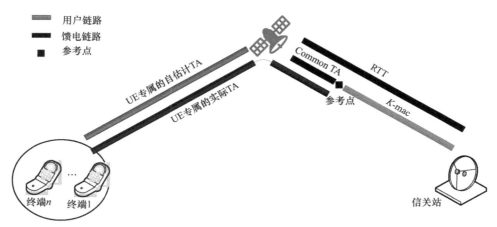

图 3-18　定时参数示意图

在透明转发模式下，UE 根据调度信息可以知道信号到达基站接收端的时刻，但不知道信号什么时候到达卫星。因此，计算出来的 TA 是不准确的，误差来源包括：UE GNSS 定位误差、卫星星历误差，以及不知道信号什么时候到达卫星（即卫星运动）所造成的误差。按照低轨卫星高度 1200km 左右、最小俯仰角 15°时的最大时延 10ms 计算，如果 UE 是静止的，卫星运动引起的位置误差将在 100m 以内，对应的单向时延大约为 0.33μs，可以通过 UE 固定时延发送来解决或者防止过度预补偿的问题。

因为信关站（处理卫星信号的地面基站（gNB））不知道信号什么时候到达卫星，所以定时参考点在卫星时，由信关站去精准补偿上/下行定时变化比较困难。潜在解决方案有：①UE 对定时变化和时延进行全补偿；②gNB 固定补偿一部分定时。例如，gNB 固定补偿卫星部分的定时，其余卫星运动导致的用户链路和馈电链路定时不准确都由 UE 补偿，这样，基站侧的上/下行定时对齐变得相对简单。

卫星星历和 Common TA 都需要每隔一段时间就进行播发，星历累积误差和馈电链路上的 Common TA 累积误差是不同的，误差长时间累积会越来越大。每次发送卫星星历或 Common TA 参数时，其有效作用时间——Validity Duration 由网络侧配置，它是 UE 在获得新星历之前，可以使用卫星星历的最大时间。Validity Duration 或者 Validity Timer 决定可以允许的误差。关于有效作用时间有两种方案：一种是卫星星历和 Common TA 分别具有自己的有效作用时间；另一种是卫星星历和 Common TA 使用相同的有效作用时间。

由于服务卫星星历和相关的 Common TA 参数在相同的 SIB 消息中通知，并具有相同的生效时间（Epoch Time），因此，卫星星历和 Common TA 使用相同的有效作用时间有助于终端对定时信息的统一更新，这在 3GPP 标准讨论中获得了肯定。

3.9 波束管理技术

卫星通信系统采用波束进行广域覆盖，因此波束管理是卫星通信系统的重要技术。与地面移动通信系统不同的是，卫星通信中的波束覆盖面积大，且不同的波束在地面的覆盖区域会明显不同，因此需要优化波束管理机制与算法。另外，与地面移动通信系统不同的是，卫星一般采用圆极化天线，极化复用在卫星通信中可以作为一种抗干扰技术用来减少波束间的干扰。

对于具体的波束成形技术，目前在高通量卫星通信系统较常用的有 3 种波束形态：①地面移动波束，此时波束跟随卫星在地面滑动，特别是低轨星座；②地面固定波束，此时波束辐射到地面保持相对静止，卫星需要调整波束成形矢量，以保持地面覆盖的固定；③跳波束，此时波束分时覆盖不同的地理区域，卫星需要根据不同的区域调整波束成形矢量，以保证特定方向的覆盖。

现有的卫星通信系统大多使用固定的波束来覆盖。例如早期的 GEO 系统、铱星系统使用地面固定的圆形波束，近期的 OneWeb 星座使用 16 个地面固定的椭圆波束等。为了既提升系统的信噪比，又能更好地进行干扰规避，越来越多的新建设低轨卫星通信系统使用非固定波束覆盖的点波束或跳波束的方式。跳波束技术可以处理不均匀的空间分布和时变业务分布，是匹配业务请求与系统资源的有效方法[24-25]。

对于不同的波束工作模式，波束管理方法有所不同。波束管理需要考虑波束与部分带宽（BWP）之间的关系、波束与小区 ID 的关系、波束与 SSB 和物理随机接入信道资源之间的关系，以便更好地满足系统容量、用户的业务速率、用户的同步及接入时延等指标要求。

> **资料专栏：宽波束、窄波束、点波束和跳波束**
>
> 　　**宽波束**：20 世纪 80 年代的传统卫星通信都是一颗卫星采用一个张角很大的宽波束。虽然覆盖区域大，但是能量低，支持的速率低。因此，一般支持的是低速率业务，如语音、短信等功能业务，无法支持上网、视频传输等高速率业务。
>
> 　　**窄波束**：波束张角越小，波束能量越集中。因此，能减小地面终端的天线尺寸，提高接收信号的质量。
>
> 　　**点波束**：窄波束也称为点波束，近年高通量卫星通信系统采用多个点波束代替原有的单一大张角波束共同覆盖较大的区域，每一个波束覆盖的地面区域为一个小区。通过空间分集能实现波束之间的频率复用，即不同波束对应的小区可以使用相同的频率以提高对频率的利用率，进而提高系统容量。
>
> 　　**跳波束**：相对于高通量卫星通信系统的固定点波束来说，采用能量集中的窄波束分时覆盖不同的波位，可以解决卫星功率受限和用户分布不均的问题。

3.9.1　波束和小区 ID 的关系

　　5G NR 的波束管理和 BWP 过程在卫星通信系统中可以重用。在波束方向不重叠的情况下，终端在包含 SSB 的初始 BWP0 进行小区初始接入，该 BWP 还用来寻呼和发送 PRACH。可配置的 BWP 个数最多为 4，如 BWP0～BWP3。

　　将物理小区标识（Physical Cell Identifier，PCI）和 SSB 映射到卫星波束，有两种方式，如图 3-19 所示。

　　方式一为多个卫星波束具有相同的 PCI，每个波束具有不同的 SSB index。PCI 相同时，不同波束方向之间可以是同频，也可以是异频。当卫星波束以跳波束的模式工作时，不同波束方向之间可以是同频。跳波束分时覆盖的范围由 SSB index 最大数目决定，PCI 所标识的小区的大小为跳波束覆盖的区域。当卫星波束以固定点波束的模式工作时，为了避免相互干扰，应该采用频分复用的模式，不同的波束方向之间采用异频。

　　方式二为每个波束具有一个 PCI。当卫星波束以固定点波束的模式工作时，除采用频率复用外，也可以每个波束采用不同的 PCI。

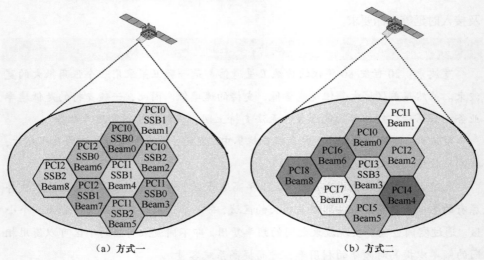

（a）方式一 （b）方式二

图 3-19 PCI 与 SSB、波束索引映射示意图

> **资料专栏：小区、波束**
>
> 小区的概念源于地面蜂窝移动通信网络，小区是基站无线信号所能覆盖的区域，每个小区设有一个基站，它与处于其服务区内的终端建立无线通信链路。
>
> 波束是指由卫星天线发射出来的电磁波在地球表面上形成的形状（比如手电筒向黑暗处射出的光束），主要有全球波束、点形波束、成形波束，发射天线决定其形状。
>
> 卫星通信系统继承了地面移动通信系统的小区概念，小区与波束之间具有对应关系，可以是一个波束对应的地面覆盖区域为一个小区，也可以是多个波束对应的覆盖区域为一个小区。

3.9.2 波束和 BWP

在地面移动通信系统 5G 中，一个小区内不同的 SSB 代表着不同的波束，一般是同频的。而在卫星通信系统中，为了减少相邻波束的干扰，相邻波束是异频的，这意味着波束的频率分配超出了现有 5G 的技术框架。为了解决这个问题，可以将波束和 BWP 进行绑定，不同的波束对应不同的频段，每个频段和一个 BWP 进行绑定。基于这种办法能减少切换频次，这是因为在一个小区内的波束变化可以采用物理层的信令指示，无须按照小区级切换进行信令处理。图 3-20 给出了波束和 BWP 映

射的两种方法,对应了两种不同的 BWP0 和 BWP*n* 的关系。方法一中,BWP0 和 BWP*n*
使用相同大小的窄波束,BWP0 所在波束承载 SSB 并负责初始接入,轮询遍历覆盖区
域中的每个波位;BWP*n* 所在波束负责数据传输。方法二中,BWP0 和 BWP*n* 使用不
同大小的波束,初始接入使用一个宽波束,承载小区级的 BWP0;数据波束采用窄波
束,承载 BWP*n*。图 3-20 中,假设不同波束之间采用频率复用,频率复用因子 FRF=3。

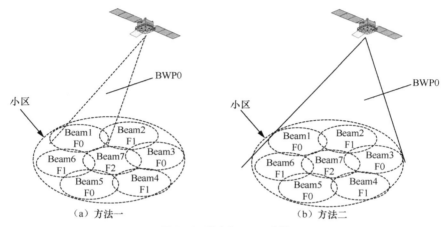

图 3-20　波束和 BWP 映射

　　对于 BWP 的配置,现有 5G 体制中一个小区最多有 4 个小区级别的公共 BWP。
当卫星配置的固定点波束数目远大于 4 时,会有多个波束共用一个 BWP,采用空
分复用进行数据传输。如图 3-21 所示,波束 2(即 Beam2)和波束 5 共用 BWP2
的配置,且有相同的带宽。当波束 2 和波束 5 有不同的通信需求时,例如波束 2 和
波束 5 的负载分别为 80% 和 20%(如表 3-7 所示),这会引起系统性能的下降。当
采用跳波束技术时,可以根据用户业务需求更加灵活地调度,提高系统效率。

　　在图 3-21 中,SSB 在 BWP0 中发送,在空闲态时,波束测量是基于 SSB 同步
信号完成的。在连接态下,测量是基于下行链路中的信道状态信息参考信号
(Channel State Information-Reference Signal,CSI-RS)和上行链路中的 SRS 进行的。
CSI-RS 测量窗口,比如周期性、时间/频率偏移量,是相对于相关的 SSB 同步信号
来进行配置的。利用 SS 和 CSI-RS 测量结果,需要周期性地寻找最佳波束。与 SSB
一样,CSI-RS 也将使用波束扫描技术。考虑到覆盖所有预定义方向的开销,CSI-RS
将基于终端的位置仅在那些预定义波束方向进行传输。终端根据 gNB 方向传输
SRS,gNB 通过测量 SRS 来确定最佳的上行链路波束。下行链路波束是由终端决定

的，其标准是接收到的波束的最大信号强度应超过预定义的阈值。

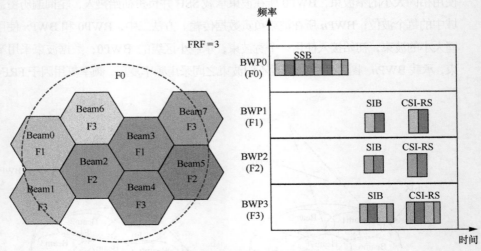

图 3-21   小区内的 BWP 配置[26]

表 3-7   不同波束的负载举例

波束 ID	负载（服务用户数占比）	BWP 配置
Beam0	50%	BWP1
Beam1	5%	BWP3
Beam2	80%	BWP2
Beam3	30%	BWP1
Beam4	70%	BWP3
Beam5	20%	BWP2
Beam6	10%	BWP3
Beam7	40%	BWP3

3.9.3   极化复用

极化复用是多波束卫星通信系统提高频谱效率的一个重要手段,邻波束可以分别采用左旋和右旋极化来复用相同的频段。如图 3-22 所示，四色复用可以通过两种方式实现：①两个子频段和极化复用（右旋极化和左旋极化）；②4 个子频段。

可以看出，第一种方式由于采用极化复用来抗干扰，每个子频段可以占总带宽的 50%。相比第二种方式，极化复用理论上可以将系统的频谱效率翻倍。

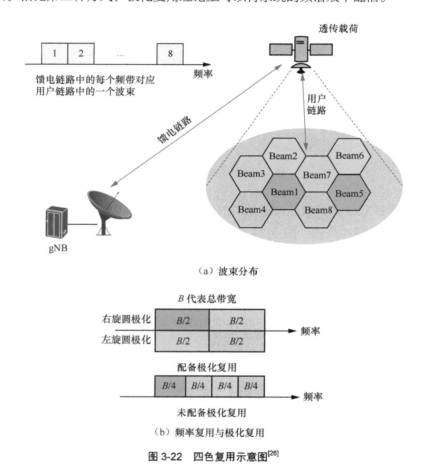

（a）波束分布

（b）频率复用与极化复用

图 3-22　四色复用示意图[26]

3.9.4　宽波束与点波束结合

卫星覆盖范围较大，导致卫星功率的使用效率降低。为了提高波束的使用效率，可以采用宽波束和窄波束结合机制，如图 3-23 所示。宽波束负责用户的接入控制，窄波束用于数据的实际发送，通常也被称为点波束。

基于载波聚合原理，宽波束和窄波束可以集成在一起，宽波束对应主载波，而点波束对应辅载波，共同服务一个用户[27]。

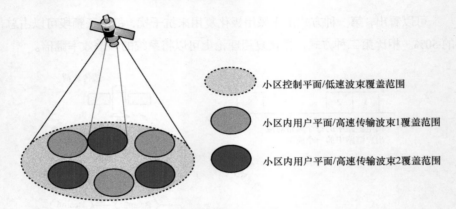

小区控制平面/低速波束覆盖范围

小区内用户平面/高速传输波束1覆盖范围

小区内用户平面/高速传输波束2覆盖范围

图 3-23　控制宽波束和业务窄波束示意图

　　基于控制波束和业务波束分离的思想,图 3-24 给出了用户的一般性卫星接入的技术方案示意图。图 3-24(a)表示用户位置未知的情况,首先网络在控制波束发送广播消息,用户接收系统信息,然后用户在控制波束发起随机接入。用户接入网络后,业务波束可以提供高速数据传输。控制波束可以和业务波束的波束宽度相当,或者更大,即一个控制波束内可以支持多个业务波束,这种配置模式一方面可以减少在控制波束的频繁切换,另一方面可以更灵活精准地为用户调度资源。图 3-24(b)表示用户位置已知的情况,网络可以基于用户位置信息精准发送广播消息,支持用户的快速接入,降低用户接入的开销。网络基于部署考虑可支持控制波束或者业务波束发送广播消息,实现用户的快速接入。

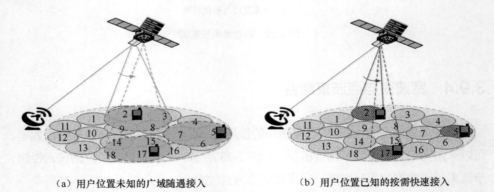

（a）用户位置未知的广域随遇接入　　　　　（b）用户位置已知的按需快速接入

图 3-24　用户的一般性卫星接入的技术方案示意图

资料专栏：控制波束、业务波束

控制波束和业务波束，是从逻辑功能的角度对波束进行划分的。

业务波束是指用户数据所在的波束。

控制波束是指用户的同步、接入等信令过程所在的波束，该波束需要承担数据传输之外的控制功能，如初始接入等，具体功能和方案设计有关。

3.10　大规模天线与波束空间复用技术

大规模天线技术作为空间复用或者分集的典型应用[28]，对提升无线通信的频谱效率或者可靠性有很大作用，但它要求发送端或者接收端配置多根天线。在卫星通信系统中，受质量、体积、功耗的限制，在卫星上安装多副天线是不现实的，显然很难实现大规模天线技术，但是可以通过波束协同来建立虚拟多天线系统，实现多天线发送，降低系统误码率，提高传输可靠性。

3.10.1　多波束协作传输

传统的卫星通信系统中，一个终端一般只与一颗卫星的一个波束连接，这给用户的数据传输速率和容量带来一定的限制，也未能充分利用卫星资源。为了进一步利用卫星空间传输特性，可以让一个终端同时连接在编队的多颗卫星上，这些卫星通过协作实现联合数据传输，获得发送分集增益或者复用增益。

针对多星多波束多用户传输系统，多星均为多波束系统，且覆盖相同的区域，终端配备多根接收天线，终端与多星多波束构成分布式大规模 MIMO 传输系统。当两颗卫星足够远时，不同卫星到达终端的信道可被视为可分辨的独立信道，此时，终端利用多天线获得空分复用增益，成倍提升系统容量。多波束卫星的高效传输技术与地面移动通信系统的多天线技术具有一定的共性，整个卫星通信系统类似于地面移动通信的多小区 MIMO 系统。如果将多个波束联合成一个整体，则可以和多天线终端组成一个广义 MIMO，利用协同信号处理技术提升系统效能。

地面移动通信系统中的协作通信技术已经比较成熟，但由于卫星通信与地面移动通信的差异，地面协作通信的研究成果不能直接应用到卫星通信中，还需要根据卫星通信与地面移动通信间的差异对协作通信中的关键技术进行研究。需要考虑的关键问题如下。

- 在卫星通信系统中，终端和卫星都可能是移动的，协作时势必会带来一定的系统开销，协作带来的性能增益与这些系统开销之间的折中，是决定协作通信能否在卫星通信中应用的首要因素。
- 卫星之间会有较大的时延，而地面协作通信的时延可忽略不计。卫星之间的大时延会给系统和性能等带来一些问题。卫星通信信道的衰落特性有别于地面移动通信信道，在莱斯等卫星通信信道模型中，大量的视距分量会使协作通信不能获得其在衰落信道中的优异性能。

如图 3-25 所示，多波束协作传输技术作为提升卫星通信传输速率的一种候选技术[29]，利用多颗卫星的波束或者单颗卫星的多个极化波束在相同频率资源中为同一个用户传输数据。图 3-26 进一步给出了多种关于多波束协作传输的潜在应用方案示例[28]，具体包括：基于单星多波束的单用户多进多出（Single User MIMO，SU-MIMO）传输、基于单星多波束的多用户多进多出（Multiple User MIMO，MU-MIMO）传输、基于多星多波束的 SU-MIMO 传输、基于星地多波束的 SU-MIMO 传输、基于多星的多连接传输、基于星地的多连接传输。

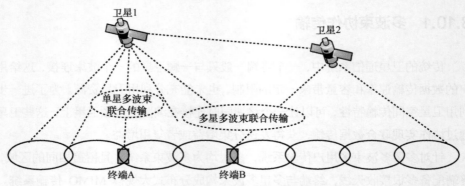

图 3-25　多波束协作传输示意图

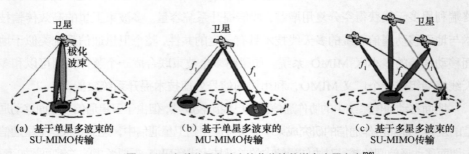

（a）基于单星多波束的　　（b）基于单星多波束的　　（c）基于多星多波束的
　　SU-MIMO 传输　　　　　　MU-MIMO传输　　　　　　SU-MIMO传输

图 3-26　多种关于多波束协作传输的潜在应用方案[28]

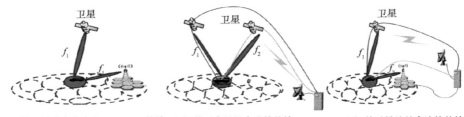

（d）基于星地多波束的SU-MIMO传输　（e）基于多星的多连接传输　　（f）基于星地的多连接传输

图 3-26　多种关于多波束协作传输的潜在应用方案[28]（续）

图 3-27 给出了单波束传输与多波束协作传输的传输性能仿真对比。从图 3-27 可以看到，相对于单星单波束传输，双星多波束协作传输能够带来 52%的频谱效率提升，而四星多波束协作传输能够带来 160%的频谱效率提升。

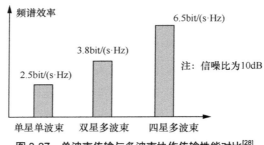

图 3-27　单波束传输与多波束协作传输性能对比[28]

由于卫星的快速移动及功率受限等原因，多波束协作传输技术对系统要求较高，需要深入研究下列技术问题。

（1）多星多波束视距 MIMO 传输理论与容量

多星多波束协作传输利用来自多个卫星的点波束协同实现数据传输，在视距 MIMO 的理论基础上进一步扩展卫星通信 MIMO 技术，有效提高传输可靠性和传输容量。研究中需要建立星间、星地不同环境多波束协作传输理论模型，采用广域 MIMO 理论分析不同协作方式的信道容量，研究卫星和天线部署方式、参数、天线极化模型、多普勒变化等对传输容量的影响。

（2）多波束协同信号传输与接收处理方法

研究不同场景的多星多波束协作传输方案，基于信道特性和卫星/终端天线部署实现联合传输、开环 MIMO、波束选择等自适应传输模式。研究在有限 CSI 反馈下的预编码设计，基于矩阵理论研究低复杂度预编码方法。研究多波束协同信号处理方法，针对星间通信的传输约束条件提出适应卫星大时延、高动态链路特征的多波束协同基带处理算法和信息交互方式，实现分布式/集中式自适应处理。

（3）多波束动态调度方法与多维波束资源分配机制

多波束联合预编码与调度相结合，根据不同的调度原则，可以兼顾吞吐量和公平性。需要研究适应波束空间、时间、频率、功率等多维属性的波束管理方法，包括多波束动态调度方法、多维波束资源分配机制，实现网络资源的高效绿色利用。

（4）多星多波束干扰规避技术

卫星系统是一个干扰严格受限的通信系统，受到卫星轨道、仰角、姿态、波束指向、发射功率等诸多因素影响，并且呈现极强的时空相关性，多星多波束的引入将导致干扰更加复杂化。在多星多波束的场景下，卫星在波束覆盖范围内不可避免地受到自身多个波束之间的干扰，以及来自其共轨卫星的波束干扰。传统上，抑制这些干扰只能采用频率复用的方式。随着卫星波束数量的增加，卫星点波束半功率角越来越小，旁瓣引起的干扰越来越大，导致需要使用越来越大的频率复用因子隔离干扰，降低了频谱的利用效率。但是，如果频率复用因子不增加，干扰将严重影响接收信号质量，降低卫星和用户的功率效率，尤其是在频率资源异常紧张的 S 和 L 频段，该矛盾愈发突出。

通过发送端预编码的方式抑制终端间干扰的机制，在地面移动通信系统中已有广泛的应用。因而，卫星多波束协作传输可以使用类似预编码的方式抑制各个终端波束之间的干扰，从而使得每个终端均获得全部带宽。由于波束间干扰抑制完全依靠波束间预编码，MU-MIMO 系统中的预编码设计对于终端传输性能的影响比 SU-MIMO 场景更加显著。除了波束间的相干性，预编码设计需要考虑到卫星的计算能力、各个波束的指向、信道的时变速率等多个因素的影响。常用的预编码算法包括迫零（Zero Forcing，ZF）算法、最小均方误差（Minimum Mean Square Error，MMSE）算法和信号泄露噪声比（Signal Leakage Noise Ratio，SLNR）算法，具体哪种算法能获得最好的系统性能，需要实践检验。此外，多色复用与预编码的有机结合，也可以实现终端带宽和信干噪比的折中，从而获得更好的性能。

3.10.2 相控阵天线技术

由于卫星通信路径损耗较大，卫星通信的性能很大程度上取决于卫星天线、信关站天线、终端天线。随着宽带业务的开展，卫星天线在链路预算中的地位越来越重要。传统的抛物面天线具有增益高、成本低的独特优势，从而得以广泛使用。然而，一方面卫星通信业务明显地向船载、机载等移动性载体发展，另一方面中低轨卫星已经投入使用，星地融合移动通信技术不断发展，传统的抛物面天线面临需要频繁地机械扫描和移动的劣势，成本显著增加，使用寿命减少，跟踪精度和速度达不到要求等问题。此外，抛物面天线所需的安装空间较大，不适合便携、车载、机载，更不能用于手持，在一定程度上制约了卫星通信的发展。此外，卫星通信调制解调技术都有突飞猛进的发展，而传统卫星通信天线技术仍然进展不大，新技术带来的高成本仍未突破。因此，满足低轨星座和新型应用的相控阵天线将成为主要发展方向[30]。

随着卫星通信的发展和无线电频率越来越拥挤，无线通信技术向短毫米波、亚毫米波（波长为 0.1～1mm）甚至光波等方面发展，出现了毫米波天线和新的阵列天线。同时，天线的结构和制造工艺取得了很大的进步，包括芯片级相控阵技术、超材料波束形成技术、光学波束形成技术等。

随着新材料、新技术和新工艺的提升，毫米波频段集成电路元件的技术难题得以攻克，毫米波有源相控阵天线与传统的"动中通"天线相比，没有体积庞大的伺服跟踪系统，波束速度快、方向可控，可实时跟踪卫星，并且质量轻，可进行大批量生产。毫米波有源相控阵天线不含活动部件，可靠性好，即便阵列中少数天线单元失效，天线总体性能也不会受到影响。集成毫米波有源相控天线的终端是未来毫米波卫星通信的重要发展方向之一。

地球同步轨道通信卫星已经发展到高通量卫星阶段，单颗卫星容量快速增长，部分高通量卫星已经达到 300Gbit/s，单载波速率能到 100Mbit/s。随着机载、船载等应用市场规模扩大，有接入卫星需求的用户越来越多，通信需求由语音、短信发展到视频、高清视频甚至虚拟现实（Virtual Reality，VR）、增强现实（Augmented Reality，AR）等更多高速率传输的应用。随着高通量卫星的发展，卫星天线需要具有支持更高速率的能力。

低轨卫星星座及空对地（Air to Ground，ATG）系统、高空基站平台的成功使用更是依赖于以相控阵为代表的天线技术。低轨卫星星座目前取得了长足的发展，但低轨卫星的一些特点对卫星天线提出新的挑战。例如，卫星相对地面高速运动需要快速跟踪，地面某一点由星座中的多颗卫星覆盖，运行轨道距离地面 500～1400km，卫星过顶时间仅有几分钟，具有更高的多普勒效应等。低轨卫星星座对卫星天线的要求由传统卫星通信系统的单星覆盖发展到多星覆盖，由同步轨道卫星发展到快速移动的低轨卫星星座，由简单的固定收发发展到终端和卫星共同移动的耦合复杂运动，需要支持高系统性能、高质量通信链路、低成本可推广的适合低轨卫星和移动载体的卫星相控阵天线。此外，ATG 系统、高空基站平台相比地面移动通信传输距离更远，可用频率更高，多普勒效应更明显，电磁干扰环境更复杂，无论是基站还是终端均需要高性能相控阵天线来保障传输速率，同时满足网络同频高干扰组网要求。

相控阵天线目前已应用于部分场景，基于相控阵的毫米波天线在地面移动通信领域得到了越来越多的应用，并逐步建立相关产业链。为了满足星地融合移动通信的要求，需借鉴毫米波天线的成熟经验，并针对卫星通信链路衰减大、信关站天线波束窄、通信两端相对速度高等特点，进一步研究收发共用阵列天线、射频一体化模块化、高精度伺服跟踪、高精度幅相校准、高效散热、芯片级相控阵、超材料波束形成以及光学波束形成等关键技术，进一步提升相控阵天线的性能，降低相控阵天线的成本，扩大相控阵天线的应用范围。

/3.11　无线传输可靠性控制技术/

信息在信道传输过程中，可能会产生信息丢失。为了保持信息完整性，需要对产生错误的信息进行重传，直至所有的信息都被正确接收。混合自动重传请求（HARQ）机制可保证信息完整性，降低误码率，提高传输可靠性。HARQ 使用停等（Stop-and-Wait）协议发送数据，即发送端发送一个传输块（Transport Block，TB）后就停下来等待确认信息，接收端会使用 1bit 的信息对该 TB 进行确定（ACK）或否定（NACK）的反馈。每次传输后发送端就停下来等待确认的方式，使 HARQ 成为一种非常耗时的机制。

在卫星通信中，由于卫星传输的 RTT 远远大于传统地面移动通信的 RTT，其 ACK/NACK 反馈可能会在地面移动通信 HARQ 最大计时器之后才能接收到，或者所需 HARQ 进程数远远多于地面移动通信支持的 HARQ 进程数。此外，由于终端内存及最大并行处理通道的限制，直接将地面移动通信的 HARQ 机制扩展到卫星通信中，对一些用户终端或者在某些应用场景下是不可行的。因此，需要研究大 RTT 对 HARQ 机制的影响，以及设计适合星地融合移动通信场景的自适应重传和 HARQ 传输方案。

关于星地融合移动通信的自适应重传和 HARQ 反馈机制研究，主要包括两方面：其一为 HARQ 反馈功能关闭后，保证数据传输可靠性的传输增强方案设计；其二为适当增加 HARQ 进程数来匹配卫星的大双向传输时延。

3.11.1　HARQ 反馈关闭机制

在传统地面移动通信系统中，HARQ 使用停等协议来发送数据，对于收到的每个下行数据包，UE 需要向基站发送 HARQ-ACK 信息，基站必须收到 HARQ-ACK 信息后才可以调度同一进程的数据传输。如果 NTN 场景仍然遵循此规则，则 RTT 的增大将导致吞吐量明显降低。通过引入 HARQ 反馈关闭机制可缓解上述问题，即基站不必收到 HARQ-ACK 信息即可调度同一进程的数据传输。这样物理层的错误快速重传机制被破坏，主要依靠无线链路控制协议的重传来保证可靠性。

网络侧可以通过 RRC 半静态配置 HARQ 反馈开关状态。由于在不同应用场景下，不同业务对 HARQ 进程数的需求不同，例如在终端从地面移动通信网络切换到卫星通信网络时，可以考虑通过动态方式关闭 HARQ 反馈机制。因此，考虑不同应用场景及终端处理 HARQ 进程能力，也可以通过 DCI 动态指示 HARQ 反馈开关机制，提高 HARQ 反馈开关的灵活性。

3.11.1.1　HARQ 数据传输增强机制

在 HARQ 反馈功能关闭后，由于 PDSCH 传输不再有有效的上行 ACK/NACK 反馈，为了提高数据传输可靠性，需考虑数据盲重传或重复（Repetition）传输方式。盲重传为网络侧在不知道前一个 PDSCH 的译码结果情况下调度其重传。重复传输为网络侧通过半静态或者动态方式配置数据块在多个时隙上重复发送，如图 3-28 所示。其中，动态配置方式可以复用或重定义 HARQ 反馈关闭后 DCI 中的一些域实现，优点是可以不改变现有 DCI 格式。

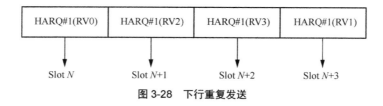

图 3-28　下行重复发送

3.11.1.2　HARQ 码本增强机制

由于星地融合移动通信系统引入了 HARQ 反馈关闭机制，因此我们需要确定关闭 HARQ 反馈功能的 HARQ 反馈结果，以便终端和网络侧理解一致。以 5G NR 为例，HARQ 码本有 3 种类型：Type1、Type2 和 Type3。

NR 的 Type1 码本是基于半静态配置确定码本，即码本大小不随实际的数据调度情况动态改变。NR Type1 码本设计的初衷就是以开销来换取可靠性，即不改变码本大小以避免 DCI 漏检导致的基站和 UE 对码本大小理解不一致的情况，对于关闭 HARQ 反馈功能的 HARQ 进程，其所调度的数据包的反馈固定为 NACK；对于配置了 HARQ 反馈功能的 HARQ 进程，其所调度的数据包依据实际译码结果反馈。

NR 的 Type2 码本即动态码本，基于实际调度的 PDSCH 个数进行反馈，优点是减少反馈的冗余比特数，提高上行控制信息传输的效率。考虑 Type2 码本的效率要求，最终决定可以减小 Type2 码本的大小，只包含使用反馈功能的 HARQ 进程来调度的 PDSCH 数据包的 HARQ-ACK 反馈。

Type3 码本是针对 NR-U 场景的码本，Type3 码本的增强与 Type2 类似，即只对使用反馈功能的 HARQ 进程来调度的 PDSCH 数据包进行反馈。

考虑到 SPS 与动态调度的区别，针对 SPS 中除第一个外的其他 SPS PDSCH，可以采用类似动态调度中动态码本的反馈思路，而第一个 SPS PDSCH 的漏检可能导致基站和 UE 理解不一致，基站持续发送无效的数据，造成资源浪费，因此通过额外的 RRC 信令来约束是否反馈。

由于星地融合移动通信系统引入了 HARQ 反馈关闭机制，如果采用半静态码本进行反馈的话会存在大量冗余信息，因此基站可以优先配置动态码本进行反馈。

3.11.2　HARQ 进程数增加机制

解决卫星通信 HARQ 进程数需求多的另一种方法是增加 HARQ 进程数，匹配更长的卫星通信双向传输时延。HARQ 进程数量的增加需考虑对 HARQ 反馈、HARQ 缓存大小、终端处理能力等因素的影响。

按照传统通信系统计算最小 HARQ 进程数（$N_{\text{HARQ,min}}$）的方法，HARQ 进程时间 T_{HARQ} 由传播往返时延 RTT=$2 \cdot T_{\text{p}}$、子帧大小 T_{sf}、UE 处理时间 T_{ue}、ACK/NACK 传输时间 T_{ack} 及基站处理时间 T_{nb} 组成，如图 3-29 所示。其中，T_{p} 表示传播时延。

$$N_{\mathrm{HARQ}} = \frac{T_{\mathrm{sf}} + T_{\mathrm{ue}} + T_{\mathrm{ack}} + T_{\mathrm{nb}} + \mathrm{RTT}}{T_{\mathrm{sf}}} \qquad （3\text{-}7）$$

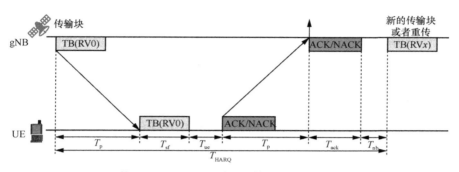

图 3-29　NTN 系统再生处理模式的 HARQ 传输时序

在 RTT 较大情况下，T_{sf}、T_{ue}、T_{ack}、T_{nb} 可以忽略不计，T_{HARQ} 近似 RTT，且在星地融合移动通信系统中，因卫星高度及透明转发或再生处理方式的不同，每个终端的 RTT 大小不同，需要的最小 HARQ 进程数也不同。考虑透明转发模式和再生处理模式下，以子载波间隔取值为 15kHz 为例，可估算出低轨道卫星通信系统（LEO，1500km）、中轨道卫星通信系统（MEO，10000km）、地球静止轨道卫星通信系统（GEO，35786km）等不同卫星通信场景下的理论最小 HARQ 进程数，如表 3-8 所示[2]。

表 3-8　不同卫星通信场景下的理论最小 HARQ 进程数

场景	透明转发模式		再生处理模式	
	Max. T_{HARQ}	$N_{\mathrm{HARQ,min}}$	Max. T_{HARQ}	$N_{\mathrm{HARQ,min}}$
LEO	50ms	50	25ms	25
MEO	180ms	180	90ms	90
GEO	600ms	600	300ms	300

由于 RTT 时间过长，为了提高吞吐量，在一个周期内承载的数据包个数需要增加，即可以承载的 HARQ 进程数需要相应增加。例如，在 RTT 为 600ms 时，理论上可以最多传输 600 个 HARQ 进程。这对于 UE 的实现来说是不现实的。同时仿真显示，当最大进程数增加到 32 时，系统的吞吐量能明显提升，而当进程数继续增加时，吞吐量的增加是有限的。过多的 HARQ 进程要求接收端具有较大的存储空间。因此，为了提高数据传输可靠性并兼顾接收端的处理能力，不能靠单纯地增

加 HARQ 进程数来提高吞吐量。考虑 UE 实现的复杂度，可将支持的最大 HARQ 进程数从地面移动通信网络的 16 个增加到 32 个[23]。

思考题

1. 基于 5G 的卫星通信系统相对于 5G NR 在同步方面存在哪些增强？

2. 基于 5G 的卫星通信系统相对于 5G NR 在定时关系方面存在哪些增强？

3. 基于 5G 的卫星通信系统相对于 5G NR 在 HARQ 方面存在哪些增强？

参考文献

[1] 3GPP. Study on using satellite access in 5G: 3GPP TR22.822[S]. 2018.

[2] 3GPP. Study on new radio (NR) to support non-terrestrial networks: 3GPP TR38.811[S]. 2018.

[3] 3GPP. Solutions for NR to support non-terrestrial networks: 3GPP TR38.821[S]. 2019.

[4] 侯利明, 韩波, 缪德山, 等. 基于 5G 及演进的星地融合空口传输技术[J]. 信息通信技术与政策, 2021, 47(9): 21-29.

[5] 徐常志, 靳一, 李立, 等. 面向 6G 的星地融合无线传输技术[J]. 电子与信息学报, 2021, 43(1): 28-36.

[6] 艾艳锦, 吴长奇, 翟艳东, 等. 一种基于压扩变换降低 OFDM 系统峰均比的方法[J]. 现代电子技术, 2007, 30(13): 18-20, 24.

[7] 大唐移动通信设备有限公司. IMT-2030（6G）推进组编码调制组提案——编码 OTFS 系统的性能分析[Z]. 2021.

[8] 司晨曦, 刘孟孟, 李双洋, 等. 面向星地通信的超奈奎斯特传输技术[J]. 无线电通信技术, 2021, 47(5): 618-626.

[9] MÜLLER S H, HUBER J B. OFDM with reduced peak-to-average power ratio by optimum combination of partial transmit sequences[J]. Electronics Letters, 1997, 33(5): 368.

[10] 屈保平, 王华剑, 景吕荣. 基于 TDL 信道模型的 CDMA 导频信号检测[J]. 陕西科技大学学报(自然科学版), 2012, 30(4): 93-96.

[11] SALEH A A M. Frequency-independent and frequency-dependent nonlinear models of TWT amplifiers[J]. IEEE Transactions on Communications, 1981, 29(11): 1715-1720.

[12] CHEN S Z, REN B, GAO Q B, et al. Pattern division multiple access—a novel nonorthogonal multiple access for fifth-generation radio networks[J]. IEEE Transactions on Vehicular Technology, 2017, 66(4): 3185-3196.

[13] POKAMESTOV D A, KRYUKOV Y V, KANATBEKULI I, et al. Modulation and coding

scheme in SCMA communication system[J]. Journal of Physics: Conference Series, 2022, 2373(5): 052028.

[14] HAYAT O, NGAH R, HASHIM S Z M. Multi-user shared access (MUSA) procedure for device discovery in D2D communication[J]. Telecommunication Systems, 2021, 76(2): 291-297.

[15] JADHAV M, DESHPANDE V, MIDHUNCHAKKARAVARTHY D, et al. Improving 5G network performance for OFDM-IDMA system resource management optimization using bio-inspired algorithm with RSM[J]. Computer Communications, 2022(193): 23-37.

[16] CHEN S Z, SUN S H, KANG S L, et al. Pattern division multiple access (PDMA)[M]//VAEZI M, DING Z, POOR H. Multiple access techniques for 5G wireless networks and beyond. Cham: Springer, 2019: 451-492.

[17] 徐雷, 尤启迪, 石云, 等. 卫星通信技术与系统[M]. 哈尔滨: 哈尔滨工业大学出版社, 2019.

[18] JIANG Y X, LI P, DING Z G, et al. Joint transmitter and receiver design for pattern division multiple access[J]. IEEE Transactions on Mobile Computing, 2019, 18(4): 885-895.

[19] LI P, JIANG Y X, KANG S L, et al. Pattern division multiple access with large-scale antenna array[C]//Proceedings of the 2017 IEEE 85th Vehicular Technology Conference (VTC Spring). Piscataway: IEEE Press, 2017: 1-6.

[20] MAO Y L, ZENG J, SU X, et al. Pattern design in joint space domain and power domain for novel multiple access[C]//Proceedings of the 2016 IEEE 83rd Vehicular Technology Conference (VTC Spring). Piscataway: IEEE Press, 2016: 1-5.

[21] CHEN L Y, HU B, CHEN S Z, et al. Hybrid transceiver design for pattern division multiple access enhanced multibeam satellite communications[J]. China Communications, 2023: accepted.

[22] CHEN S Z, SUN S H, KANG S L. System integration of terrestrial mobile communication and satellite communication—the trends, challenges and key technologies in B5G and 6G[J]. China Communications, 2020, 17(12): 156-171.

[23] 3GPP. NR; Physical layer procedures for control channels: 3GPP TS38.213[S]. 2018.

[24] 孙韶辉, 戴翠琴, 徐晖, 等. 面向 6G 的星地融合一体化组网研究[J]. 重庆邮电大学学报 (自然科学版), 2021, 33(6): 891-901.

[25] 徐晖, 缪德山, 康绍莉, 等. 面向天地融合的卫星网络架构和传输关键技术[J]. 天地一体化信息网络, 2020, 1(2): 2-10.

[26] 3GPP. Discussion on other design aspects for NTN: 3GPP TDoc R1-200831[S]. 2020.

[27] SUN S H, HOU L M, MIAO D S. Beam switching solutions for beam-hopping based LEO system[C]//Proceedings of the 2021 IEEE 94th Vehicular Technology Conference (VTC2021-Fall). Piscataway: IEEE Press, 2021: 1-5.

[28] CHEN S Z, SUN S H, MIAO D S, et al. The trends, challenges, and key technologies of beam-space multiplexing in the integrated terrestrial-satellite communication for B5G and

6G[J]. IEEE Wireless Communications, 2023, 30(6): 77-86.

[29] RAMAMURTHY B. MIMO for satellite communication systems[D]. Adelaide: University of South Australia, 2018.

[30] 姚亚利, 何海丹, 温剑, 等. 一种用于星载多波束相控阵的稀疏阵列[J]. 空间电子技术, 2022, 19(6): 30-35.

第 4 章

星地融合移动性管理技术

本章首先分析了星地融合移动性管理的需求与挑战，然后探讨了移动性管理的关键技术，包括用于空闲态的波束重选技术、用于连接态的波束切换技术、寻呼和漫游技术等。

/4.1   需求与挑战 /

移动性管理是指移动目标（用户或终端）在网络覆盖范围内移动的过程中，网络能持续提供通信服务能力，即用户的通信和对业务的访问不受移动目标位置变化及接入技术或网络接入点变化影响[1-2]。

在星地融合移动通信网络中，非同步轨道卫星的移动速度很快，导致终端和卫星的连接不断发生变化，不仅用户链路发生变化，馈电链路也会发生变化，从而带来业务中断，降低用户的体验[3]。对于具备再生处理能力的卫星，其移动还会带来星间拓扑结构的变化和星间路径的重选，导致路由的移动性变化[4-6]。因此，终端与卫星连接的移动性管理始终是星地融合移动通信网络的一个重要研究方向[7-9]。相对于地面移动通信系统，卫星通信移动性管理面临巨大挑战[8-10]。

移动性管理包括连接管理和位置管理两个方面。连接管理包括空闲态的小区/波束选择与重选和连接态的切换管理；位置管理主要是指用户位置追踪，以便在下行业务到达时寻呼用户终端。空闲态的小区/波束的选择与重选主要关注用户在波束中的驻留和系统信息侦听；对于连接态的切换，主要体现在用户在小区之间切换的无线链路接续，以及移动通信网络管理的过程；而位置管理则确保移动通信网络能够有效寻呼到移动过程中的用户[11-12]。

资料专栏：切换、寻呼、漫游

切换：是指终端从与一个小区的基站建立通信连接转移到与一个新小区的基站建立连接的过程。

寻呼：是指网络侧发起的查找移动用户的过程。网络在对一个终端进行呼叫时，基于终端所在的区域确定相应的基站，然后由基站进行寻呼信息通知，被呼叫的终端在接收到网络的寻呼消息后，申请与网络建立连接从而进入通信状态。

漫游：是指当终端离开初始的注册服务区时，终端在新的位置区和新的服务基站或者新的服务网络建立通信连接的过程，一般包括系统内异地漫游和跨运营商漫游。

资料专栏：空闲态、连接态

空闲态：终端在开机连接到网络后，当没有信息传输服务时将释放与网络的连接，此时进入空闲态。在空闲态，终端仅接收网络的广播等公共信息，并自主进行网络小区的驻留。

连接态：终端与网络建立连续的信号连接时，保持通信激活状态，可以随时侦听网络的信号或者发送信号给网络。

由于卫星通信系统的小区和边缘信号强度变化不明显，无法通过测量信号强度来判断终端处于小区中心还是边缘，从而在切换触发方式上需要选择以终端位置为主、邻区信号强度为辅的切换策略。对于透明转发模式的馈电链路切换[13]，大量用户的同时切换将对系统的信令开销、切换时延及成功率等方面产生更大的挑战，因此需要寻求更为合理优化的方法。

与星地融合移动通信系统移动性管理相关的主要问题有如下几个方面[14]。

- 低轨卫星的快速运动，导致终端与卫星的连接切换频繁。
- 由于卫星覆盖的区域较大且波束覆盖有限，地面移动通信系统常用的 RRM 测量在卫星通信系统中作用有限，需要引入终端的位置上报机制。
- 地面移动通信系统中没有馈电链路切换场景下大量用户同时进行群切换的情况，目前的切换方法难以满足切换的信令开销、时延及切换成功率的需求。
- 卫星通信网络和地面移动通信网络间引入的切换。

星地融合移动通信系统的小区重选面临新挑战。终端的小区重选是终端移动和卫星移动综合的结果。由于卫星相对于终端的速度非常大，基本可以认为小区重选主要由卫星移动引起。由于卫星小区中心和边缘的信号强度变化不大，所以只通过参数 Srxlev（小区选择接收强度值）和 Squal（小区选择质量值）来判断是否快离开或接近小区是不准确的，必须要综合考虑星历和终端位置、重选定时器等因素以适应 NTN 场景。

同样地，星地融合移动通信系统的寻呼也面临新挑战。传统的 5G 地面移动通信系统中提供的位置信息是小区（Cell）或跟踪区标识（Tracking Area Identity，TAI）级别，寻呼效果的好坏取决于跟踪区（Tracking Area，TA）的设计和 TA 列表的选择。然而对于 NTN 系统，由于卫星的波束覆盖范围很大，TA 远大于地面移动通信系统的 TA，并且容易出现一个卫星波束跨多个 TA 的情况，故仅根据服务终端的卫星波束信息难以准确高效地确定寻呼范围。在卫星通信系统中，终端都具备定位能力，因此需要设计增强的寻呼方案，让终端提供更为精细的经纬度信息，以便进行更为精准的寻呼。

非地球静止轨道（NGSO）卫星的移动带来频繁的切换和小区重选，对于系统的性能有严重的影响，体现在以下几个方面。

（1）频繁的切换会带来信令开销的增大

这些系统信令开销不仅体现在无线接入网，也体现在核心网。网络侧需要频繁地进行信令交互，以保证切换的准确执行。

（2）星地传输的时延会增大切换的时延

在卫星通信中，星地传输的时延为数毫秒，甚至达到数百毫秒，这些传输时延必定会增大切换的时延。一般的切换流程都需要多条信令的交互，导致切换的时延会比地面移动通信大得多，无疑会增大切换的时延，增加数据传输中断的时间，减少系统的容量，降低用户的体验。

（3）频繁的切换会增大网络连接失败的概率

每次切换都需要终端、信关站、核心网进行多次信息交互，无论哪个环节的信息传输失败都会造成切换失败。为了保证切换的可靠性，必须保证切换的流程和信令传输的准确性。

（4）频繁的切换会增大终端和网络的耗电

为了保证切换的有效进行，需要考虑终端和网络的紧密配合，不仅需要信令交互，还需要终端和网络对切换进行一系列准备操作，比如测量、星历信息的推算、切换的判决等[15-21]，这些与切换相关的处理无疑会增大终端和网络的耗电。

综上所述，研究星地融合移动性管理机制[22-24]，对于卫星通信的性能保证具有重要的意义，而且也给卫星通信带来新的技术挑战。

4.2 波束重选

当终端处于空闲态或非激活态时[25]，会选择某波束（即小区）驻留；当终端需要进入连接态时，会在驻留的波束（即小区）发起接入（RRC 连接建立过程或 RRC

连接恢复过程）。因此，为了平衡不同频点之间的随机接入负荷，需要在终端选择小区驻留时尽量使其均匀分布，这是非连接状态移动性管理的主要目的之一。同时为了使终端在服务小区上获得更好的性能，需要终端在小区驻留时选择信号质量更优的小区。

在 RRC 空闲态下，终端用户仍然需要保持对网络的跟踪，具体包括小区选择和驻留、小区重选。

（1）小区选择和驻留

小区选择一般发生在卫星网络选择之后，目的是使终端在选定的卫星网络下可以尽快选择一个信道质量满足条件的小区进行驻留。在进行小区选择时需要参考星历。星历是卫星通信系统中与卫星运行相关的基本信息的简称，包括众多卫星的轨道运行数据。终端获取了星历信息，就能够提前判断哪些卫星何时会覆盖某一区域。根据终端是否知道当前所处位置对应的卫星小区频点和物理小区标识，终端可以决定采用盲搜或直接进入小区选择模式。

（2）小区重选

终端的小区重选是综合终端移动和卫星移动的结果。卫星通信系统中卫星相对于终端的运动速度很大，所以小区重选主要是卫星运动引起的。当终端处于空闲态或非激活态时，终端需要持续地进行小区重选，以便驻留在优先级更高/信号质量更好的小区，提高后续发起呼叫的成功率。另外，网络可以通过调整小区重选参数，使终端尽可能在不同频点或不同小区间均匀分布，实现负载均衡。

与地面移动通信系统相比，卫星通信系统会引入星历、终端位置等新特性，其小区重选需要研究的内容包括：终端怎样获取及时准确的星历信息，终端怎样利用及时准确的星历信息，终端怎样利用自身位置信息简化空闲态移动性控制过程。

在 5G 系统中小区重选分为同频小区重选和异频小区重选，在卫星通信系统中也可以按此分类。对于同频小区重选，主要目的是解决无线覆盖问题；而对于异频小区重选，既可以用于解决无线覆盖问题，也可以用于负载均衡。

相对于地面移动通信系统，卫星通信系统也存在一些额外的特性：卫星的中心波束和边缘波束信号差异不大，测量启动的阈值很难设定；卫星的高速移动会导致频繁的小区重选过程，现有信令流程能否满足频繁重选过程；现有的地面移动通信系统小区重选准则是否仍然适用于卫星通信系统；基于速度缩放的小区重选控制机制是否适用于卫星通信系统。

在卫星通信系统中研究重选技术，同样要考虑同频和异频重选。研究 5G 技术中的重选准则是否适用于该系统，是否需要进行参数的扩充或增强。由于卫星运动速度较快，重选发生得比较频繁，对测量的时间开销和精度有较高的要求。总的来说，波束重选需要研究以下问题：空闲态测量的开启机制，测量的时间是否能满足快速频繁重选的要求，重选参数的缩放。

/4.3 波束切换/

对于星地融合移动通信系统，用户链路的切换包含多种方式[26-28]，具体包括：①用户在同一颗卫星不同波束之间的切换，简称星内切换；②用户在不同卫星之间的切换，简称星间切换；③用户在卫星通信系统和地面移动通信系统之间的切换，简称星地切换。

4.3.1 星内切换

星内波束切换和卫星波束部署有很大关系，如果采用固定波束分配，星内波束切换相当于星内小区切换，波束间切换相当于地面移动通信系统的基站内扇区切换。当所有波束配置为 1 个小区 ID 时，则波束间切换相当于小区内的波束切换。如果采用跳波束方式，则通常将波束划分为信令波束和业务波束，星内切换主要用于业务波束之间的切换[29]。

对于星内切换，如果不同波束的覆盖范围不同，且终端和卫星的连接保持不变，终端需要从一个波束切换到另一波束，这在波束移动扫描模式下特别明显；当波束覆盖的区域随着卫星的运动而移动，终端不得不从一个波束切换到另一波束。在低轨卫星通信系统中，波束的切换频率较高，取决于波束覆盖方式，一般十几秒至几分钟就需要切换一次。

4.3.1.1 透明转发模式

在透明转发模式下，对于星内切换，如果一个卫星的波束由多个基站共同管理，这会导致基站间的通信，因此可以进一步细分为两个场景。

场景 1：星内切换，基站不切换。

场景 2：星内切换，基站切换。

其中，场景 1 和场景 2 的主要区别在于是否需要在基站间进行信息交互，相当于场景 1 是基站内的小区切换，场景 2 是基站间的小区切换。为简化描述，后面描述假设信关站包含卫星通信的基站功能。

场景 1 的切换示意图如图 4-1 所示，用户链路需要进行波束切换，而馈电链路不变。这是一种最简单的星内切换方式。该场景下的波束变更通过 RRC 重配置过程或者 BWP 切换方式实现。

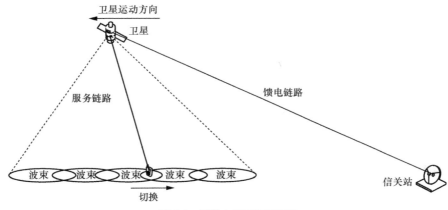

图 4-1　场景 1 的切换示意图

场景 2 的切换示意图如图 4-2 所示，当终端位于两个信关站的重叠区域时，卫星保持不变，但是由于卫星的运动，终端需要从一个信关站切换到另一个信关站，对应的馈电链路发生切换，该切换涉及信关站（基站）之间的资源协调与路径转换等问题。

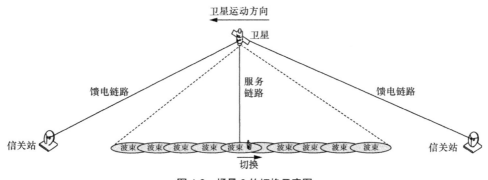

图 4-2　场景 2 的切换示意图

在场景 2 下，终端与卫星的连接保持不变，卫星和信关站的连接发生变化，即用户链路不变，馈电链路发生变化。此时馈电链路的变化导致物理层的传输特性发生变化，需要终端和网络重新建立同步关系，而且信关站之间必须进行用户信息交换，以便用户能连接到新的信关站。

在 5G 网络中，gNB 之间通过 Xn 接口进行信令信息交换；gNB 与核心网 5GC 之间通过 NG 接口进行连接。如果两个信关站（基站）之间存在 Xn 接口连接，则可以进行基于 Xn 接口的切换，即 Xn 切换；如果两个信关站（基站）之间不存在 Xn 接口连接，则必须通过基站与核心网之间的 NG 接口进行信息交互，进行基于 NG 接口的切换，即 NG 切换。

4.3.1.2 再生处理模式

在再生处理模式下，若星载基站发生了变更，则其处理过程和透明转发模式相同，都需要进行基于基站间接口（即 Xn 接口）或者基站和核心网的接口（即 NG 接口）的切换；若星载基站未变更、馈电链路也没有变更，可以通过 RRC 重配置或 BWP 切换过程来切换波束，这两个场景和透明转发模式类似。

与透明转发模式相比，再生处理模式有一种特别的场景：星载基站不变更而馈电链路发生变更。由于用户链路未改变，因此星载基站不需要重新分配空口资源给终端，也不需要与终端进行额外的信息交互，这种切换对于终端来讲是"无感知"的。但是由于馈电链路发生了变更，所以星载基站需要断开和旧信关站的连接，并和新信关站建立连接，以确保通信的正常持续进行。

4.3.2 星间切换

4.3.2.1 星间切换场景

依据卫星所连接的信关站是否发生变化，星间切换包括两种场景。

场景 1：用户链路发生卫星间切换，馈电链路不变。

如图 4-3 所示，当终端即将离开当前卫星的覆盖范围，同时已经进入同一个信关站的相邻卫星的覆盖范围时，终端的用户链路从当前卫星转移到相邻卫星，就会发生星间切换。该切换涉及两颗卫星对应波束的资源分配，需要修改信关站的路由表。

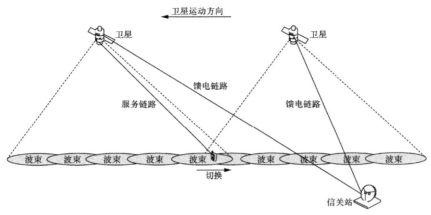

图 4-3　场景 1 的切换示意图

对于透明转发模式来讲，基站位于信关站，因此这种星间切换可能是基站内的波束间切换，也可能是基站间的波束间切换，取决于网络设计和规划。如果是基站内切换，意味着一个基站具有大容量处理能力，能管理多颗卫星的数据发送，可以通过 RRC 重配置过程或者 BWP 切换过程来实现波束变更；如果是基站间波束切换，则需要执行基于 Xn 接口的切换或者基于 NG 接口的切换。

对于再生处理模式来讲，这种星间切换也就等同于星载基站间切换，这时将会进行基于 Xn 接口的切换或者基于 NG 接口的切换。

场景 2：用户链路发生卫星间切换，馈电链路发生变化。

如图 4-4 所示，当终端位于连接不同信关站的两颗卫星的重叠区域时，应该将当前用户链路转移到下一个卫星上，这就是所谓的不同信关站、不同卫星间切换。该切换涉及信关站（基站）之间的资源协调与路径转换等问题。

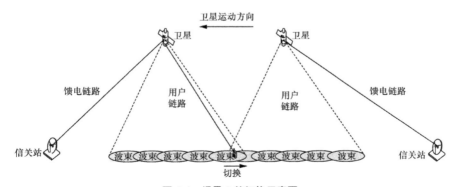

图 4-4　场景 2 的切换示意图

在该场景下，终端与卫星的连接、卫星和信关站的连接均发生变化，即用户链路和馈电链路同时发生变化。此时需要终端和网络重新建立同步关系，而且信关站之间必须进行用户信息交换，以便用户能连接到新的信关站。

在该场景下，当两个信关站属于同一核心网时，核心网不发生变化，否则核心网需要切换。

虽然该场景下用户链路和馈电链路都发生变化，但从实现角度看还是有先后之分。若用户链路变化在前，那么可以进行基于 Xn 接口的切换或者基于 NG 接口的切换；如果馈电链路变化在前，则应先进行馈电链路切换。二者也可以结合起来考虑，这需要对处理过程加以优化和改造。

4.3.2.2 星间切换方法

从切换方式来看，星间切换从接口信令的角度包括基于 Xn 接口的切换、基于 NG 接口的切换。另外，为了减少切换时延，条件切换（Conditional Handover，CHO）和双激活协议栈（Dual Active Protocol Stack，DAPS）切换也是有效的切换增强方案。

（1）基于 Xn 接口的切换

当 2 个卫星的基站之间存在 Xn 接口时，在条件满足的情况下，优先执行基于 Xn 接口的切换，以获得最好的切换效果。源基站和目标基站通过 Xn 接口交互切换信息。基于 Xn 接口的切换示意图如图 4-5 所示。

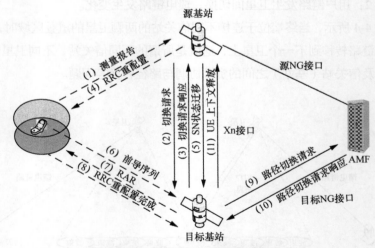

图 4-5　基于 Xn 接口的切换示意图

对于切换的判决方法，常用的方法包括：基于 RRM 测量的切换判决、基于终端位置信息和 RRM 测量的切换判决。

基于 RRM 测量的切换判决方法为卫星基站为处于连接态的终端进行测量配置，终端根据测量配置对邻区进行信号测量，当某个邻区满足参考信号接收功率（Reference Signal Received Power，RSRP）/参考信号接收质量（Reference Signal Received Quality，RSRQ）大于信号阈值（Threshold）时发送测量报告给基站，基站基于测量报告进行切换判决。基站确定可以将终端切到目标小区，则给终端发送切换命令。终端根据切换命令中的配置，对目标小区执行同步过程和接入过程，完成切换。需要注意的是，由于卫星波束中心和边缘的信号质量差异不大，传统的基于当前服务小区与邻区信号差值的相关测量事件可能不能正常工作。因此，若要采用本方法，则需要对测量事件加以调整优化。另外，在跳波束方案下，波束动态分配，邻区可能并不存在波束，使得测量无法进行。

基于终端位置信息和 RRM 测量的切换判决方法：如果基站知道终端的位置信息，可以以此作为切换的判决条件之一。基站根据终端的位置信息，判断终端是否进入某个邻区的服务范围。为了让基站获得终端位置，可以在空口引入终端的位置上报机制，包括基于基站请求的事件上报、周期性上报和基于终端位置变化的上报。考虑到终端精确位置上报可能带来隐私泄露的问题，可以对位置信息进行加密后上报或者扩大位置上报的误差范围。在可以进行邻区测量的情况下，RRM 测量可以作为一种补充手段来辅助切换。

（2）基于 NG 接口的切换

当 2 个卫星的基站之间不存在 Xn 接口或者基于 Xn 接口切换的条件不满足时，可以执行基于 NG 接口的切换。在该场景下源基站和目标基站之间的切换信令通过 NG 接口来传递，其余部分和基于 Xn 接口的切换类似，如图 4-6 所示。

（3）条件切换（Conditional Handover，CHO）

CHO 技术属于 NR 移动增强技术的一个研究方向，主要用于解决移动可靠性、鲁棒性等问题，该技术是伴随终端自主切换产生的。

CHO 是当一种或多种切换执行条件满足时，由终端自主执行的切换。终端接收到 CHO 配置后将评估执行条件，一旦找到满足条件的小区将停止评估。在卫星通信系统中，卫星都沿着预定轨道运行，且速度恒定，根据星历信息等可以判断卫星何时到达某处。因此从减小切换时延、提高切换成功率的角度看，CHO 比较适合。固定波束和跳波束均可以使用 CHO 技术。不同时刻的 CHO 示意图如图 4-7、图 4-8 所示。

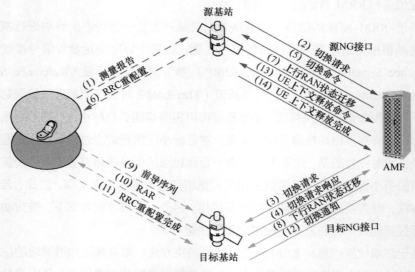

图 4-6　基于 NG 接口的切换示意图

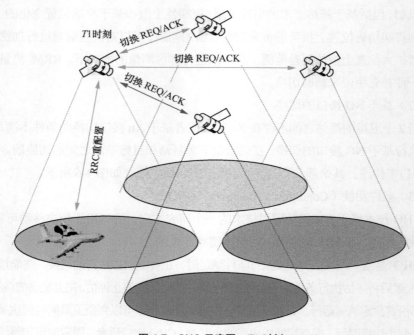

图 4-7　CHO 示意图，T1 时刻

在 $T1$ 时刻，触发 CHO，终端向多个候选基站发起切换过程。

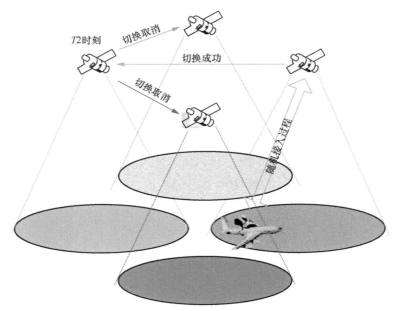

图 4-8　CHO 示意图，$T2$ 时刻

在 $T2$ 时刻，终端成功接入目标卫星后，向其余候选基站发起切换取消过程。切换的触发条件可包括下述几种类型。

- 基于信号测量结果 RSRP/RSRQ 的条件：终端基于 RSRP 或 RSRQ 的测量值的变化进行自主条件切换。
- 基于定时（Timing）的条件：由于卫星的运动比较有规律，终端可以基于卫星小区的离开时间和多个候选小区的服务时间决定切换的时间点，然后向目标小区发起接入，完成切换。
- 基于位置的条件：基站提供当前小区及邻区的描述信息（如中心点、半径、时间戳等），并给终端提供相应的切换执行条件，如终端位置距离源小区有效边缘的距离大于某个阈值、终端位置距离目标小区中心点的距离小于某个阈值。
- 组合条件：将基于定时和信号测量结果 RSRP/RSRQ 的条件同时满足作为切换的执行条件，或者将基于位置和信号测量结果 RSRP/RSRQ 的条件同时满足作为切换的执行条件。

（4）双激活协议栈（Dual Active Protocal Stack，DAPS）切换

DAPS 切换技术属于 NR 移动增强技术的一个研究方向，主要用于解决切换期间发生的业务中断问题。

终端高速运动场景对切换提出了更为严格的要求。为提升时延敏感类业务的用户体验，减少切换的中断时延，可以使用 DAPS 切换技术。DAPS 切换利用了先连后断的原理，是一种"软切换"。也就是说，终端在成功接入目标基站（卫星）之前，始终和源基站（卫星）保持连接，源端数据转发到目标侧，故而传输没有中断，可以实现切换零时延。DAPS 切换示意图如图 4-9 所示，对于固定波束和跳波束均适用。

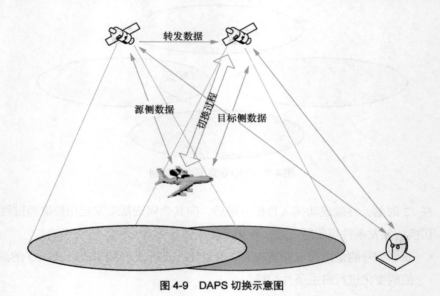

图 4-9　DAPS 切换示意图

在终端测量并上报满足切换条件的事件后，源基站基于测量结果、终端支持情况等进行 DAPS 切换决策。若采用 DAPS 切换，源基站下发切换命令给终端（含 DAPS 切换配置信息），终端接入目标基站，同时保持源基站的上/下行数据传输（在传统切换中，此时源基站停止上/下行数据传输）。在成功完成随机接入后，终端将上行数据传输通道转移到目标基站。在终端成功建立与目标基站 RRC 连接之后，目标基站向源基站发送接入成功的通知。此时终端的源基站上/下行传输已经转移到目标基站，源基站的上/下行传输停止，源基站再反馈最后一个数据传输序列号给目标基站，目标基站执行路径切换，将核心网连接从源基站转移至目标基站，从而完成 DAPS 切换。

4.3.2.3　星间切换流程

当终端即将离开当前卫星基站的服务区域时，当前卫星基站需发起星间切换流程。若源卫星基站和目标卫星基站之间存在星间链路且路由可达，则源卫星基站和目标卫星基站之间可执行基于 Xn 接口的切换流程；否则，执行基于 NG 接口的切换流程。目标卫星基站的确定主要根据终端的地理位置、卫星星座信息、波束覆盖等，并遵循一定的规则（如最长服务时间原则）。

（1）星间 Xn 切换

星间 Xn 切换的基本流程如图 4-10 所示，此时不考虑 DAPS 的切换方式。

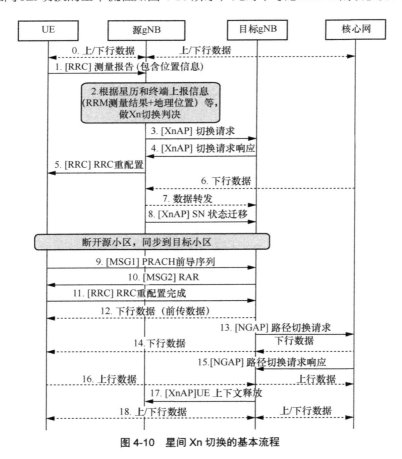

图 4-10　星间 Xn 切换的基本流程

在终端处于通信状态时，网络侧会启动测量配置过程，可以令其上报地理位置、

RRM 测量结果等。终端的地理位置信息可以采用周期性上报或者超过一定范围再上报等多种方式。RRM 测量结果上报在某些场景（如跳波束动态分配模式）下可能无法进行，故而是可选的。

源卫星基站根据星历、终端的地理位置、网络架构等信息确定是否执行星间 Xn 切换，并确定目标卫星基站。随后源卫星基站向目标卫星基站发送 Xn 切换请求，携带的终端位置信息可以是终端的地理位置、小区信息或跟踪区信息。目标卫星基站根据终端的地理位置，确定当前是否存在能够服务该区域的卫星波束。若当前不存在这样的卫星波束，目标卫星基站可考虑调度卫星的其他波束来进行服务。若目标卫星能够接纳该切换请求，则向源卫星基站返回切换请求确认消息。若目标卫星基站无法为该位置的终端提供服务，如无可用波束或者负载过高，则目标卫星基站应拒绝切换请求，此时，源卫星基站需重新选择目标卫星基站。

（2）星间 NG 切换

若源卫星基站判断无法执行星间 Xn 切换，则可以执行星间 NG 切换。星间 NG 切换的基本流程如图 4-11 所示。

在切换之前的通信过程中，网络侧会通过 RRC 重配置过程为终端设置测量配置，令终端上报其地理位置，以及可能的 RRM 测量结果。源卫星根据终端上报的地理位置、RRM 测量结果（可选），结合星历信息，判决是否需要执行星间 NG 切换。

在需要执行 NG 切换的情况下，源卫星基站将向核心网网元接入和移动性管理功能（Access and Mobility Management Function，AMF）发送切换请求消息，消息中需要携带终端地理位置以供目标侧更好地进行判断。在地面移动通信中，该切换请求消息中还必须要携带目标基站信息，但在卫星通信网络中这个参数可能会有一定的问题。因为在某些特殊的场合，源卫星基站可能并不知道选择哪些目标基站，此时需要网络提前进行协调，由核心网进行目标基站的筛选。

AMF 收到切换请求消息之后，针对用户的位置信息判断是否有合适的目标卫星基站接纳该用户，经确认后，可以向源卫星基站发送切换命令消息。目标卫星基站在该命令消息中，可包含目标侧分配的无线资源等信息，源侧收到后通过 RRC 重配置消息将这些信息告知终端。终端接收到 RRC 重配置消息后，将中断其与源卫星基站间的连接，并按照 RRC 重配置消息中的信息，读取目标卫星基站的 SSB 信息、系统消息等，发起基于非竞争的随机接入过程。当终端成功接入目标卫星基站后，发送 RRC 重配置完成消息，完成空口的切换过程。

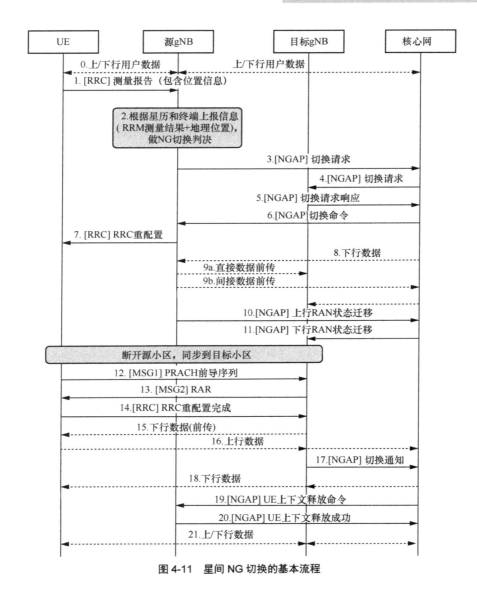

图 4-11　星间 NG 切换的基本流程

4.3.3　星地切换

星地融合移动通信技术将同时推动着地面移动通信网络和卫星通信网络的发展，面向未来，基于 5G 的地面移动通信网络和卫星通信网络将会同时存在，也会有越来越多的终端具备同时接入地面移动通信网络和卫星通信网络的能力。

地面移动通信网络和卫星通信网络各有优劣。其中，地面移动通信网络能为终端提供低时延、高可靠、高速率的语音及数据传输服务，但地面移动通信网络在广域稀疏接入时的建设和运维成本较高，且虽然覆盖的人口众多但其覆盖范围相对受限。而卫星通信网络具有覆盖范围广、抗毁性好等优点，也可以为终端提供宽带服务，因此可以作为地面移动通信网络的覆盖补充，与地面移动通信网络一起联合为用户提供更好的用户体验。

如图 4-12 所示，同时支持卫星通信网络和地面移动通信网络的手持终端，在卫星通信网络中接入时，能够获得卫星广域覆盖的支持，可以进行中等速率的数据传输业务；而在地面移动通信网络 5G 覆盖较好的区域时，可以连接 5G 网络实现高速率、低时延的数据传输。因此，如何实现终端在卫星通信网络和地面移动通信网络之间灵活地切换，以及如何保障切换成功率与业务的连续性，是至关重要的技术问题。

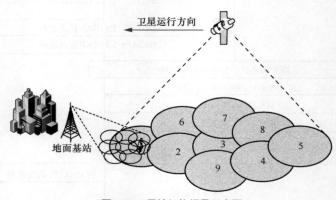

图 4-12　星地切换场景示意图

星地切换依据终端当前所处的网络不同，大致可以分为两种情况：终端从卫星通信网络到地面移动通信网络的切换/重定向、终端从地面移动通信网络到卫星通信网络的切换/重定向。

（1）终端从卫星通信网络到地面移动通信网络的切换/重定向

考虑到卫星通信小区覆盖范围远大于地面移动通信小区，即一个卫星通信小区下面可能有数百上千个地面移动通信小区，如何配置地面移动通信小区的测量是一个关键问题。考虑如下解决思路。

① 指示终端进行地面移动通信小区的盲搜和上报，根据结果选择合适的目标小区进行切换/重定向。

②　卫星通信小区提前获知协同覆盖的地面移动通信小区的信息，如小区的频点、小区 ID、小区覆盖范围或者中心点的位置，该信息可以通过网管预配置，也可以通过基站之间的信令交互获得。然后卫星通信网络侧根据已知的终端的位置信息进行准确的地面移动通信小区的邻区测量配置。

基于上述测量配置的方法，终端完成地面移动通信小区的测量和上报，卫星通信网络做切换判决以及和地面移动通信网络之间的资源协调，将终端切换到合适的地面移动通信小区。当然，也可以采用重定向的方式，卫星通信网络指示终端到地面移动通信网络的某个频点上驻留。

（2）终端从地面移动通信网络到卫星通信网络的切换/重定向

终端从地面移动通信网络到卫星通信网络的切换/重定向方法与地面移动通信系统中 inter-RAT 小区测量的启动机制类似，可以设置卫星通信网络搜索的阈值。当地面移动通信服务小区信号值低于某个阈值的时候，通过专用信令指示终端发起卫星通信网络的搜索/测量。阈值的调整取决于网络的优先级策略及当前地面移动通信网络的负载等信息。

另外，也可以考虑在地面移动通信网络的一些小区中（如处于边缘地带）通过专用信令来指示有卫星能力的终端发起卫星通信网络的搜索/测量。终端对卫星通信小区的搜索基于终端所存储的星历信息，终端可以通过当前地面移动通信网络的数据连接下载最新的星历信息。终端将对卫星通信网络的搜索/测量结果进行上报，地面移动通信网络进行切换判决和系统间的资源协调，然后完成切换过程。

总结起来，星地融合移动通信系统的星地切换方案，可以借用地面移动通信系统的移动性管理方案，主要基于 RRM 测量和终端的位置作为判决条件。但为了更好地支持连接态终端的业务连续性、保证更好的用户体验，可以对切换的判决和执行条件进一步优化，考虑基于时间、终端位置的条件切换。进一步地，在终端支持 DAPS 的情况下，可以使用基于 DAPS 的软切换过程，进一步降低切换过程中的业务中断时延。

/4.4　寻呼/

寻呼和位置管理在移动通信网络中的作用至关重要，这二者之间有密切的关系。在地面移动通信系统中，随着 1G 到 5G 的发展，小区变得越来越小。由于地面移动通信小区的覆盖范围都比较小（如 5G 覆盖半径大致为 300~500m），终端的移动速度相对小区半径来说就比较大，终端很容易从一个小区进入另一个小区，如果每次小区的变更都需要通知核心网的话，会造成位置更新的信令传输非常频繁，给网络造成压力。为了解决这个问题，引入了跟踪区和注册区的概念，跟踪区的划分仅与地理区域相关，注册区中包含一个或多个跟踪区。在注册区内移动时，不会向网络发送任何信令消息。只有跨越了注册区时，才会向网络发送信令，告知注册区发生了变化。当有另外一个终端呼叫这个终端时，就在注册区内发起寻呼消息来查找该终端。引入注册区，就是为了在位置更新和寻呼之间找到一个平衡点。注册区在不同的系统中有不同的名称，在 LTE/5G 中为跟踪区列表（Tracking Area List，TA List）。

在支持卫星基站的 5G 系统中，网络覆盖下的跟踪区仍然与地理区域关联。然而，对于 NGSO 卫星基站，如果没有工作在凝视模式，则波束覆盖可能随卫星一起移动，服务终端注册区域的卫星会动态变化。在寻呼终端时，网络需要知道终端当前的注册区域由哪些卫星提供波束覆盖。对于 gNB 控制功能仍位于地面的场景，地面的 gNB 控制功能负责确定在指定区域提供波束覆盖的卫星。对于 gNB 功能完全上星的场景，地面的 AMF 来确定指定区域由哪些卫星提供服务，从而向这些卫星基站发送寻呼请求[30]。

在 NTN 中仍沿用了注册区域（Registration Area，RA）的概念，寻呼就是在注册区域范围内进行。一般来说，注册区域的范围越大，用户终端执行注册过程的频率越低，但寻呼用户终端时所占用的空口开销也就越大；注册区域的范围越小，寻呼成本越低，但是注册过程的频率越高。因此在分配注册区域时，需要平衡考虑注册更新的开销和寻呼开销。

4.4.1 基本寻呼方案

在用户终端执行注册流程中，核心网一旦建立用户终端上下文，就会给该用户终端划定一个注册区域，其格式为至少包含一个 TA 的列表。如果用户终端发现其当前所连接或驻留的小区的 TA 不在当前的注册区域范围内，它应当执行注册更新过程，使得核心网重新分配注册区域。当核心网想要寻呼一个用户终端时，它可以指示接入网在该用户终端的整个注册区域范围内寻呼该用户终端。该机制使得用户终端有极大概率能够被网络寻呼到。以 5G NR 系统为例，注册区域配置与寻呼的具体流程如图 4-13 所示。

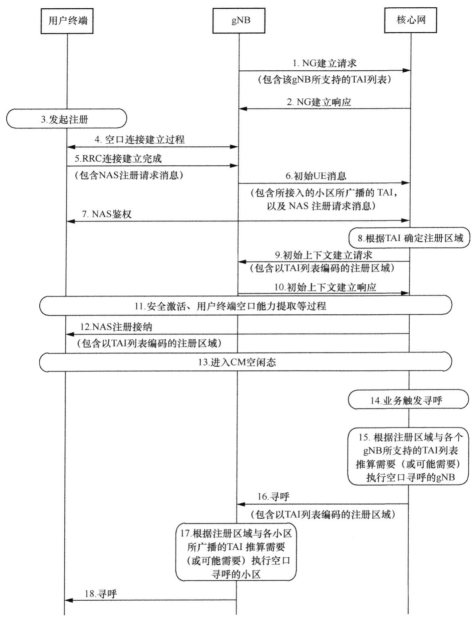

图 4-13　注册区域配置与寻呼的具体流程

在地面移动通信系统中，小区和跟踪区（TA）之间存在着固定的对应关系。但是在卫星通信系统中，小区（对应卫星的波束）在不停地移动，使得小区和 TA

的关系变得非常复杂。如何建立小区和 TA 的关系，通常有"移动 TA"和"固定
TA"两种方案。

在"移动 TA"方案中，小区所广播的 TA 基本恒定，总是跟随波束移动，这
就避免了 TA 覆盖范围跳变的问题。然而这种方案会带来新的问题，即卫星运动速
度非常快，如果 TA 总是跟随小区移动，同一地点上 TA 的覆盖将不可避免地发生
变化，网络侧出于寻呼负荷的考量，不可能将注册区域配置得太大，这使得用户终
端频繁被动地执行注册过程，一般来说，其频率会在每几分钟一次上下。

"固定 TA"方案是指基于地理区域进行 TA 的划分。如图 4-14 所示，当前 3GPP
NTN 系统采用这种方式，将跟踪区和地理区域绑定[31]，当终端从地理区域 1 进入
地理区域 2 时，会发生跟踪区更新过程。当小区随卫星移动导致跟踪区发生变化时，
系统消息会广播跟踪区代码（Tracking Area Code，TAC）。

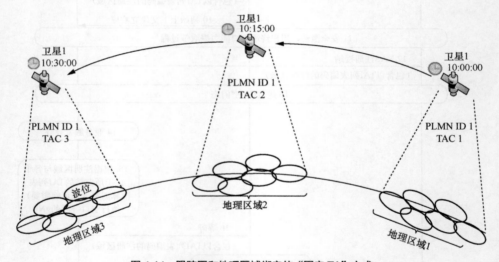

图 4-14　跟踪区和地理区域绑定的"固定 TA"方式

在 NG 接口中，gNB 需要告知核心网其当前所支持的 TA，这是为了让核心网
在寻呼用户终端时，能够正确地辨识需要指示哪些 gNB 进行寻呼。

从原则上来看，网络侧应当恰当地配置注册区域，使得该用户终端在相对地面
静止的情况下，不会由于它所驻留的小区所广播的 TA 不属于其注册区域而触发重
新注册过程。例如，当 TA 较大时，处于 TA 边界附近的用户终端应当将边界两侧
的 TA 均配置到其注册区域之中。

4.4.2　增强寻呼方案

基本寻呼方案中采用了 TA，这种位置精度对于卫星通信系统而言过于粗略。考虑到在卫星通信系统中，终端基本具备定位能力，可以要求终端提供经纬度这种精度的位置信息，故可以采用"注册过程+基于经纬度位置信息"的组合技术方案。

在增强寻呼方案中，终端位置信息需要提前通知网络，网络基于用户的位置判断需要寻呼的区域，从而直接对用户进行呼叫。

如图 4-15 所示，在增强寻呼方案下，网络知道终端的 TAI（跟踪区标识）列表级别的位置区域（图 4-15 中 TAI1~TAI7），同时也知道终端的经纬度位置信息（图 4-15 中终端所处的小圈）。实际寻呼时，需要提前完成对 TAI 列表和位置的映射。终端可以在初始注册时或者连接网络后上报位置信息给网络，从而支持精准寻呼。

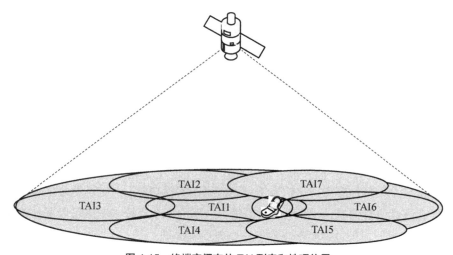

图 4-15　终端空闲态的 TAI 列表和地理位置

在增强寻呼方案中，卫星通信系统的基站先根据地理位置、星历信息来确定当前所处的小区，之后进行首次寻呼。由于空闲态下终端在整个 TAI 列表内移动时不需要执行注册过程，存在首次寻呼不成功的情况，因为终端可能移动到其他位置，这时需要再根据 TAI 列表进行后续的寻呼，如图 4-16 所示。

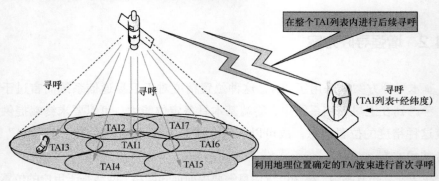

图 4-16　卫星通信系统的增强寻呼方案原理

4.4.3　位置信息管理

在卫星通信系统中，由于卫星在不停地移动，覆盖终端位置的卫星不断地变更。终端或基站为核心网提供的地理位置信息或者 TAI 信息，都是和地面固定区域绑定的，在寻呼触发的时刻，覆盖终端位置的卫星可能已经发生了变化，不能仍在原来的卫星进行寻呼。

对于终端来说，可以向网络报告 TAI 信息或者位置信息，并在一定的准则下更新信息，在传统地面移动中，TAI 信息就可以支持准确的寻呼；然而在卫星通信中，特别是低轨卫星，由于卫星的移动，需要提供更准确的位置信息才能支持有效的寻呼。

在寻呼过程中，核心网应能基于用户的位置信息进行有效寻呼消息传递。核心网根据星历信息，结合终端位置信息，计算当前时刻哪个卫星/基站覆盖终端先前提供的位置，以保证寻呼消息正常发送到卫星/基站。

同时，卫星基站应支持从位置信息到波束的转换功能。卫星基站应根据星历信息，结合终端位置信息，计算当前时刻服务卫星的哪个或哪些波束可以覆盖终端先前提供的位置，以保证寻呼消息能够正常发送到终端。

／4.5　漫游／

终端在不同的运营商网络中，需要采用漫游的方式实现连续通信。与地面移动通信类似，卫星通信支持本地突发（Local Break Out，LBO）模式的漫游和基于属路由（Home Routed，HR）模式的漫游，其中基于 LBO 模式的漫游参考架构如图 4-17 所示，用户面业务流通过漫游地 PLMN（Visit PLMN，VPLMN）的用户平面功能（User Plane Function，UPF）接入数据网络（Data Network，DN），不需要归属地 PLMN（Home PLMN，HPLMN）协助处理；基于 Home Routed 模式的漫游参考架构如图 4-18 所示，用户面业务流回到归属地 UPF 接入 DN。关于图 4-17 和图 4-18 涉及的网元和接口，具体描述分别如表 4-1 和表 4-2 所示。

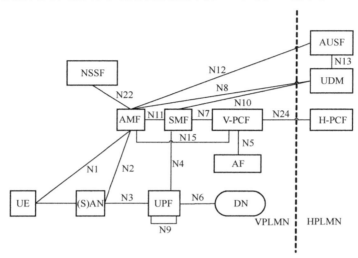

图 4-17　基于 LBO 模式的漫游参考架构

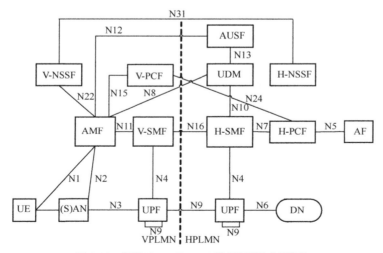

图 4-18　基于 Home Routed 模式的漫游参考架构

表 4-1　网元描述

网元（缩略语）	网元（中文全称）	功能描述
UE	用户设备	卫星终端
NSSF	网络切片选择功能	网络切片选择功能
AUSF	认证服务器功能	认证服务器功能
UDM	统一数据管理	核心网的统一数据管理功能
AMF	接入和移动性管理功能	负责终端接入和移动性管理功能
SMF	会话管理功能	负责会话管理功能
PCF	策略控制功能	负责策略控制功能
UPF	用户平面功能	用户平面功能
DN	数据网络	5GC 外部数据网络

表 4-2　接口描述

接口	网络功能关系	协议	功能描述
N4	AMF 与 UPF 的接口	PFCP、GTP-U	控制面与用户面之间的控制信令、数据和消息传输
N5	PCF 和 AF 的接口	HTTP/2	交互应用特征、网络开放信息
N6	UPF 和 DN 的接口	IP、PPP	数据路由与转发
N7	SMF 和 PCF 的接口	HTTP/2	SM 策略下发和 SM 事件上报
N8	AMF 和 UDM 的接口	HTTP/2	签约数据传输
N9	UPF 和 UPF 的接口	GTP-U	终端用户面数据传输
N10	SMF 和 UDM 的接口	HTTP/2	SM 签约数据传输
N11	AMF 和 SMF 的接口	HTTP/2	PDU 会话的控制面信令交互
N12	AMF 和 AUSF 的接口	HTTP/2	认证鉴权数据传输
N13	AUSF 和 UDM 的接口	HTTP/2	认证鉴权信令交互
N15	AMF 和 V-PCF 的接口	HTTP/2	AM 策略下发
N16	V-SMF 和 H-SMF	HTTP/2	与会话控制相关信息交互
N22	AMF 和 NSSF 的接口	HTTP/2	切片选择信息交互
N24	V-PCF 和 H-PCF 接口	HTTP/2	与策略控制相关信息交互

思考题

1．切换方法大致有哪些？

2．CHO 的触发条件有哪些？

3．注册过程和寻呼过程有何关系？

参考文献

[1] 陈山枝, 时岩, 胡博. 移动性管理理论与技术[M]. 北京: 电子工业出版社, 2007.

[2] 陈山枝, 王胡成, 时岩. 5G 移动性管理技术[M]. 北京: 人民邮电出版社, 2019.

[3] DEL RE E, FANTACCI R, GIAMBENE G. Characterization of user mobility in low earth orbit mobile satellite systems[J]. Wireless Networks, 2000, 6(3): 165-179.

[4] 徐晖, 缪德山, 康绍莉, 等. 面向天地融合的卫星网络架构和传输关键技术[J]. 天地一体化信息网络, 2020, 1(2): 2-10.

[5] HOU L M, KANG S L, SUN S H, et al. A load balancing routing method based on real time traffic in LEO satellite constellation space networks[C]//Proceedings of the 2022 IEEE 95th Vehicular Technology Conference: (VTC2022-Spring). Piscataway: IEEE Press, 2022: 1-5.

[6] 姚晖, 朱立东, 吴诗其. 具有星际链路的低轨卫星通信系统的路由策略研究[J]. 中国空间科学技术, 2005, 25(4): 47-53.

[7] CHEN S Z, SUN S H, KANG S L. System integration of terrestrial mobile communication and satellite communication—the trends, challenges and key technologies in B5G and 6G[J]. China Communications, 2020, 17(12): 156-171.

[8] 孙韶辉, 戴翠琴, 徐晖, 等. 面向 6G 的星地融合一体化组网研究[J]. 重庆邮电大学学报 (自然科学版), 2021, 33(6): 891-901.

[9] 康绍莉, 缪德山, 索士强, 等. 面向 6G 的空天地一体化系统设计和关键技术[J]. 信息通信技术与政策, 2022(9): 18-26.

[10] 侯利明, 韩波, 缪德山, 等. 基于 5G 及演进的星地融合空口传输技术[J]. 信息通信技术与政策, 2021, 47(9): 21-29.

[11] MIAO D S, HAN B, KANG S L, et al. Key technologies and potential challenges of mobile phone directly connecting to the satellite network[C]//Proceedings of the Ninth Symposium on Novel Photoelectronic Detection Technology and Applications. [S.l.:s.n.], 2023.

[12] CHATTERJEE S, SAHA J, BANERJEE S, et al. Neighbour location based channel reservation scheme for LEO satellite communication[C]//Proceedings of the 2012 International Conference on Communications, Devices and Intelligent Systems (CODIS). Piscataway: IEEE Press, 2012: 73-76.

[13] 3GPP. NR; NR and NG-RAN overall description; stage 2: 3GPP. TS 38.821[S]. 2019.

[14] 王胡成, 徐晖, 孙韶辉. 融合卫星通信的 5G 网络技术研究[J]. 无线电通信技术, 2021,

47(5): 535-542.

[15] BOUKHATEM L, GAITI D, PUJOLLE G. Resource reservation schemes for handover issue in LEO satellite systems[C]//Proceedings of the 5th International Symposium on Wireless Personal Multimedia Communications. Piscataway: IEEE Press, 2002: 1217-1221.

[16] BOEDHIHARTONO P, MARAL G. Evaluation of the guaranteed handover algorithm in satellite constellations requiring mutual visibility[J]. International Journal of Satellite Communications and Networking, 2003, 21(2): 163-182.

[17] PAPAPETROU E, PAVLIDOU F N. QoS handover management in LEO/MEO satellite systems[J]. Wireless Personal Communications, 2003, 24(2): 189-204.

[18] PAPAPETROU E, PAVLIDOU F N. Analytic study of Doppler-based handover management in LEO satellite systems[J]. IEEE Transactions on Aerospace and Electronic Systems, 2005, 41(3): 830-839.

[19] KARAPANTAZIS S, PAVLIDOU F N. Design issues and QoS handover management for broadband LEO satellite systems[J]. IEE Proceedings - Communications, 2005, 152(6): 1006.

[20] KARAPANTAZIS S, PAVLIDOU F N. Dynamic time-based handover management in LEO satellite systems[J]. Electronics Letters, 2007, 43(5): 298.

[21] BOUKHATEM L, GAITI D, PUJOLLE G. A channel reservation algorithm for handover issues in LEO satellite systems based on a satellite-fixed cell coverage[C]//Proceedings of the IEEE VTS 53rd Vehicular Technology Conference. Piscataway: IEEE Press, 2001: 2975-2979.

[22] 凌翔, 胡剑浩, 吴诗其. 低轨卫星移动通信系统接入方案[J]. 电子学报, 2000, 28(7): 55-58.

[23] 李庆, 朱立东, 吴诗其. 低轨卫星通信系统中快速终端的切换技术[J]. 通信学报, 2006, 27(5): 120-125.

[24] 王京林, 曹志刚. LEO 卫星网络中无缝切换管理技术研究[J]. 宇航学报, 2011, 32(3): 660-664.

[25] 3GPP. NR; user equipment (UE) procedures in idle mode and RRC inactive state: 3GPP TS 38.304[S]. 2018.

[26] 3GPP. NTN mobility: 3GPP TDoc R3-186368[S]. 2020.

[27] 3GPP. Considerations on NTN SRI mobility: 3GPP TDoc R3-190483[S]. 2020.

[28] 3GPP. Discussion on SRI change: 3GPP TDoc R3-191235[S]. 2020.

[29] SUN S H, HOU L M, MIAO D S. Beam switching solutions for beam-hopping based LEO system[C]//Proceedings of the 2021 IEEE 94th Vehicular Technology Conference. Piscataway: IEEE Press, 2021: 1-5.

[30] 徐晖, 孙韶辉. 面向 6G 的天地一体化信息网络架构研究[J]. 天地一体化信息网络, 2021, 2(4): 2-9.

[31] 缪德山, 柴丽, 孙建成, 等. 5G NTN 关键技术研究与演进展望[J]. 电信科学, 2022, 38(3): 10-21.

第 5 章

星地融合移动通信
网络架构及安全机制

本章首先分析了星地融合移动通信网络架构及安全的需求与挑战，进而
探讨了星地融合移动通信网络架构、异构多维资源的高效管理与控
制、网络安全机制等关键技术。

/ 5.1 需求和挑战 /

近年来，随着地面移动通信 5G 技术的普及和卫星技术的不断革新，卫星通信产业得到了迅速发展。卫星通信以其覆盖范围广、组网效率高的特点，成为地面移动通信系统的有效补充。

6G 将实现卫星通信和地面移动通信的深度融合，以满足日益增长的业务需求。由于卫星通信网络与地面移动通信网络在覆盖范围和移动接入方面具有很强的互补性，6G 将通过高轨卫星通信网络、中低轨卫星通信网络、临空通信网络和地面移动通信网络共同构建一个立体覆盖的移动通信网络，实现全球无缝覆盖，为用户提供全球无盲区的宽带移动通信服务[1]。在任何地点、任何时间，用户都能接入网络，获取信息服务。

传统的卫星通信系统与地面移动通信系统各自独立发展，孤立组网，网络功能单一，系统间互通性差，难以满足信息融合和综合利用的需求，无法实现 6G 星地融合移动通信网络的发展目标。因此，6G 网络需要深入研究卫星通信网络与地面移动通信网络深度融合组网理论和技术方案，形成统一高效的智能网络，提升 6G 网络传输效率与性能、降低建网与维护成本、提高网络部署的灵活性与业务传输质量、拓展业务应用范围。

相对于原有的卫星通信系统或地面移动通信系统，星地融合移动通信系统的网络结构（由平面组网发展到立体大时空跨度组网）和节点能力（传输、移动、路由、覆盖能力等）都发生了变化。为了更好地支持网络部署的灵活性和高效性，提升业务传输质量和传输效率，星地融合移动通信立体覆盖网络面临着异构组网、业务连续性保障、网络容量和传输性能提升等方面的挑战[1]。

（1）异构组网挑战

星地融合移动通信异构组网示意图如图 5-1 所示，该网络是一个多重形态异构网络，主要包括高轨卫星和中低轨卫星组成的卫星通信网络，为应对临时需求由升空气球、飞艇和无人机组成的临近空间网络，以及地面通信网络[2]。网络节点立体多层次分布，网络拓扑动态变化，各节点功能及组网特性不均。各网络的通信协议差别明显，信息传输时的协议转换开销高。网络管理与控制功能分散，网络管理效率低、复杂度高。这些特点使得立体组网面临着网络组成结构差异大、网络资源难以统一整合、无法形成高效服务保障等问题。如何对该异构网络进行高效组织，构建包含统一无线协议和组网协议，网络功能模块化、智能化、以用户为中心的服务化网络架构，满足不同部署场景和多样化的业务需求，成为星地融合移动通信网络面临的重要挑战与研究重点。

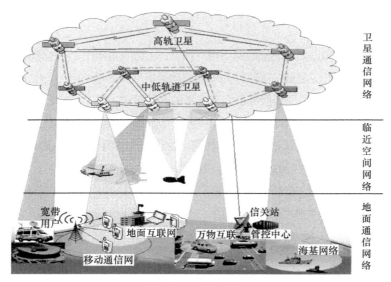

图 5-1　星地融合移动通信异构组网示意图

（2）业务连续性保障挑战

星地融合移动通信立体组网面临着卫星网络节点高速移动导致的网络拓扑动态性高、不同层网络传输时延差异大、网络通信链路性能变化大等难点问题，使得立体网络的移动通信服务面临难以寻呼和更多切换失败，进而导致服务阻塞。同时，面对多类型、大容量、分布不均衡的业务，无法实现低复杂度、高效、可靠和安全的路由和转发，网络路由建立和维护面临巨大的复杂性。为了应对未来泛在的移动业务需求，保障业务连续性和服务质量，形成无缝覆盖的可靠连接，需要突破异构立体网络之间移动性管理的封闭性，保障星地协作高效业务的连续性。

（3）网络容量和传输性能提升挑战

相比原有的通信网络，星地融合移动通信网络将扩大网络的覆盖范围，提高网络的传输距离和业务体验等。针对未来大规模用户通信，需要研究更高效率和更大容量的融合立体网络传输的新理论与新方法。如何在传输机理和方法上形成融合协作传输方案，满足网络高速率、大容量、高可靠的性能指标是星地融合移动通信网络面临的重要挑战。

卫星通信系统和地面移动通信系统经过几十年的独立发展，已经形成各自的系统与网络架构。从网络架构和通信标准发展的角度来看，星地融合移动通信网络的发展可以分为以下 3 个阶段[3-5]。

（1）相对独立阶段

卫星通信网络和地面移动通信网络相互独立，卫星通信网络仅为地面移动通信网络提供传输服务，例如卫星通信网络作为地面移动通信网络的基站回传与中继传输网络。目前，卫星通信网络提供回传服务已经有成熟的商业模式，但支持的场景相对单一，且通过卫星通信网络实现回传存在时延高的问题，无法保证地面移动通信网络的服务质量，如由于端到端传输时延无法保证，出现网络服务能力不匹配业务需求的现象。

（2）初步融合阶段（5G 体制兼容阶段[4-5]）

卫星通信网络和地面移动通信网络的初步融合需实现卫星通信系统与地面移动通信系统采用统一的无线空口制式和统一的接口协议[6]，即卫星通信接入网络支持地面移动通信无线接入技术和地面移动通信基站接口协议，从而保证卫星通信网络和地面移动通信网络一致的服务能力，提高移动通信网络的覆盖能力和服务水平。

在卫星通信网络和地面移动通信网络初步融合阶段，卫星主要用于提供无线接入服务，并不支持星间、星地的组网。此阶段将采用基于 5G 体制的卫星通信技术。

（3）深度融合阶段（6G 系统融合阶段[4-5]）

在深度融合阶段，6G 设计之初就考虑了星地融合移动通信的需求，卫星通信网络和地面移动通信网络的深度融合不仅要求卫星支持移动通信空口制式的无线接入，还要求卫星支持完整的移动通信基站功能，甚至部分定制化移动通信核心网功能来实现星间、星地的灵活组网[7]。在深度融合的星地融合移动通信网络中，终端可以在卫星通信接入和地面移动通信接入间灵活切换，终端的业务数据可以由卫星通信网络和地面移动通信网络按需承载。此时星地融合移动通信网络的优势将得到全面体现，例如利用卫星通信基站可提供无处不在的连续语音服务、高效的广播/多播服务、低成本的全时追踪监控服务等，实现用户体验和系统效率的双提升。

/5.2　星地融合移动通信网络架构 /

5.2.1　概述

卫星通信网络在覆盖范围和移动接入等方面与地面移动通信网络具有极强的互补性，还具有不受自然灾害影响和很强的抗毁能力等优势。随着互联网、地面移动通信系统和卫星通信系统的业务逐渐融合，"星地融合"成为 6G 网络的重要特征[1,4-5]。6G 时代不仅体现在地面移动通信网络性能的提升，还体现在把地面移动通信系统与高中低轨卫星通信系统和谐地融合在一起，形成统一的标准，同时支持卫星通信和地面移动通信、统一的终端身份认证机制、统一的网络架构和控制管理机制，实现全球立体覆盖。

6G 中多场景多业务需求是卫星通信网络架构与地面移动通信网络架构相互融合的驱动力。一方面，卫星通信的广域物联通信、广域宽带通信和广域可靠通信的优势可以弥补自然环境对地面移动通信网络的限制；另一方面，地面移动通信网络需要卫星通信解决广覆盖问题，而卫星通信网络需要地面移动通信网络的广阔市场、广大用户和深厚的技术储备。系统需求和市场需求共同驱动卫星通信与地面移动通信形成融合共生、优势互补的星地融合移动通信网络。

星地融合移动通信网络涉及多种异构网络，这些网络在信道环境、覆盖范围、传输特性等方面存在显著差异，给异构网络的管理带来了挑战。为了实现高效的网络管理和资源调度，需要突破异构网络资源的统一管理和调度技术，使得不同网络之间能够无缝连接和协同工作。在星地融合移动通信网络中，卫星通信网络的广泛覆盖和庞大的用户基数对服务质量的可靠性和高效性提出了更高的要求，因此星地融合移动通信网络可以借助智能化的流量管理和调度技术，根据用户的实时需求和网络的实际状况动态地调整资源分配策略。此外，还可以通过建立用户反馈机制来及时了解服务质量情况，并采取相应的优化措施。

　　综上所述，星地融合移动通信网络具有如下特点：① 网络组成结构差异大，网络资源难以整合，无法形成高效的服务保障；② 通信协议差别明显，信息传输时的协议转换开销高；③ 网络管理与控制功能分散，网络管理效率低、复杂度高；④ 用户和业务分布不均匀，网络拓扑和架构动态变化。为了满足不同部署场景和多样化的业务需求，在构建星地融合移动通信网络过程中，在如下几个方面将面临挑战：异构网络高效组织，统一空中接口协议和组网协议的构建，基于功能模块化的以用户为中心的智能化、服务化网络架构等。

5.2.2　网络架构

　　现有的星地融合移动通信网络架构研究大多侧重于卫星通信网络和地面移动通信网络之间的互联互通，没有涉及深度融合和立体化组网后的问题。因此星地融合移动通信网络需要从网络部署方式出发，如高中低轨卫星接入并存、星间协作和星地协作并存、地面移动通信接入和卫星通信接入覆盖重叠等场景，借鉴 SDN/NFV 等先进的网络技术，基于业务特征和用户需求实现灵活组网，按需提供网络服务，构建以用户和业务为中心的立体融合覆盖网络。

　　星地融合移动通信网络将以业务/用户为中心适配多种通信场景[5]，这就需要星地融合移动通信网络架构能够根据不同的场景和业务需求灵活组网、重构网络功能以具备适变能力。

　　针对卫星通信网络与地面移动通信网络的异构性和网络各方面能力的差异，星地融合移动通信网络可以利用 SDN 架构模型，构建相应的控制平面、数据转发平面和管理平面，实现星地协同的分布式融合网络架构，实现对多种异构资源的集中管控、弹性部署，为均衡负载、网络路由和定制化服务提供灵活性功能。

　　星地融合移动通信网络架构如图 5-2 所示，由数据转发平面、控制平面和管理平面组成。数据转发平面负责数据转发，由高轨卫星网络、低轨卫星网络和地面蜂窝网络构成。控制平面包括网络路由控制和网络功能控制两部分，其中网络功能控制主要实现用户的接入控制、移动性管理和会话管理等网络功能，通过在虚拟化平台上，采用云原生、服务化等方式实现网络功能的弹性部署。管理平面根据业务需求和网络资源情况动态规划网络路由，动态重构网络功能，并引入人工智能技术，实现智能化管控和管辖区域内的自治。

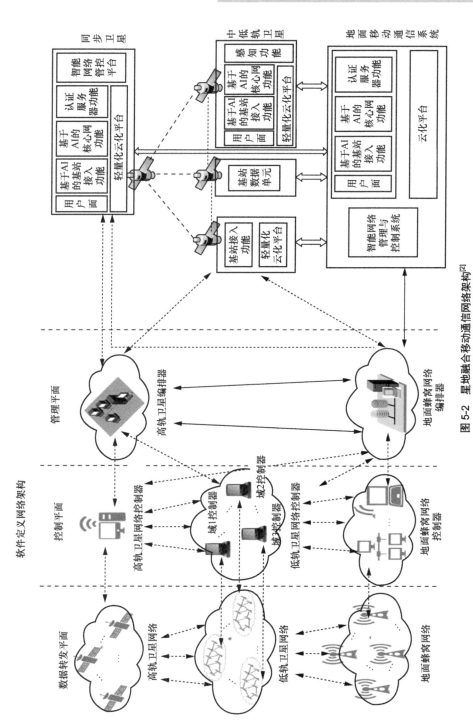

图 5-2　星地融合移动通信网络架构[2]

星地融合移动通信网络是一个极为复杂且多层次的大时空尺度异构网络,它由高中低轨卫星通信系统和地面移动通信系统等多个部分共同构建而成。在星地融合移动通信网络中,不同的通信系统有自己独特的资源能力和处理能力,例如高轨卫星由于距离地球较远,具有广阔的覆盖范围,但传输时延较大;而低轨卫星则距离地球较近,传输时延较小,但覆盖范围相对有限;地面移动通信系统则因其基础设施完善,能够提供更为稳定和高速的数据传输服务。地面移动通信系统由于资源和处理能力不受限,可以部署具备全部网络功能的移动通信系统,作为整个星地融合移动通信网络的核心。

星地融合移动通信系统包括地面通信系统和卫星通信系统。其中地面通信系统由地面移动通信网络和智能网络管理与控制系统构成,能够构建网络全局视图,包括网络拓扑和资源视图,统一管理地面移动通信系统和卫星通信系统。同时,星地融合移动通信系统的地面通信系统作为资源管理的集中点,负责收集各层各域的资源及状态,以及业务特性和网络状态。地面通信系统具有丰富的算力和数据资源,可以为其他层和域提供 AI 模型训练所需的算力和数据资源,同时也可以通过收集各层各域的优化结果进行网络全局优化,然后将优化结果下发至各层各域智能网络管理与控制系统,进行下一轮的学习迭代,从而实现各层各域的自感知、自适应。

地面移动通信系统核心网支持的网络功能主要包括如下几种。

(1)接入和移动性管理功能(Access and Mobility Management Function,AMF)

AMF 主要负责用户设备(User Equipment,UE)的认证、注册、移动性管理和连接管理等功能。AMF 负责非接入层(Non-Access-Stratum,NAS)加密和完整性保护。AMF 管理 UE 的注册过程和移动性管理过程,实现 UE 在不同基站或网络之间的切换。

(2)会话管理功能(Session Management Function,SMF)

SMF 主要负责建立、修改和释放 UE 与数据网络之间的连接会话,管理用户面的数据流量,处理用户数据的传输、转发和策略控制。SMF 与用户平面功能(User Plane Function,UPF)进行交互,以确保用户数据按照相应的策略进行传输和处理。

(3)策略控制功能(Policy Control Function,PCF)

PCF 主要负责策略控制和决策。PCF 使用统一的策略框架来管理网络行为,并为其他网络功能提供策略规则。PCF 与 SMF 交互,为协议数据单元(PDU)会话提供相关的策略、事件报告、数据流的 QoS 授权和计费控制。PCF 还与 AMF 交互，进行接入和移动性策略控制。

（4）网络开放功能（Network Exposure Function，NEF）

NEF 通过标准接口将网络能力开放给第三方应用，实现网络能力与业务需求的对接，改善业务体验，并优化网络资源配置。

（5）网络存储功能（Network Repository Function，NRF）

NRF 主要负责网络功能服务注册登记、状态监测等任务。NRF 支持网络功能服务的自动注册、更新和去注册，还支持网络功能服务的自动发现和选择。NRF 通过自动化管理和选择网络功能服务，实现了网络功能服务的高效、灵活和可扩展。

（6）统一数据管理（Unified Data Management，UDM）

UDM 负责用户标识、签约数据和认证数据的管理。UDM 通过统一的管理和认证机制，确保了用户数据的安全性和一致性。

（7）统一数据存储（Unified Data Repository，UDR）

UDR 支持存储和检索用户数据、策略数据及用于能力开放的结构化数据等。不同的网络功能可以通过统一的数据存储和管理接口方便地访问和操作数据。

（8）认证服务器功能（Authentication Server Function，AUSF）

AUSF 负责用户认证、安全授权和用户安全上下文的管理。在用户接入网络时，AUSF 会验证用户的身份，确保只有合法的用户能够访问网络资源。同时，AUSF 还负责生成和管理用户的加密密钥，以保证用户数据的机密性和完整性。

（9）用户平面功能（User Plane Function，UPF）

UPF 是连接数据网络的用户面节点，提供了用户平面的业务处理功能，负责用户面数据包的分组路由和转发、数据包检查、用户面策略规则实施等。UPF 可以部署在不同的位置，以满足不同的业务需求和网络场景。

星地融合移动通信系统的卫星通信系统由高中低轨卫星通信网络和智能网络管理与控制系统构成。在中低轨卫星通信网络中，可以按需部署接入网功能，也可以基于业务需求和卫星资源情况部署经过裁剪和定制的核心网功能，这样既可以构成独立的网络，也可以作为接入网连接其他层/同层/地面核心网。当卫星上部署接入网和核心网功能时，既可以降低通信时延，也可以实现业务再生处理，又可降低对星间接口协议的影响，使得星间链路可以采用统一的接口提供星间路由的灵活性功能。

高轨卫星通信网络具有覆盖范围广、与地面站指向关系固定、计算处理能力相对强等特性，可以作为星地融合移动通信网络的骨干节点，与其管辖区内的中低轨卫星一起构成星地融合移动通信系统的卫星通信系统的单个自治域。高轨卫星上的网络编排系统可以基于业务需求，按需地在中低轨卫星节点上部署网络功能以满足业务需求和提供差异化服务。高轨卫星也可以支持域内管理和控制功能，还可以将管辖区域内的资源信息、网络状态信息和网络拓扑信息等发送到地面移动通信系统的智能网络管理与控制系统，利用地面丰富的算力和数据资源进行离线训练。另外，可以基于收集的其管辖区域内的卫星节点或者链路的异常情况，结合业务特性、网络拓扑和网络负载等动态调整网络。在紧急情况下，高轨卫星可以根据地面移动通信系统的智能网络管理与控制系统的指令，以及域内卫星通信网络节点的可用性、安全性、负载等进行网络重构。

5.2.3　网络功能柔性分割技术

6G 星地融合移动通信网络将以业务/用户为中心服务多种通信场景。星地融合移动通信网络功能的柔性分割将面临以下挑战。

（1）不同类别业务对网络服务质量和安全性的要求不同，如何通过物理隔离或者网络资源虚拟化等技术构建各类专用的物理网络、逻辑网络或者部署定制化的网络功能以满足不同业务需求。

（2）星地融合移动通信网络需支持多种接入技术，网络异构性高，目前无统一的互操作标准；此外，星地融合移动通信网络时空跨度大、结构复杂，需要通过提高网络的可配置和重构能力来屏蔽差异化并形成融合的互通标准。

星地融合移动通信网络可通过星上虚拟化技术、核心网网络功能适配技术和天基核心网网络功能部署技术等实现网络功能柔性分割。

1. 星上虚拟化技术

当前虚拟机（Virtual Machine，VM）技术在通信行业广泛应用，有效推动了通信产业的数字化转型。该技术需要实现硬件资源的虚拟化，在虚拟机中需要运行一套操作系统，包括内核、应用运行环境和其他系统环境，虚拟机的运行往往需要占用较多的资源和消耗较长的时间。

卫星通信网络接入的多样化应用将在卫星通信网络中传输海量的数据，需要强大的计算、存储、传输等处理能力支撑，而这些能力又受限于卫星通信系统资源，必须以尽可能低的负荷和功耗来实现。其次，卫星通信网络除了适应太空恶劣环境的基本要求外，由于载荷中的设备难以维修、难以实施软硬件更替，因此必须具备较强的容错能力，即在部分设备发生异常、故障或损毁的情况下，仍能提供正常的信息处理服务。因此，地面移动通信网络中广泛应用的虚拟机技术不适用于卫星通信网络[5,8]。

　　容器是一种操作系统级别的虚拟化技术，通过操作系统隔离技术将不同的进程隔离开来。与虚拟机相比，容器不需要实现硬件资源的虚拟化，直接使用宿主机的物理资源，因此，容器在中央处理器（Central Processing Unit，CPU）、内存的资源利用上更高效。此外，多个容器可以共享物理机操作系统的内核进程和内核资源，避免了虚拟机启动时所需要的系统引导时间和操作系统运行的资源开销。因此，容器更轻更快，更便于管理。同时，容器作为一种应用打包技术，定义了标准化的应用发布格式，具有"一次打包，随处可用"的优势，极大方便了应用的开发、发布、部署和移植。容器可以通过分层镜像和集中式镜像仓库等技术，促进网元的微服务化改造，可以加快软件开发部署。

　　基于上述特性，星地融合移动通信网络中卫星通信网络的虚拟化技术将以容器为基础，通过云原生技术构建和运行可弹性扩展的网络功能，采用容器化封装形成虚拟化组件重用，简化虚拟化平台的维护。在容器中运行相应的网元功能，并作为独立部署的单元实现高水平的应用隔离。通过集中式的编排调度系统来动态管理和调度虚拟化资源。星地融合移动通信网络云化基础平台架构如图 5-3 所示。

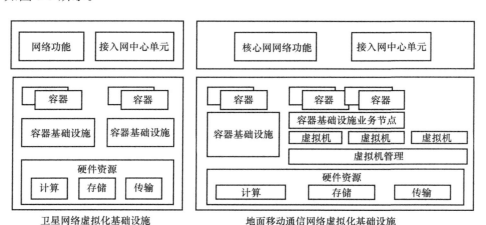

图 5-3　星地融合移动通信网络云化基础平台架构

基于云原生的虚拟网络功能（Virtual Network Function，VNF）采用可扩展的架构，支持分布式状态和异步消息处理；利用高效的轻量级容器，在需要时提供按需容量和故障切换；与自动化的智能网络编排系统协同工作，以提高整体服务的敏捷性。

在卫星通信网络中，基于云原生的虚拟网络功能是采用微服务方式构建的，并部署在容器环境中，这种方式可以实现网络功能快速启动与升级发布。容器云平台支持容器粒度的隔离，且容器被均衡调度到底层宿主机上，保证了网络功能的每个微服务的安全和稳定。此外，还可以根据需要添加微服务来处理增加的容量或备份需求，实现网络的灵活部署和高可靠性。

容器的管理编排系统能够调度和部署容器、在容器之间分配资源、扩/缩容器应用规模、在主机不可用或资源不足时将容器从一台主机迁移到其他主机、均衡负载以及监视容器和主机的运行状况等。以 Kubernetes、Mesos 和 Docker Swarm 等为代表的这类工具通常需要用户在配置清单中描述应用程序的配置，以指示编排系统在何处检索容器镜像、如何在容器之间建立网络、在何处存储日志，以及如何挂载存储卷等。确定调度目标后，编排工具将根据预定规范管理容器的生命周期，但是搭建一套容器管理平台非常复杂，需要投入大量的基础设施资源。

卫星载荷的计算资源有限，并且卫星的高速运动导致星间链路具有高动态性，可以预见卫星通信网络中将运行大量的只包含一个、两个或三个节点的容器集群。因此，容器编排系统需要最大限度地简化用户的安装和操作过程，最大限度地减少容器管理平台本身运行所占用的资源。轻量化容器编排系统是一种用于自动化容器编排的工具，旨在简化容器的部署和管理过程。以 K3s 为例，K3s 是由 Rancher Labs 推出的轻量级、通过云原生计算基金会（Cloud Native Computing Foundation，CNCF）一致性认证的 Kubernetes 发行版，专为无人值守、资源受限、偏远地区或物联网设备内部的载荷而设计，可以实现秒级启动。K3s 十分稳定和易用，可供生产使用，也十分轻巧。在任何设备上安装 Kubernetes 所需的一切资源都包含在一个小于 60MB 的二进制文件中，从而减少了安装、运行和自动更新容器集群所需的依赖性和步骤，能够在任何 512MB 随机存储器（Random Access Memory，RAM）以上的设备上运行集群，可以在基于 ARM 的硬件上运行。

在卫星通信系统中可以根据容器集群的规模和卫星的处理能力选择容器管理编排系统。对于处理能力强的卫星节点，如高轨或部分低轨卫星或者星间链路较为稳定的同轨卫星组成的大规模集群，可以部署成熟的容器管理编排系统（如 Kubernetes 等）实现高可用；而对于部分处理能力弱的卫星节点，或者将云原生技术应用于边缘计算等小型集群场景时，可以选择部署轻量级且基本功能完备的容器管理编排系统（如 K3s 等）。卫星通信系统中的轻量级技术平台方案如图 5-4 所示。

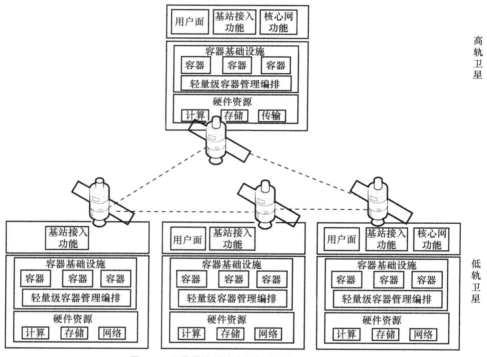

图 5-4　卫星通信系统中的轻量级技术平台方案

卫星通信系统中的轻量级技术平台包括应用虚拟化层、资源虚拟化层和基础设施层。

应用虚拟化层包含使用微服务方式构建并部署在容器中的虚拟网络功能，由星地融合移动通信网络架构中的智能网络管理与控制系统在卫星通信网络和地面移动通信网络之间、不同卫星通信网络子网间以及同层网络不同卫星节点间实现网元功能的柔性分割。对于处理能力强的卫星节点，如高轨或部分低轨卫星，可以部署控制网元功能；而对于部分处理能力弱的卫星节点，只部署数据转发平面功能进行数据处理和发送。

资源虚拟化层为上层应用提供云原生基础设施，包括虚拟的计算和网络转发功能，由容器和容器管理编排实现。容器实现操作系统级别的虚拟化，采用操作系统隔离技术实现系统环境的隔离和资源的隔离与限制，从而实现上层应用的安全隔离。容器管理编排负责完成容器的编排、调度、监控和弹性伸缩，提升资源利用率，并且提供容器间的通信访问机制。

基础设施层指卫星通信网络中的硬件资源，包括在卫星载荷上部署的计算、存储和传输资源。

2. 核心网网络功能适配技术

由于卫星通信系统与地面移动通信系统有不同的通信体制与差异化的通信链路，地面移动通信核心网的参数配置及网元功能不能直接用于卫星通信网络，因此，需要对地面移动通信核心网的网络功能进行适配，对现有的网络功能进行裁剪或者定制，即在不改变现有核心网架构的条件下，评估接入注册、位置更新等过程及网络功能裁剪方案对系统技术指标（如业务时延、阻塞率及定时机制）的影响，对核心网的网络功能进行定制化设计，使其能够适配卫星通信网络，卫星通信网络的网络功能轻量化设计示例如表 5-1 所示。

表 5-1 卫星通信网络的网络功能轻量化设计示例

网元功能	地面接入节点	高轨卫星	低轨卫星
AMF	√	√	√
SMF	√	√	√
UPF	√	√	√
MEC	√	√	√
UDM	√	√	
AUSF	√	√	
UDR	√		
PCF	√		
NEF	√		
NRF	√		

卫星上的网络功能包括定制化的网络功能和定制化的网络管控功能。具体来讲，卫星上的网络功能主要包括定制化大的基站接入功能、移动管理功能、会话管

理功能、认证服务器功能和用户平面功能，卫星通信网络的网络功能部署技术提供按需和差异化服务。在卫星通信网络中，借鉴核心网下沉的思想在星上部署用户平面功能，实现业务数据不落地处理，同时也可将定制化的核心网网络功能上星，建立卫星通信网络核心网，实现信令消息再生处理，避免信令消息在卫星与信关站之间频繁交互。

星地融合移动通信网络的地面通信系统具有强大的计算能力，可提供数据存储和信息交换功能，其由地面移动通信网络和智能网络管理与控制系统构成，是星地融合移动通信网络的核心。星地融合移动通信系统通过构建网络全局视图，统一管理地面移动通信系统和卫星通信系统。相对高中低轨卫星通信网络来说，地面移动通信网络具有充足的资源和很强的处理能力，可以部署完整的网络功能。

星地融合移动通信网络的智能网络管理与控制系统主要由以下部分组成。

（1）智能化控制功能：能够查询全局网络视图，并进行网络的智能化管理，包括网络运行参数配置，涉及核心网网络功能的参数配置和星载基站的运行参数配置等；网络切片的资源配置，涉及启停网络切片内的网络功能和网络切片功能的扩容/缩容决策等。

（2）切片管理：网络切片的生命周期管理，接收和执行智能化控制功能对网络切片的管理指令。

（3）网络功能管理：接收网管系统（智能化控制功能）的网络功能配置参数并配置相关的网络功能，接收切片管理功能的指令并对网络功能的生命周期等进行管理。

（4）传输网管理：根据网络切片管理功能的指令和全局网络视图创建/修改/删除星间连接。

（5）基站管理：接收网管系统（智能化控制功能）的基站配置参数并配置相关的星载基站。

3. 天基核心网网络功能部署技术

目前基于 3GPP 给出的卫星通信网络架构[9]，核心网的功能部署在信关站中或者通过信关站进行中转。当通过卫星接入的用户要发送数据时，需要将会话建立请求消息通过星间链路转发至地面信关站，而后由核心网进行处理以建立用户面连接和获得转发策略；再由信关站将转发策略发送给接入卫星，接入卫星基于转发策略分配空口资源和数据通道；基于分配的空口资源和数据通道，通过星间链路将用户数据转发至下一跳卫星，最终到达目的地。整个信令交互过程和数据转发过程中，需要星地交互，这极大地增加了用户数据的传输时延，对于对时延有较高要求的业务，无法满足其需求。因此需要新的天基核心网网络功能部署技术提供按需和差异化服务。

3GPP SA2 在 R18 的卫星回传研究项目中，已经开始研究星上部署 UPF 和边缘计算的场景。星上部署 UPF 不仅可以支持星上边缘计算，还可以支持星上本地数据交换。对于星上边缘计算场景，通过星载 UPF 部署的边缘计算服务如图 5-5 所示，星上 UPF 通过 N6 接口和边缘应用服务器（Edge Application Server，EAS）连接。在现阶段，边缘应用服务器发现功能（Edge Application Server Discovery Function，EASDF）、AMF 和 SMF 等核心网网元还部署在地面。在未来的标准化阶段，核心网网元也可以部署在卫星上。UPF 可作为 PDU 会话锚点（PDU Session Anchor，PAS）或者上行链路分类（Uplink Classifier，ULCL）/分支点（Branching Point，BP）/本地 PSA UPF 由 SMF 基于数据网络接入标识（DN Access Identifier，DNAI）选择。对于部署 UPF 的卫星，目前标准化只支持地球静止轨道卫星。运营商可将每个地球静止轨道卫星 ID 和 DNAI 的对应关系配置在 SMF 上。

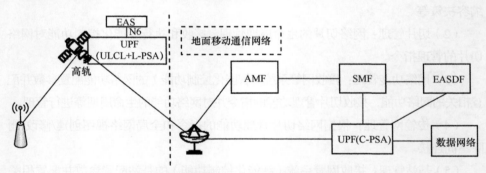

图 5-5　通过星载 UPF 部署的边缘计算服务

在卫星边缘计算服务的用户面连接建立阶段，AMF 基于基站上报的回传卫星信息，确定地球静止轨道卫星 ID 并报告给 SMF。SMF 可以根据 UDM 获取 UE 的签约信息来确认星上 EAS 通过 EASDF 发现的授权情况。如果已经授权，则 SMF 可以基于 UE IP 地址、数据网络名称（Data Network Name，DNN）等信息选择 EASDF 执行星上 EAS 的发现过程。由于星上 EAS 的 IP 地址需要由域名系统（Domain Name System，DNS）服务器解析出来，因此，根据现有协议，让 EASDF 从 DNS 服务器获得星上 EAS 的 IP 地址并返回给 SMF。SMF 基于 UE 位置、地球静止轨道卫星 ID 和 DNAI 的对应关系及 EAS 信息等，确定 DNAI，进而选择星上的 UPF。对星上 UPF 插入 ULCL/BP/本地 PSA UPF 的过程依据现有协议执行。对于分布式锚点和多 PDU 会话连接的场景，基于从 AMF 获得的高轨卫星回传类型，UE PCF 可以确定并更新 UE 路由选择策略（UE Route Selection Policy，URSP）规则，为允许接入星上的服务确定合适的 DNN/单个网络切片选择辅助信息（Single Network Slice Se-lection Assistance Information，S-NSSAI）。

星上部署 UPF 不仅可以支持边缘计算，还可以支持星上本地数据交换。数据上星以后可以直接路由到目标终端，不需要再回到地面核心网，从而减少了终端之间数据传输的时延。目前，星上本地数据交换可以支持属于同一 5G VN group 的终端之间的交换，并由同一个 SMF 服务进行数据交换的控制。除此之外星上 UPF 之间还可以建立 N19 接口，因此多个卫星可以用来支持边缘计算服务。

5.2.4　边缘计算架构

随着新业务的不断涌现，传统卫星通信网络仅作为远程地面数据中心的中继，无法提供高效的数据处理响应，因此需要考虑星上的计算能力，将边缘计算与星地融合移动通信系统相结合，把应用部署在靠近用户接入点的位置，通过在轨计算服务降低时延并实现高效的业务分发[10-11]。

在卫星上预先缓存数据可以降低内容获取时延，利用卫星的广播/多播特性可以避免相同内容的重传，大大减少了星地融合移动通信系统的卫星下行流量。另外，将计算转移到更近的卫星计算平台，特别是在没有边缘站点的偏远地区，可以为时延敏感的应用提供更高效的服务保障。将部分卫星数据（如遥感遥测、地球图像和天气观测）的处理转移到卫星上，可以减少卫星数据回传带来的星地链路的带宽浪费。

由于卫星通信系统、地面移动通信系统和移动边缘计算平台都有各自的技术特点和部署方式，星地融合移动通信网络边缘计算架构应充分发挥各自技术优势实现资源高效整合。根据业务需求、卫星通信系统/地面移动通信系统的存储能力和计算能力特点，将边缘计算功能在星地之间进行柔性分割。对于实时性要求高、计算复杂度不高的业务来说，可以由部署在卫星通信系统的移动边缘计算（Mobile Edge Computing，MEC）平台处理；对于全局性、计算复杂度高、实时性要求不高的业务来说，可以由部署在地面移动通信系统的 MEC 平台处理。对于星载轻量级边缘计算平台架构，应确保在资源受限的卫星上部署边缘计算平台。

星地融合移动通信网络边缘计算参考架构如图 5-6 所示。星地融合移动通信网络边缘计算系统包括边缘计算主机层和边缘计算系统层。

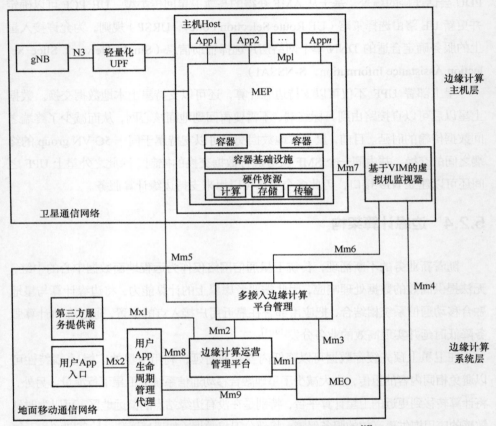

图 5-6　星地融合移动通信网络边缘计算参考架构[12]

边缘计算主机层的主机 Host 是包含多接入边缘计算平台（Multi-access Edge Computing Platform，MEP）和虚拟化基础设施的实体，提供计算、存储和传输资源，以便运行应用（Application，App）。边缘计算主机应部署在靠近用户接入点的位置，与基站接入功能、核心网用户平面功能共同部署在卫星通信网络中，通过用户数据的本地再生处理，降低时延并实现高效的业务分发，以实现对实时性要求强、计算复杂度不高的业务的保障。

边缘计算系统层具有在星地融合移动通信网络或其子集内运行边缘应用所需

的边缘计算管理功能，以及与外部实体交互的功能。对于低时延、高带宽的用户数据业务来说，管理功能对实时性、带宽的要求不敏感。因此，可把除基于虚拟基础设施管理器（Virtualized Infrastructure Manager，VIM）的虚拟机监视器之外的边缘计算系统层部署在地面移动通信网络中，实现地面运维控制和服务管理；把基于VIM 的虚拟机监视器与边缘计算主机共同部署在卫星通信网络中，根据地面移动边缘编排器的应用程序实例化和终止请求，使用或释放虚拟化基础设施资源。

为了在资源有限的卫星上部署边缘计算平台，将在边缘计算架构中引入轻量级云原生容器技术。轻量化的容器管理编排系统，如 K3s，是专为物联网及边缘计算设计的，使边缘计算变得云原生、智能化和可扩展。边缘计算平台及边缘应用都将以微服务的形式构建并部署在容器中，可极大地方便应用的开发、发布、部署和移植；容器管理编排平台会获取节点资源的当前状态和服务部署情况，基于此调度资源，在网络边缘按需部署和复制其服务，从而实现边缘计算平台的弹性服务。此外，采用 SDN 控制器架构实现网络的集中控制，提供灵活的边缘网络动态构建能力。

/5.3　异构多维资源的高效管理与控制 /

5.3.1　概述

随着星载计算、存储、交换等能力的不断增强，更多的网络设备（中低轨卫星、无人机平台等）具备更强的计算和决策能力，为了满足空、天、地、海差异化服务接入和传输需求，星地融合移动通信网络需要具备云网边协同、分布式分域协作自治、跨域异构资源统一管理和柔性调度、智能化管理与控制的能力[13-14]。

在星地和星星之间的拓扑高动态、大时延的约束下，如何高效调度广域分散的星载计算资源来协同完成计算任务，是一个重要的问题，其主要挑战包括以下 5 个方面。

（1）动态性挑战：星地融合移动通信网络（特别是中低轨卫星、高空平台、无人机平台等）拓扑处于动态时变之中，如何在拓扑频繁变化的条件下合理地分配和调度计算、网络、存储等资源以协同工作具有极大的挑战性。

（2）高速移动性挑战：低轨卫星/无人机平台等高速运动会导致用户和网络节点的双重移动性，保障用户的不间断服务具有一定的难度。

（3）大时延挑战：星地融合移动通信网络的跨度大，卫星间的时延比地面移动通信网络时延高出几个数量级，如何基于业务需求和场景进行资源编排是一个亟待研究的问题。

（4）星间/星地协作挑战：卫星的处理能力是受限的，如何将每个卫星上的有限资源充分利用起来，并实现星间/星地协作是一个待解决的问题。

（5）差异化需求挑战：星地融合移动通信网络面向的任务虽然是特定的，但是业务需求差异性大，例如，对地观测任务需要高带宽和连续性，测控任务需要高可靠性和低时延等。

针对上述挑战，业界开展了相关的研究[15-16]，而且提出了不同的解决方案，例如引入人工智能技术、算力网络技术和分层分域的网络架构等。

5.3.2　异构多维资源智能管控架构

随着卫星技术的突破，低轨卫星星座成为卫星通信系统的重要组成部分。随着边缘计算技术的成熟，更多的网络设备（中低轨卫星、高空平台和无人机平台等）具有边缘计算的能力，即算力资源已经上星。不同层卫星通信网络中的节点具备不同的资源，提供不同的计算能力，例如，高轨卫星计算资源较丰富，则可以部署云计算中心；低轨卫星计算资源较少，但其具有近地优势，可以部署边缘计算中心，为用户提供低时延服务。

关于星上的在轨智能处理能力研究，业界已有一定的成果。例如，美国的黑杰克（Blackjack）低轨卫星星座采用自主运行、人工智能、机器学习等技术实现自主任务、自主诊断与故障响应等星座自动化管理，且验证了星载计算机对多源数据融合处理的能力。

星地融合移动通信网络资源管控架构基于人工智能技术，通过多维智能感知数据模型和多方协商/共享机制，支持计算、数据、算法与网络的深度融合。通过分布式人工智能算法，实现网络态势分析，建立全局网络视图。通过智能化管理和控制，实现自动组网，动态选择不同层次的网络，根据需求自动配置网络资源情况并智能地生成组网策略[15-16]。

异构多维资源智能管控架构如图 5-7 所示。异构多维资源智能管控架构由网络感知模块、策略生成模块、分析预测模块、网络管理与控制模块、资源状态感知模块和算网编排模块组成，实现感知、计算和控制的深度融合。

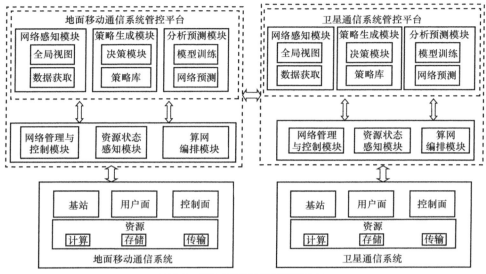

图 5-7　异构多维资源智能管控架构

（1）网络感知模块：通过资源状态感知模块获取网络、算力、拓扑等资源信息，形成管辖范围的统一资源视图和网络拓扑视图，实现对上述资源的操作维护管理（Operation Administration and Maintenance，OAM）和算力/网络资源建模。然后，将上述资源信息发送给分析预测模块和算网编排模块，以实现模型训练、网络预测、网络/算力策略生成和按需资源分配，再由分析预测模块把模型训练的结果发送给网络管理与控制模块，实现网络资源的最佳管理。

（2）资源状态感知模块：收集底层网络、算力和拓扑等资源信息，包括控制面资源、数据路由和转发面资源、管理面资源及计算资源等信息，并对这些信息进行清洗、存储和处理，然后将处理后的相关数据发送给网络感知模块，用以构建全局视图。

（3）算网编排模块：基于策略和业务需求，确定合适的算力节点、路由策略、连接调度策略、资源分配策略等，然后把相关结果发送给底层基础设施，再把底层基础设施执行的结果反馈给策略生成模块以优化策略。

（4）策略生成模块：策略生成模块包括决策模块和策略库两部分，负责网络状态与配置的整体把控，既要处理分析预测模块传递的数据，又要考虑配置是否可直接下发。决策模块采用人工智能来辅助决策，并形成智能化策略。当算力需求没有达到或者网络状态异常时，决策模块能做出优化或补救措施，并通知算网编排模块。

（5）分析预测模块：基于收集的最新资源信息形成训练结果和网络预测结果，

并把结果发送给策略生成模块以完善决策和丰富策略库，从而为算网编排模块和网络管理与控制模块提供最优的策略参考。同时，还根据算网编排模块对策略的反馈结果，向分析预测模块提供反馈，以辅助模型训练。

（6）网络管理与控制模块：通过多维智能感知数据模型和多方协商/共享机制，支持计算、数据、算法与网络的深度融合；通过分布式人工智能算法，实现对卫星通信网络和地面移动通信的态势分析，建立包括卫星通信系统和地面移动通信系统在内的全局网络视图；通过智能化管理和控制，实现零接触组网；根据网络状态、业务需求等动态选择不同层次的网络，自动配置网络资源，智能生成网络组网策略。

星地融合移动通信网络的资源管理范围广、资源多样，存在异构资源的管理问题，同时网络跨度较大且每层的网络特性也不同。因此，需要基于不同特性构建星地融合移动通信网络的异构多维资源的管理和调度机制，以实现星地融合移动通信网络资源统一管理和编排。根据卫星通信网络和地面移动通信网络的资源情况，在地面建设星地融合移动通信网络的集中管理和控制系统，在地面及卫星上根据需求建设多个分布式网络资源管理和控制系统，不同的分布式网络资源管理和控制系统只负责其管辖范围内的资源，并对该管辖区域内的资源进行感知，以提取影响资源调配方案的关键参数并将其保存或者上报至集中管理和控制系统。集中管理和控制系统采用人工智能技术分析收集的资源信息，并训练和下发 AI 模型以实现新的优化迭代。同时，采用资源虚拟化技术对物理资源进行抽象、映射、封装等，形成统一的虚拟资源池以屏蔽物理网络与设备的差异性。在此基础上对于用户的服务请求，星地融合移动通信网络算网编排模块基于管辖区域内的虚拟资源进行按需的资源编排。

5.3.3 异构多维资源的高效管理与控制机制

6G 星地融合移动通信系统的网络资源异构多维，从分布上看，包括地面移动通信系统网络资源和卫星通信系统网络资源；从功能上看，包括控制面资源、用户面资源和管理面资源；从形态上来看，包括硬件资源和软件功能资源，硬件资源又包括计算、存储和传输等资源。面对如此庞大复杂的管理对象，为了满足按需为多样化场景提供资源保障的要求，6G 星地融合移动通信系统需要突破现有网络管理和资源调度的方式，实现以数据和知识为驱动的自主化智能资源管理。星地融合移动通信网络异构跨域网络资源管理架构如图 5-8 所示。

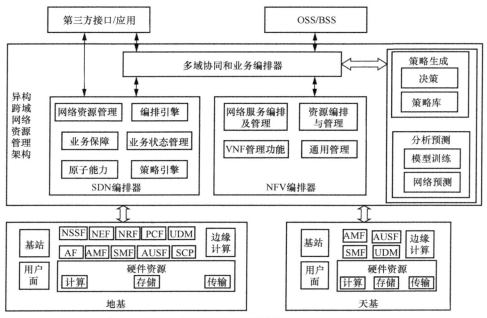

图 5-8　星地融合移动通信网络异构跨域网络资源管理架构

星地融合移动通信网络异构跨域网络资源管理架构包括如下 3 个部分。

（1）网络功能异构跨域管理

网络功能异构跨域管理分为 3 个部分：地面移动通信网络功能与卫星通信网络功能的异构跨域管理、地面移动通信网络功能的异构跨域管理，以及卫星通信网络功能的异构跨域管理。

地面移动通信系统的网络功能与卫星通信系统的网络功能的异构跨域管理，主要负责地面移动通信系统网络功能与卫星通信系统网络功能的分割与协同。由于地面移动通信系统的网络功能与卫星通信系统的网络功能的优势互补明显，地面移动通信系统的网络功能与卫星通信系统的网络功能的分割较容易。但是地面移动通信网络和卫星通信网络的协同管理由于跨度较大存在着全局管理与分层管理宏观差异，以及服务管理与资源管理的微观协同问题。星地融合移动通信网络将在地面建设集中式的智能网络管理与控制系统，掌控星地融合移动通信网络全局的态势，卫星通信网络将建设分布式的网络管理与控制系统，对一定范围内/域内的网络进行实时和个性化的管理。

在功能划分方面，星地融合移动通信网络重新划分网络功能和服务，进一步细化网络功能与服务的粒度，实现网络功能和服务的细粒度的柔性分割和按需扩展。

在地面和高低轨分层的网络架构中，网络功能和服务按能力分级，不同层的网络部署不同级别的网络功能和服务，既为网络功能的高效交互提供了支持，又清晰界定了不同层的网络功能和服务的能力范围。

在功能协同方面，对于集中部署的地面智能网络管理与控制系统和分布式的卫星网络管理与控制系统来说，其服务范围和功能界定清晰，它们通过接口协调需求、功能和方式，使得星地融合移动通信网络具备高效协同的能力。通过分布式网络的自主感知，为集中的管理和控制系统提供源源不断的高质量数据。在分层网络的构建过程中，卫星通信网络能够自主地精准感知场景的细致差异，针对不同业务场景的差异，精准适应场景对网络能力和服务的需求。基于智能内生，星地融合移动通信网络可以自主构建适配的网络架构，提供极细粒度的网络功能和服务能力，实现网络架构、功能和服务的自主构建，以及网络资源的高效利用和服务的精准保障。

（2）网络资源异构跨域管理

网络资源异构跨域管理主要涉及连接资源、算力资源、数据资源、算法资源等资源的协同。硬件层面则涉及存储、计算和传输等基础资源的调度保障。网络资源异构跨域管理的关键在于，面对差异化的场景服务需求，更低时延地协同连接资源、算力资源、数据资源和算法资源等资源，统一编排调度存储、计算和传输等硬件资源。对于不同场景的差异化服务，网络资源管理功能基于 6G 网络智能内生的能力，对服务进行分析分解，按需选取连接资源、算力资源、数据资源和算法资源等资源，分配存储、计算和传输等资源。在服务建立过程中，根据服务的需求，部署不同的网络功能并调度硬件资源；在服务保障过程中，根据服务的变化或服务进程的发展，适应性地调整网络功能和网络资源。对于区域跨度大、参与网络功能及节点多的服务，涉及多个分布式卫星通信网络的网络资源管理功能时，卫星通信网络间的网络资源管理功能能够实现高效交互，保障服务的连续性和服务质量。

（3）网络策略智能管理

6G 将基于人工智能实现智能化管理，其具备的智能化策略管理能力与目前的网络"智能"和自动化管理能力有很大的区别。传统的网络管理方式往往依赖于网络专家的经验制定网络策略或按照专家设计的方案进行自动化管理下发，这种方法受限于网络专家对网络认知的局限性，无法充分发挥和提升网络的潜在性能和能力。随着网络复杂性的增加，端到端策略跨域统一协同和服务间策略差异化保障也面临着巨大的挑战。传统的管理方式已经难以适应现代网络的高效、灵活和智能化需求。

智能内生的 6G 网络将实现自感知、自生成、自演进的网络自主化策略管理。依托网络海量数据，网络智能内生利用数据推理网络需求，基于分布式协同和集中管理在不同域内"因域制宜"地下发符合域内现状的策略，端到端地保障网络策略的一致性。根据智能网络管理与控制系统生成的网络资源部署策略与业务策略，星地融合移动通信网络实现卫星通信网络和地面移动通信网络的计算资源、安全策略、应用管理和业务管理等方面的协同，完成按需端到端网络资源配置和编排，实现异构网络资源的高效利用。

/ 5.4　网络安全机制 /

与地面移动通信系统相比，星地融合移动通信系统具有覆盖范围广和不受地理环境限制的特点，遭受攻击的点会更多，它们存在于星间链路、馈电链路、卫星、信关站、核心网和运控中心之中，攻击手段包括非法接入、窃听、信息篡改、重放攻击、流量分析、无线入侵、病毒感染、木马渗透和后门注入等[17]。

星地融合移动通信系统的核心网和运控系统部署在地面，承担星地融合移动通信系统移动性管理、控制面消息处理、业务网关和卫星载荷管控等多个方面的功能，因此，星地融合移动通信系统安全需要考虑核心网和运控系统的安全。

星地融合移动通信网络的无线链路包括用户链路、星间链路和馈电链路。星地融合移动通信网络安全按照链路类型分，可以分为接入安全、星间安全和馈电安全，如图 5-9 所示。

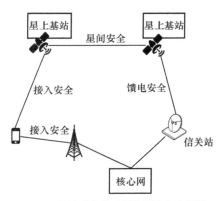

图 5-9　星地融合移动通信网络安全场景

星地融合移动通信网络面临的安全威胁包括如下 3 个方面[18]。

（1）接入安全威胁

用户接入和无线接入控制功能主要通过用户链路传输，与地面移动通信网络相比，卫星波束覆盖范围更广，空间环境更开放，攻击者更容易截获空口消息，篡改或窃听空口的信令和用户面数据。由于初始注册时用户标识可能在空口明文传输，攻击者可以截获用户标识，造成用户身份隐私泄露。

（2）星间安全威胁

星间链路是卫星之间通信的无线链路，用于提供相邻卫星间的通信连接。星间链路主要面临网络攻击，星间路由信息可能暴露在空间信道上，存在被动攻击的风险，攻击者可以采用伴飞等手段窃听星间链路的路由信息。

（3）馈电安全威胁

馈电链路多为 Ka 或 Q/V 频段微波链路，在信关站与卫星之间提供无线通信数据传输，为用户链路提供回传通道，并传输地面核心网和运控系统发送到卫星载荷平台的信令消息。攻击者可以通过干扰信关站对卫星跟踪瞄准，向卫星发射强干扰信号以破坏卫星接收器，使之运行不正常，或使卫星接收机饱和、阻塞而不能工作。同时，攻击者可以利用馈电链路，通过假冒身份入侵星地融合移动通信系统窃取机密信息和数据等。

为了避免上述安全威胁，星地融合移动通信网络的安全需求包括如下 3 个方面。

（1）接入安全需求

接入安全保护主要针对用户链路、无线接入层及业务传输的安全威胁。

用户与卫星间的用户链路应保证终端和卫星节点之间的安全通信，并应确保用户身份的隐私性，确保用户位置信息和小区用户标识不被攻击者知悉，确保各种控制信令/业务数据的机密性和完整性，实现用户和网络的双向认证，防止非法终端接入。

（2）星间安全需求

星间链路需要支持数据的机密性和完整性保护，并能够抗重放攻击。同时，由于低轨卫星高速移动带来的星载基站切换，卫星间传输的用户安全上下文等敏感信息也需要进行机密性和完整性保护。

（3）馈电安全需求

馈电链路需要对传输的数据进行机密性和完整性保护，并能够抗重放攻击。同时，信关站和卫星之间需要进行双向认证，防止伪信关站和伪卫星的接入。

星地融合移动通信系统的安全机制大部分沿用了地面移动通信系统的安全机制，终端到星载基站的无线接入层安全（AS 安全）和终端到核心网的非接入层安全（NAS 安全）可以采用地面移动通信系统相应的安全机制。同时，终端双向认证、信令和用户数据的机密性和完整性保护等均可以采用地面移动通信系统的安全机制。

地面移动通信系统中基站到核心网之间的安全由地面承载网负责，但是在星地融合移动通信网络中，基站功能部署在卫星上，基站与核心网的连接关系由地面有线网络连接改变为无线链路连接，因此卫星之间、卫星与地面之间的信令和数据均需要进行安全保护。通过星间链路和馈电链路的安全保护措施确保卫星网络节点安全，确保卫星管控信息不被篡改、窃听和重放。

 ## 思考题

1．星地融合移动通信网络的发展分几个阶段？分别是什么？
2．星地融合移动通信网络架构的特点是什么？
3．异构多维资源智能管控架构是什么？各个组成部分的功能是什么？
4．异构跨域网络资源管理架构在星地融合移动通信网络中是如何部署的？
5．星地融合移动通信网络安全威胁和安全需求是什么？

参考文献

[1] CHEN S Z, LIANG Y C, SUN S H, et al. Vision, requirements, and technology trend of 6G: how to tackle the challenges of system coverage, capacity, user data-rate and movement speed[J]. IEEE Wireless Communications, 2020, 27(2): 218-228.

[2] 孙韶辉, 戴翠琴, 徐晖, 等. 面向 6G 的星地融合一体化组网研究[J]. 重庆邮电大学学报(自然科学版), 2021, 33(6): 891-901.

[3] 徐晖, 缪德山, 康绍莉, 等. 面向天地融合的卫星网络架构和传输关键技术[J]. 天地一体化信息网络, 2020, 1(2): 2-10.

[4] 陈山枝. 关于低轨卫星通信的分析及我国的发展建议[J]. 电信科学, 2020, 36(6): 1-13.

[5] CHEN S Z, SUN S H, KANG S L. System integration of terrestrial mobile communication and satellite communication——the trends, challenges and key technologies in B5G and 6G[J].

China Communications, 2020, 17(12): 156-171.

[6] 刘哲铭, 吴云飞, 魏肖, 等. 6G 星地融合网络应用场景、架构与关键技术挑战[J]. 无线电通信技术, 2022, 48(6): 1058-1064.

[7] 徐晖, 孙韶辉. 面向 6G 的天地一体化信息网络架构研究[J]. 天地一体化信息网络, 2021, 2(4): 2-9.

[8] 中信科移动通信技术股份有限公司. "全域覆盖、万物智联"中国信科 6G 白皮书[R]. 2019.

[9] 3GPP. System architecture for the 5G system (5GS) stage 2: 3GPP. TS 23.501[S]. 2023.

[10] 虞志刚, 冯旭, 戴天, 等. 空间边缘计算: 需求、架构及关键技术[J]. 电子与信息学报, 2022, 44(12): 4416-4425.

[11] 陶滢, 刘伟, 高梓贺, 等. 天地一体化信息网络中星载边缘计算应用与挑战[J]. 无线电通信技术, 2022, 48(5): 763-772.

[12] ETSI. Multi-access edge computing (MEC); framework and reference architecture[R]. 2019.

[13] 李腾飞, 徐媚琳. 软件定义网络与网络功能虚拟化应用于卫星网络的现状与展望[J]. 电子世界, 2020(14): 34-35, 39.

[14] 刘红林, 李英玉, 杨震, 等. 基于能力分析的天基资源虚拟化方法的设计与实现[J]. 上海航天(中英文), 2020, 37(4): 55-63.

[15] 宋雅琴, 徐晖, 刘险峰, 等. 面向 6G 星地融合的云边协同网络架构和关键技术[J]. 天地一体化信息网络, 2023, 4(3): 3-11.

[16] 乔文欣, 卢昱, 刘益岑, 等. 空天地协同的边缘云服务功能链动态编排方法[J]. 西安电子科技大学学报, 2022, 49(2): 79-88.

[17] 汪永明. 卫星通信安全风险与防御技术概述[J]. 保密科学技术, 2022(6): 30-36.

[18] 吴流丽, 廖建华, 苏怀方. 卫星通信系统安全风险分析及防御对策初探[J]. 航天电子对抗, 2021, 37(5): 49-52.

第 6 章

星座组网、星间通信与
智能路由技术

本章首先分析了星地融合移动通信组网的需求与挑战，进而探讨了星座组网技术和星间通信技术，然后探讨了智能路由技术，具体包括星地融合移动通信网络路由特征分析、卫星通信网络路由技术、星地融合移动通信网络路由技术等。

/ 6.1　需求与挑战 /

　　星地融合移动通信网络是一个综合性的通信网络，它包括卫星通信网络和地面移动通信网络两大主要部分，且两部分相互补充，共同构建了一个全方位、多层次的移动通信体系。6G 网络将实现卫星通信和地面移动通信的完全融合，进而实现全域覆盖[1-2]。

　　对于卫星通信网络中不同轨道高度的卫星，由于其各自特殊的位置特点，在组网方面也各具特征。①对于 GEO 卫星通信组网，由于 GEO 卫星的轨道高度最高，覆盖范围最大，卫星通信组网的传输时延较高，切换发生次数较少，链路的冗余相对较少。②对于 MEO/LEO 卫星通信组网，由于其轨道较低，可以组成卫星星座覆盖全球，数据传输时延低，系统容量大。由于单卫星覆盖范围有限，低轨星座的网络拓扑时刻在快速变化，轨道面之间的卫星链路连接时间较短，需要频繁地切换。

　　GEO、MEO、LEO 卫星通信组网特性分析如表 6-1 所示。在星地融合移动通信网络中，仅依托某一轨道的卫星通信组网都存在较为明显的短板，因此在星地融合移动通信网络的卫星星座组网中，最优的方式为综合利用不同轨道卫星，充分发挥各轨道卫星的优势。

表 6-1　卫星通信组网特性分析

组网	全球覆盖所需卫星数	星间链路建立难易	传输时延	抗干扰能力	链路冗余	切换
GEO 组网	最少	容易	高	弱	少	少
MEO 组网	较少	容易	较高	较弱	相对较少	较少
LEO 组网	多	复杂	较低	强	大	频繁

　　星地融合移动通信网络的地面移动通信网络与卫星通信网络的工作模式可以分为 3 类：天星地网、卫星网络和天网地网，如图 6-1 所示[3]。

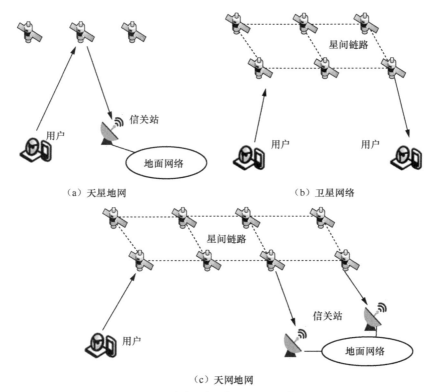

（a）天星地网　　　　　　　　　　（b）卫星网络

（c）天网地网

图 6-1　星地融合移动通信网络的工作模式

　　在天星地网模式下，卫星与卫星之间没有星间链路。当卫星收到地面用户数据后，依靠单星转发，将用户数据直接转发到地面信关站。因此只有当用户和地面信关站都处于同一卫星的覆盖范围之内时，用户才能进行实时通信业务。该模式需要在全球部署地面信关站。

　　在卫星网络模式下，用户之间直接通过卫星进行通信。卫星之间存在星间链路，可以实现只通过卫星传输的端到端通信。因此，卫星通信网络的独立性强，并且具有较高的抗毁性和安全性[4]。

　　在天网地网模式下，卫星之间通过星间链路连接，卫星通信网络的地面信关站与地面移动通信网络通过地面承载网连接。当用户传输数据时，可以通过卫星直接转发至对端用户，或经过星间链路多跳转发至地面信关站，由地面移动通信网络传输至对端用户。天网地网的模式能够将卫星通信网络和地面移动通信网络各自的优势充分发挥出来，在网络覆盖、网络容量、资源调度、网络灵活方面具有较大优势，将成为星地融合移动通信网络的发展趋势。

/6.2　星座组网技术/

6.2.1　概述

卫星频率和轨道资源由国际电信联盟（ITU）管理。根据 ITU 制定的国际规则，卫星频率和轨道资源在 ITU 各成员之间，主要的分配形式为"先申报就可优先使用"。在这种方式下，各成员首先根据自身需要，依据国际规则向 ITU 申报所需要的卫星频率和轨道资源，先向 ITU 申报的成员具有优先使用权。按照申报顺序确立的优先地位次序，相关成员之间要遵照国际规则开展国际频率协调，后申报成员应采取措施，保障不对先申报成员的卫星产生有害干扰。国际规则还规定，卫星频率和轨道资源在登记后的 7 年内，必须发射卫星启用所申报的资源，否则所申报的资源自动失效。也就是说，通过这种方式抢占卫星频率和轨道资源，需要经过"国际申报–国际协调–国际登记–发射使用"的过程[5]。

低轨卫星覆盖范围比高轨卫星小很多，因此，低轨卫星通信网络通常需要几十颗至数万颗卫星构成星座系统，以实现全球覆盖。

目前典型的卫星星座有两种：一种是极轨道星座，经过南北极，在同一轨道面内以相等间隔相位分布；另一种是倾斜轨道星座，不经过南北极，在不同轨道面内以相等间隔相位分布。

（1）极轨道星座

极轨道星座包括多个均匀分布的轨道面，每一个轨道面的倾斜角约为 90°，并且每个轨道面分布的卫星数量相同。例如，铱星的极轨道星座包括 6 个轨道面，每个轨道面包含 11 颗在轨卫星和一颗备用卫星。极轨道星座中的相邻轨道面都向相同方向旋转，导致第一个轨道面和最后一个轨道面之间存在一条缝隙，且这条缝隙两边的卫星拥有不同的运行方向，这条缝隙称为反向缝，反向缝两边的卫星并不会建立链路，极轨道星座示意图如图 6-2 所示。

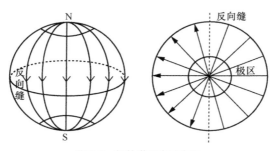

图 6-2　极轨道星座示意图

（2）倾斜轨道星座

倾斜轨道星座是一种包含多个倾斜轨道面的卫星星座，卫星通常分布在多个轨道面上，每个轨道面的倾斜角度根据整体星座的需求和优化来确定。通过合理配置倾斜角度和卫星数量，倾斜轨道星座能够实现全球范围内的均匀覆盖，提供稳定可靠的通信服务。类似于极轨道星座，倾斜轨道星座中每一个轨道面上的卫星数量也是相同的，且均匀分布。倾斜轨道星座示意图如图 6-3 所示，展示了一种倾斜轨道星座的轨道设计方式。

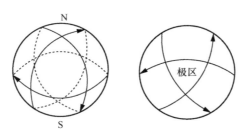

图 6-3　倾斜轨道星座示意图

对比两种星座的轨道特性，倾斜轨道星座的卫星分布方式更加均匀化，而极轨道星座的卫星对地面的覆盖是不均匀的。在极区范围内，极轨道星座的覆盖十分密集，在较小的范围内分布了数量较多的卫星，但极地区域的通信业务需求极小。而在通信业务需求较大的低纬度区域，由于卫星相对间隔较大，覆盖较为稀疏。这种不均匀的分布方式使得极轨道星座需要更多的卫星才能实现和倾斜轨道星座相同的覆盖范围。由于倾斜轨道星座中的卫星覆盖更加均匀，因此在相同卫星轨道高度的情况下，倾斜轨道星座相比极轨道星座能以更少的卫星达到相同的覆盖效果。

卫星星座里的卫星之间可以通过星间链路进行通信，多颗卫星也可以通过星间链路互联在一起，形成以卫星为通信节点的卫星通信网络。根据星间链路两端卫星所处轨道类型不同，可以分为同轨星间链路和异轨星间链路。根据星间链路采用的频率不同，可以分为星间微波链路和星间激光链路。星地融合移动通信系统可以通过星间链路减小星地跳数、降低通信时延。通过星间链路，星地融合移动通信网络可以有效地减少地面信关站的数量，降低系统成本和维护费用。星地融合移动通信网络利用星间链路可以将多颗卫星互联，建立智能卫星星座，在扩大系统通信容量的同时，还可以提升整个系统的抗毁性、自主性、机动性和灵活性。

目前各个国家都在开展星间链路和与星座组网的研究和建设工作，涵盖了通信、中继、测绘、导航、预警等多种卫星系统，其工作频段涵盖了 UHF、S、Ku、Ka、Q/V 等频段和激光频段，且在同一星座中存在多种频段兼容共用的特点。星间链路发展状况如表 6-2 所示[6]。

表 6-2 星间链路发展状况

国家或组织	项目简称	用途	工作频段
中国	天链一号	中继	S/Ka
	北斗三号	导航	Ka
	嫦娥四号	月球中继	X/S
俄罗斯	GLONASS	导航	S/激光
	LUCH	中继	S/Ku
	POTOK	中继	C
美国	GPS	导航	GPS-ⅡR、ⅡF：UHF GPS-Ⅲ：UHF/Ka/V
	TDRSS	中继	TDRSS-Ⅰ：S/Ku TDRSS-Ⅱ：S/Ku/Ka TDRSS-Ⅲ：S/Ku/Ka
	Iridium	通信	Ka
	Milstar	通信	SHF/V
	SBIRS	预警	V
	TSAT	通信	激光
	OCSD	通信	激光
	GRACE	星间测量	K
	Starlink	通信	激光
	LeoSat	通信	激光
	SCaN	通信导航	微波/激光

续表

国家或组织	项目简称	用途	工作频段
欧盟	Galileo	导航	L/C/激光
	Artemis	中继	S/Ka/激光
	EDRS	中继	Ka/激光
日本	NeLs	通信	激光
	DRTS	中继	S/Ka
	JDRS	中继	激光
加拿大	Telesat	通信	激光

星地融合移动通信网络的馈电链路主要承载卫星和地面信关站之间的信息。对于透明转发卫星通信系统，馈电链路主要是透明的射频通道，卫星作为射频中继，不进行信号的解调。对于再生处理卫星通信系统，馈电链路除了传输卫星的波束配置和星载平台的管理信息等卫星测控信息，还作为星地回传链路的主要通道，支撑星载基站和地面核心网的数据传输。由于馈电链路是连接卫星平台和地面信关站的重要通道，为保证服务的鲁棒性和连续性，地面信关站通常配置多副天线对准不同的卫星，同时设置较低的仰角，可以最大限度减少信关站的数量，扩展星地馈电链路的覆盖能力。

（1）透明转发卫星通信系统的馈电链路

透明转发卫星通信系统如图 6-4 所示，馈电链路是卫星和地面信关站的传输管道，负责对卫星用户链路的频率进行搬移，由于馈电链路的带宽较大，通常采用载波捆绑技术，将用户链路所有的波束信号进行频域级联，合并后从信关站发给卫星或者从卫星发给信关站。对于透明转发卫星系统，地面信关站需要对终端的数据信息进行发送或者检测，承担基站的功能，同时与核心网保持连接。

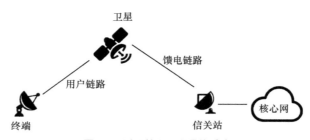

图 6-4　透明转发卫星通信系统

对于透明转发卫星，馈电链路主要用于传递用户链路的信息，通常采用宽带传输方案。由于是对用户链路的透明传输，馈电链路仅仅对信号进行滤波与放大、对频点进行搬移，不改变基带信号的传输格式。当用户链路采用 4G/5G 传输体制时，馈电的通信体制也为 4G/5G 传输方式。

（2）再生处理卫星通信系统的馈电链路

再生处理卫星通信系统如图 6-5 所示，卫星载荷具备星载基站的功能，此时，馈电链路作为回传链路，负责传输星载基站和核心网之间的信息。

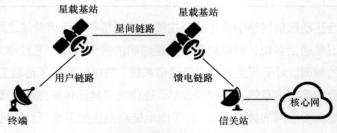

图 6-5　再生处理卫星通信系统

再生处理卫星通信系统的馈电链路是星地传输的骨干通道，通常采用大容量的传输方案，带宽较大。由于回传链路侧重于点对点传输，可以使用与用户链路相同或不同的传输机制。当采用相同的传输机制时，称之为用户馈电一体化传输技术，可以采用统一的空口传输机制，降低系统的复杂度，提高资源的利用率。当采用不同的传输机制时，馈电链路通常采用简单的 IP 承载网传输方法，底层采用 TDMA 或 FDMA 的传输方法。

对于再生处理卫星通信系统，还有一种方式是星载平台具备部分信号处理功能，比如星载平台是分布式单元（DU），地面平台是集中式单元（CU），则星地馈电链路为 DU 和 CU 之间的信号传输通道，负责基站的两个内部网元的信息传输与交互。

6.2.2　卫星星座组网进展

卫星星座组网的设计不仅要考虑卫星对地面的覆盖范围，还要考虑高轨卫星对低轨卫星的覆盖性，以及卫星之间通信链路的稳定性和可靠性。

进入 21 世纪后，世界各发达国家在星地融合移动通信网络上都进行了积极的探索、规划及应用，持续推进覆盖全球的卫星通信网络建设，以及与地面移动通信网络的星地融合，其中包括星链（Starlink）、二代铱星（Iridium Next）、一网（OneWeb）等系统。国际卫星通信网络星座组网及特点如表 6-3 所示[4]。

表 6-3　国际卫星通信网络星座组网及特点[4]

系统名称	星座类型	特点
转型卫星通信（TSAT）系统[7]	GEO 卫星星座	由 5 颗 GEO 卫星组成，基于星上 IP 交换和星间高速激光，可直接与先进极高频（AEHF）和地面栅格网互联，该系统的研究计划已于 2009 年取消
面向全球通信的空间综合基础设施（ISICOM）[8]	混合星座	包括 GEO 卫星、MEO 卫星、LEO 卫星、HAPS、UAV 等空天节点和多种地面节点，基于 IP 交换、微波、激光混合的大容量星际互联网，可连接通信、导航、对地观测卫星与地面网络
卫讯（ViaSat）	GEO 卫星	已部署的 ViaSat-2 总容量为 300Gbit/s，可为 2.5×10^6 个用户提供 25Mbit/s 的宽带服务
Iridium Next	LEO 星座	通过 100 余颗卫星实现全球覆盖，卫星轨道高度为 870km，倾斜角度为 86.4°，每颗卫星与 4 颗卫星相连，从而形成一个动态的网状网络。在卫星间路由流量采用端到端的 IP 技术，具有 Ka 星间链路，可实现全球数字化个人通信，不依靠地面转接为地球上任意位置的终端提供服务
Starlink	LEO、甚低轨（VLEO）多轨混合星座	计划发射 40000 多颗卫星（含星间链路），为全球提供高速互联网服务，卫星采用批量化流水线生产，使用可回收火箭发射。截至 2024 年 1 月 17 日，在轨卫星数量为 5972 颗
OneWeb	LEO 多轨混合星座	由高度为 1200km 的近极地圆形轨道上的 720 颗 LEO 卫星组成，分别分布在 18 个平面上。无星间链路和再生处理，业务就近落地到地面信关站，已发射 600 余颗卫星
Telesat	LEO 多轨混合星座	计划发射 298 颗卫星，位于极轨与倾斜轨道，支持星上路由，具备激光星间链路，已发射 1 颗试验卫星。采用双低轨混合系统，两个轨道分别为 1000km 高度、99.5°的极地轨道以及 1284km 高度、37.4°的倾斜轨道。双轨道设计的目的主要是实现全球范围内的无缝覆盖高速通信服务

国内在卫星通信系统建设方面也进行了积极探索。尤其是近年，面向未来卫星通信的应用产业化等国家需求，我国先后发起了天地一体化信息网络、鸿雁星座、虹云工程等。上述国内卫星通信系统星座组网及特点如表 6-4 所示[9]。其中，鸿雁星座系统一期建设由 60 余颗骨干卫星组成，优先提供全球移动通信业务和重点地区的宽带互联网业务；虹云工程系统由 156 颗小型卫星组成，采用 Ka 频段通信，每颗卫星有 4Gbit/s 带宽的吞吐量，旨在向全球用户提供"宽带互联网"服务[9]。除此之外，我国已经建设完成的北斗卫星系统，除了提供定位、授时服务外，还可以提供短报文通信服务。

表 6-4　国内卫星通信系统星座组网及特点[9]

系统名称	星座类型	特点
天地一体化信息网络	混合星座	GEO、LEO 多层多轨面空间组网。支持陆、海、空、天各类用户随需接入，提供移动通信、宽带互联、天基物联、导航增强、航海/航空监视（AISA ADS-B）等服务，2019 年完成两颗试验卫星在轨验证
鸿雁星座	LEO 多轨混合星座	计划发射 324 颗卫星，实现宽窄带相结合的通信保障能力，采用微波星间链路实现空间组网，提供移动通信、宽带通信、导航增强、航空/航海监视等服务，2018 年发射试验卫星"重庆号"
虹云工程	LEO 多轨混合星座	计划发射 156 颗卫星，全球覆盖宽带通信星座，采用激光星间链路组网，2018 年发射试验卫星
"实践十三号"	GEO 卫星	我国首颗高通量卫星，首次应用 Ka 频段通信载荷，通信总容量为 20Gbit/s
"实践二十号"	GEO 卫星	搭载 Q/V 频段载荷、宽带柔性转发器，带宽达到 5GHz；搭载星地激光通信载荷，实现 10Gbit/s 通信速率
"亚太 6D"	GEO 卫星	采用 Ku、Ka 载荷，通信总容量为 50Gbit/s，单波束速率最高可达 1Gbit/s

传统的卫星通信系统逐步向星地异构网络互联互通、星地融合移动通信的方向发展。一方面，业务需求和市场牵引卫星通信网络走向泛在，通过卫星通信网络和地面移动通信网络优势互补，各类业务应用渗透到陆海空天各个角落和人们生活的方方面面；另一方面，在科技创新驱动下，卫星通信网络的容量快速增大、速率显著提高、服务不断拓展、成本明显降低，正在颠覆传统的电信行业概念，引领产业创新和商业模式创新。

随着经济、社会以及军事需求的不断发展，6G 将能够实现在任何地点、任何时间、以任何方式为用户提供信息服务，实现用户通过卫星通信网络及地面移动通信网络等接入各类业务。卫星通信网络在覆盖范围和移动接入等方面与地面移动通信网络具有极强的互补性，随着互联网、地面移动通信网络和卫星通信网络的业务逐渐融合，构建统一的星地融合移动通信网络成为移动通信重要的发展趋势。6G 将通过高轨卫星通信网络、中低轨卫星通信网络和地面移动通信网络等，共同组成全球无缝立体覆盖的移动通信网络，最终实现无盲区宽带移动通信的发展目标。

根据 6G 的业务需求和应用场景，星地融合移动通信网络可分为地面移动通信网络和卫星通信网络，支持移动语音、移动宽带以及物联网等应用，支持互联网业务的互联互通。

地面移动通信系统由核心网和智能网络管理与控制系统构成，是网络的核心，掌握着整个星地融合移动通信网络的全局视图，可以根据业务场景和需求管理和编排网络。地面移动通信系统中的网络管理与控制系统支持智能化网络管理与控制，用于管控卫星通信网络的网络拓扑结构。

当终端针对同一个业务同时接入卫星通信网络和地面移动通信网络时，地面移动通信网络将作为业务网络的入口，即卫星通信网络的数据传输路径需要终结到该地面移动通信网络中，由地面移动通信系统提供终端业务数据的传输控制和 QoS 保证。

低轨卫星通信网络不仅支持普通基站功能，还可以部署定制的部分核心网功能，如用户平面功能、边缘计算等定制化网络功能。每个卫星可以作为接入网节点连接其他卫星/地面核心网。

高轨卫星作为卫星通信网络的骨干节点，不仅承载着宽带业务，还负责管控区域内的星间网络拓扑，并构成卫星通信网络中的单个自治域，因此高轨卫星不仅支持部分核心网功能，还支持域内管控平台功能。

高轨卫星上的域内管控平台主要负责接收其自治域内卫星节点或链路的异常状态通知，根据业务特性、网络拓扑、网络负载等动态调整网络结构。在紧急情况发生时，也可以根据地面控制中心的指令以及域内卫星网络节点的可用性、安全性、负载等进行网络重构。

/6.3 星间通信技术/

6.3.1 概述

星间通信技术是指在不同卫星之间建立通信链路，实现卫星之间的直接信息传输和交换。通过星间通信技术，卫星之间可以相互协作，共同完成复杂的通信任务，提高卫星通信网络的性能和可靠性。星间通信技术还可以降低对地面信关站的依赖，降低通信时延，提高通信效率。

星间通信技术可以将多颗卫星组成一个卫星通信网络，实现卫星之间的互联互通。卫星组网可以提高卫星通信网络的覆盖范围和容量，增强网络的可靠性和灵活性。星间通信技术可用于实现数据中继功能，将地面信关站发送的数据通过卫星通信网络转发到目标地面信关站。数据中继可以扩大通信距离、提高通信质量，特别适用于远程通信和海洋、极地等地区的通信。同时，星间通信技术在导航卫星系统中也有重要应用,通过建立星间链路,导航卫星可以相互传输观测数据和校正信息,提高导航定位的精度和可靠性。

根据通信方式和应用场景的不同,星间通信技术可分为星间微波通信和星间激光通信两大类。

星间微波通信利用微波信号在卫星之间传输信息。微波信号在传输过程中具有较好的穿透性和绕射能力,这使得星间微波链路在复杂的空间环境中具有较好的适应性,具有更强的抗干扰能力、更低的姿态控制要求以及更广泛的应用场景。星间微波通信适用于各种轨道高度的卫星通信网络。但是星间微波通信的传输速率和带宽相对较低,且易受电磁干扰和多径效应的影响。

星间激光通信将激光束作为信息载体,在卫星之间实现高速、大容量的数据传输。星间激光通信具有传输速率高、抗干扰能力强、系统终端体积小、质量轻、功耗低等优势。这种技术可以大幅降低卫星星座系统对地面网络的依赖,从而减少地面信关站的建设数量和建设成本。星间激光链路技术已成为卫星通信系统发展的关键技术。但是,星间激光通信技术也存在一些挑战,如激光光束的指向难度、卫星间的相对运动以及空间环境对光学系统的影响等。

星间微波通信技术与星间激光通信技术的对比如表 6-5 所示[10]。

表 6-5 星间微波通信技术与星间激光通信技术的对比[10]

特性	微波通信	激光通信
电磁波长	30mm~3m	0.7~1.6μm
可用带宽	较大（40GHz）	极大（100THz）
频段管制	有	无
传输速率	高（300Mbit/s）	极高（400Gbit/s）
抗干扰能力	一般	强
信号聚焦性	一般	强
天线尺寸	大	小
持续演进潜力	小	大
产业规模	较小	大

随着卫星通信业务规模的不断增长,星地融合移动通信系统对星间链路的数据传输速率和容量要求也在不断提高。星间通信技术需要实现更高速率、更大容量的数据传输,以满足日益增长的通信需求。因此,星间激光通信技术将在星地融合移动通信系统中发挥越来越重要的作用。

6.3.2 星间激光通信技术

星间激光通信将激光束作为信息载体，在卫星与卫星之间建立稳定的光通信链路，实现高速、大容量的数据传输。星间激光通信技术利用高精度的光学系统发射和接收激光信号，并通过捕获、跟踪与瞄准（Acquisition, Tracking, and Pointing, ATP）技术确保激光束的精确指向和稳定跟踪。

光学系统是星间激光通信的基础。它包括激光发射器、接收器、光学天线和光学元件等。激光发射器产生高强度的激光束，并通过光学天线将激光束发射到目标卫星；接收器负责接收来自目标卫星的激光信号，并将其转换为电信号以供后续处理；光学元件，如透镜、反射镜和滤光片等，用于激光束的聚焦、准直和滤波，以确保激光信号的高质量传输。

ATP 技术是星间激光通信中的核心技术之一。由于卫星之间的相对运动以及空间环境的干扰，激光束的指向和跟踪是一个极大的挑战。ATP 技术通过粗跟踪和精跟踪两个阶段来实现对目标卫星的捕获、跟踪和瞄准。粗跟踪阶段利用宽视场的光学传感器在大范围内搜索并捕获目标卫星。一旦目标被捕获，系统就切换到精跟踪阶段，利用高精度的光学传感器和伺服控制系统对目标卫星进行精确跟踪和瞄准。

此外，为了实现稳定的物理连接，还需要考虑卫星的姿态控制和振动抑制等技术。姿态控制系统通过调整卫星的姿态来保持激光通信链路的稳定。振动抑制技术则通过减少卫星上的振动干扰来提高激光信号的传输质量。

星间激光通信技术包括物理连接技术、光传送接口技术和路由组网技术。其中物理连接技术是指发送方通过调制激光光束的强度、频率、相位等参数来传输信息，并在接收端使用相应的光电探测器对激光信号进行探测和解调，以恢复原始的信息信号的技术；光传送接口技术定义了不同设备或系统之间进行光信号传输和交互的规范和标准，确保了光信号可以在整个网络中高效、可靠地传输；路由组网技术实现卫星之间的可靠数据传输。

6.3.2.1 星间激光通信物理连接技术

星间激光通信物理连接技术包括直接探测和相干探测两种。

直接探测是将激光信号直接照射到光电探测器上，通过光电效应将光信号转换为电信号进行探测。直接探测技术常采用通断键控（On-Off Keying，OOK）调制方式。OOK 是一种简单的数字调制方法，通过控制激光器的开关状态来表示数字信号中的"1"和"0"。当发送"1"时，激光器发射激光束；当发送"0"时，激光器关闭，不发射激光束。接收端通过检测光信号的存在与否来恢复原始的数字信号。这种探测方式具有结构简单、易于实现、成本低廉等优点，广泛应用于短距离、低速率或高灵敏度的激光通信系统中。但直接探测只能获取光信号的强度信息，无法获取相位信息，限制了其在高速率、高光谱效率通信中的应用。

相干探测则是利用光的干涉原理，将接收的激光信号与本地产生的参考光信号进行混频和干涉，通过测量干涉信号的相位和幅度变化提取原始的信息信号。相干探测具有灵敏度高、选择性好、可以获取光信号的完整信息等优点，适用于长距离、高速率、高光谱效率的激光通信系统。但相干探测的实现较为复杂，成本较高，且对光源和光路的稳定性要求较高。

相干探测技术采用二进制相移键控（Binary Phase-Shift Keying，BPSK）或正交相移键控（Quadrature Phase-Shift Keying，QPSK）调制技术。BPSK 调制技术使用相位变化来表示数字信息。具体来说，它将数字"1"映射到 $180°$ 的相位，数字"0"映射到 $0°$ 的相位。解调器通过检测相位变化确定数字信息。在 BPSK 调制中，已调信号与本地载波信号进行极性比较的过程称为相干解调。解调时必须有一个与发送端调制载波同频同相的相干载波。由于 BPSK 信号实际上是以一个固定初相的未调载波为参考的，因此解调时必须有与此同频同相的同步载波。QPSK 调制技术利用载波的 4 种不同相位差表征输入的数字信息，输入数据经串并变换后分为两个支路，每个支路的码元宽度为原来的 2 倍，这两个支路一个为奇数码元，一个为偶数码元，每个支路都与一个正交载波相乘，然后相加构成 QPSK 信号。

QPSK 调制技术的优点包括调制效率高、传输的频带利用率高、要求传送途径的信噪比低等。QPSK 信号可以看作两个正交 BPSK 信号之和，因此其频谱效率是 BPSK 的 2 倍。这意味着在相同的带宽下，QPSK 能够传输更多的信息。此外，由于 QPSK 采用了正交调制方式，它对载波相位的偏差和频率偏差相对不敏感，具有较强的抗干扰能力。

在解调方面，QPSK 需要采用相干解调方式，即需要一个与发送端调制载波同频同相的相干载波进行解调。然而，由于 QPSK 信号的相位有 4 种可能状态，因此在解调过程中需要进行相位判决，这增加了系统的复杂性和实现难度。

与直接探测技术相比，星间激光通信使用相干探测技术具有以下优势。

（1）相干探测技术具有更高的探测灵敏度和信噪比

在星间激光通信中，信号经过长距离的传输会衰减，同时还会受到宇宙背景噪声的干扰。相干探测利用光场的干涉原理，能够提取更多的信号特征，即使在弱信号条件下也能实现高灵敏度的探测。此外，相干探测技术对于背景噪声和探测器自身噪声的抑制能力更强，从而提高了信噪比，保证了通信的可靠性。

（2）相干探测技术具有更强的抗干扰能力

在星间激光通信中，由于通信距离远、传输路径复杂，信号容易受到各种干扰因素的影响，如大气湍流、星际尘埃等。相干探测技术通过波前匹配的方式实现信号光的相干叠加，从而抑制了杂散光的干扰。同时，相干探测还可以利用不同的解调算法来应对各种调制格式的干扰，提高了通信系统的抗干扰能力。

（3）相干探测技术能够携带更多的信息

除了振幅和强度信息外，相干探测还可以获取信号的频率和相位信息。这意味着通过相干探测技术可以实现更复杂的信息编码和解码，提高通信系统的信息传输容量和效率。在星间激光通信中，传输的信息量往往非常大，因此相干探测技术的这一优势尤为重要。

（4）相干探测技术对于激光发射功率的需求较低

由于星间激光通信的距离非常远，如果采用直接探测技术，为了保证信号的接收强度，可能需要提高激光的发射功率。然而，在太空中，能源是非常宝贵的资源，降低激光发射功率可以节省能源消耗。相干探测技术通过提高本机振荡光的功率来增强探测信号，从而降低了对发射激光功率的需求，这对于星间激光通信来说是一个非常重要的优势。

相干探测技术在探测灵敏度、信噪比、抗干扰能力、信息携带量以及发射功率需求等方面都展现出了显著的优势，因此更适用于星间激光通信。

6.3.2.2　光传送接口协议

星间激光通信是利用不可靠自由空间光来构建可靠连接的通信系统，自由空间光信号容易受到大气湍流、云层遮挡、空间碎片等因素的影响，出现信号衰减、干扰甚至中断。因此光传送接口需要增加链路保护能力，提升系统鲁棒性。光传送接口协议需要设计高效的数据封装和解封装机制,以及强大的错误检测和纠正能力,即使在信号受到干扰或衰减的情况下,也能够保证数据的完整性和可靠性。此外,由于星间通信的时延可能非常高,数据链路层协议还需要优化重传机制和流量控制策略,以减少等待时间和提高传输效率。

星间激光通信的光传送接口可以采用空间数据系统咨询委员会(Consultative Committee for Space Data System,CCSDS)制定的协议体系来增强信道可靠性。空间通信协议体系结构自下而上包括物理层、数据链路层、网络层、运输层和应用层。其中,每一层又包括若干个可供组合的协议。空间通信协议的参考模型如图 6-6 所示[11]。

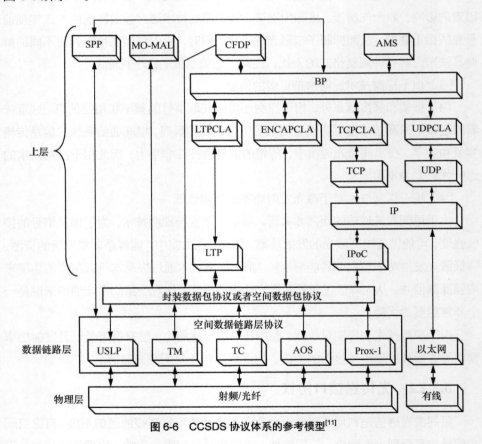

图 6-6　CCSDS 协议体系的参考模型[11]

CCSDS 协议体系中的数据链路层包括遥测(Telemetry,TM)空间数据链路协议、遥控指令(Telecommand,TC)空间数据链路协议、先进轨道系统(Advanced

Orbiting System，AOS）空间数据链路协议，以及 Prox-1 空间链路协议的数据链路层。这些协议提供了在单条空间链路上的数据传输功能，其对星上的计算资源与功耗的要求较低，但通信承载能力以及信道可靠性不足。

光传送网络（Optical Transport Network，OTN）是一种基于光纤通信技术的网络架构，用于实现光信号的传输和交换。它采用光传输技术将数据以光信号的形式传送，提供高容量、低时延和高可靠的数据传输。OTN 通过使用光传输设备和光传输协议，将光信号从一个点传输到另一个点，实现长距离的数据通信。

OTN 利用波分复用技术，将多个不同的光信号通过不同的波长进行复用，从而实现多路复用。每个波长可以独立传输不同的数据流。OTN 采用数字交换技术，将光信号转换为数字信号，并通过交换机进行路由选择和转发，实现灵活的数据传输和管理。同时 OTN 中引入了前向纠错（Forward Error Correction，FEC）技术，通过添加冗余信息纠正传输过程中的错误，提高数据传输的可靠性和容错性。OTN 具有强大的管理和监控功能，可以对网络中的光信号进行实时监测、故障定位和性能管理，提高网络的可靠性和可管理性。

OTN 地面光网络历经 20 年的发展，形成了非常成熟的标准体系，其高可靠性、高传输性、高智能化已得到长期的验证。将 OTN 技术引入星间链路协议，可具备以下方面的优势。

（1）高可靠性：OTN 具有抗干扰、抗电磁干扰等特性，能够提供稳定、可靠的传输环境，降低数据丢失和传输错误的可能性。

（2）灵活性：OTN 支持多种不同类型的数据传输，包括语音、视频、数据等，可以满足不同应用场景的需求。

（3）高扩展性：OTN 具有良好的扩展性，可以根据需求增加光纤链路和光放大器等设备，以支持更多的用户和更大规模的数据传输。

（4）低时延：由于光传输速度快，OTN 具有较低的传输时延，可以满足实时数据传输和低时延的应用需求。

（5）兼容性：OTN 与其他传输网络（如同步数字系列（Synchronous Digital Hierarchy，SDH）、同步光网络（SONET）兼容，可以与现有网络进行互联和互操作，方便网络的升级和扩展。

OTN 协议可兼容非相干、相干、波分、子载波等传输技术，对以太网、SDH

等业务也具有良好的承载鲁棒性。由于标准十分成熟还能大量复用地面光电器件，因此采用 OTN 进行星间互联可快速实现成熟、先进、可靠的高速光承载网络。同时 OTN 协议需要针对卫星通信特点进行优化，例如，在卫星通信网络中，各卫星之间无中继且业务颗粒度单一，有别于地面网络存在大量中继及多种业务颗粒调度的场景，星上 OTN 协议可以采用最简单的业务直接映射流程来适配信道中的大颗粒业务，无须处理多种业务颗粒的混合接入，能够显著降低处理复杂度与功耗。

/6.4 智能路由技术/

6.4.1 概述

卫星通信系统具有覆盖范围广、抗损坏能力强、建设周期短、服务类型全面等优点，可以更好地为用户提供一种更泛在、可靠的无线通信服务。地面移动通信标准从 3G 就开始尝试在移动通信系统中接入卫星，但是卫星通信系统和地面移动通信系统一直独立地发展。

星地融合发展作为未来 6G 网络的一个重要特征[1]已经获得了广泛的共识。作为新一代移动通信系统，5G/6G 网络从体系架构上具有更高的开放性，为卫星通信与地面移动通信的融合提供了技术基础，但是卫星通信网络与地面移动通信网络存在的诸多差异，给星地融合移动通信网络的路由技术带来了更大的挑战。虽然卫星星历能精确计算、预测、描绘、跟踪卫星的时间、位置、速度等运行状态，网络拓扑具有可预测性，但由于星地链路和星间链路通断频繁，网络拓扑仍具有高动态性。从传输时延上看，相比于地面移动通信网络，卫星通信网络链路距离较远导致传输时延更大。从设备的计算和存储能力上看，卫星受限于载荷能力的制约，计算、存储和通信资源等都受限。另外，业务在卫星通信网络中分布不均匀且具有差异性。卫星高速移动使卫星通信网络与地面移动通信网络之间连接关系不断变化，为了保证业务的连续性，终端的 IP 地址不应改变。因此，随着卫星的移动，采用传统的 IP 技术将产生三角路由问题，大幅增加传输时延。

规模日益增大、星上环境更加复杂的星地融合移动通信网络，需要的预测指标增多，对卫星的存储、计算和路由能力都提出了更高的要求，频繁的消息交换给卫星资源能耗问题带来更大挑战。为了适应星地融合移动通信网络中拓扑、路由的快速变化，星地融合移动通信网络需要引入动态的新型路由方式。软件定义网络、机器学习等新技术将成为星地融合移动通信网络路由问题的有效解决方法。

6.4.2　星地融合移动通信网络路由特征分析

随着航天技术的发展，卫星星座逐渐开始由不同轨道高度的多层卫星来构建，并且包括不同类型的通信链路，例如，同一层卫星之间的星间链路、不同层卫星间的轨道间链路、卫星与地面信关站之间的馈电链路、移动终端与卫星之间的用户链路。不同于地面移动通信网络，低轨卫星的高速运动将不可避免地带来卫星与卫星之间、卫星与地面用户之间链路的频繁切换。这些切换造成了整个卫星通信网络拓扑结构的不断变化，使得星间的路由信息需要做出相应的更新。针对频繁的卫星移动造成的路由更新，如果没有恰当、合理的机制加以应对，会导致传输过程中出现丢包、抖动等问题。路由技术作为卫星通信网络组网的关键组成部分，构建以卫星通信网络为重要组成部分的立体融合覆盖网络，需要基于星间链路（ISL）的高效路由技术。低轨卫星通信网络与地面移动通信网络相比，具有以下特点。

（1）拓扑动态变化：多个轨道面构成的卫星通信网络，卫星节点的相对位置关系频繁发生变换，星地链路频繁通断，使得卫星通信网络的拓扑呈现极强的动态特征，导致路由计算的难度增加。但是由于卫星的运动是可以预测的，因此低轨卫星的星间和星地拓扑变化是有规律的，大多可以预测。

（2）链路维护困难：对于不同轨道平面的卫星，星间相对运行速度、星间距离、星间链路仰角和方位角均随时间而发生变化，再加上多普勒频率效应，导致持续维护一条稳定的异轨星间链路面临相当大的技术挑战。另外，受到宇宙辐射等因素的影响，卫星节点和链路的状态波动更加频繁，时延抖动和数据丢包等问题变得更为严重。

（3）链路频繁切换：由于卫星通信网络拓扑动态变化且异轨星间链路不稳定，为了维持端到端的稳定连接，星地/星间链路会频繁发生切换。例如，卫星通信用户在穿越卫星覆盖区域时，星地链路需要进行切换才能保证通信服务不被中断。此外，当星间链路发生异常状况无法维护时，也需要切换至有效链路才能维持面向连接的服务。

（4）流量分布不均：受地域人口分布、区域接入、时区差异、星座运转及地球自转等因素影响，卫星通信网络所承载的流量呈现出不均衡的分布特征，因此路由设计时需要考虑拥塞避免和负载均衡等因素。

（5）计算资源受限：星载设备严格受功耗、质量和体积的限制，因此卫星节点的计算能力、存储容量均受到限制，使得星上进行实时计算和存储路由信息的能力有限。路由协议的设计需要尽量降低星上的路由计算和路由信息存储需求。

（6）星间链路传播时延高：星间链路距离远超地面移动网络基站之间的平均距离，典型的 LEO 星间链路一跳传播时延为几毫秒，星间链路传播时延不仅不能简化忽略，更成为卫星通信网络中端到端时延的重要组成部分。因此，星地融合移动通信网络的路由设计需要尽量降低路由跳数。

星地融合移动通信网络路由协议应能够针对动态变化的卫星通信网络拓扑，在考虑传输协议的复杂性和路由开销的影响下，迅速发现源卫星节点和目的卫星节点之间的可达路径。路由协议还应能在卫星通信网络拥塞时均衡卫星通信网络流量，提升整体容量，并减小拥塞排队时延。针对卫星通信网络的不稳定特性，星地融合移动通信网络需要实时监测卫星通信网络或节点的状态，一旦发生故障，应能够迅速进行路由重构，尽量控制丢包和时延确保数据传输不受影响。同时，在星上资源有限的情况下，路由协议不能占用过多计算和传输资源。

6.4.3 卫星通信网络路由技术

随着卫星通信网络和地面移动通信网络融合的需求增多，卫星通信网络也开始针对大容量、高速率、低误帧等需求研究卫星通信网络路由技术，除了实现基本的路由功能外，还需要在有限的星上资源条件下提升网络容量，避免网络拥塞和故障，最大化网络的传输效率，将复杂的计算放在地面进行，尽量减小星上的计算压力。

虽然卫星通信网络的拓扑变化是可以预测的，但是卫星通信网络的链路和节点故障以及网络拥塞等问题是不可预测的。因此，根据各个卫星获取链路状态和拓扑结构方式的不同，可以将路由分为静态路由和动态路由。静态路由可以由地面计算后直接上注卫星，路由收敛时间短，缺点是上注全网拓扑需要占用部分星上内存。若将星地链路的变化也视为链路状态变化的一部分，当信关站较多时可预测的链路状态变化不能完全适应实时的不可预测网络。动态路由能实时更新链路状态，计算最短路径，但系统开销大，收敛速度慢。此外对于落地业务，指定信关站传输数据会使得数据在星上传输时间变长，卫星通信网络的变化就更容易对传输造成影响。

同时，由于低轨卫星通信网络的拓扑动态变化，直接将地面移动通信网络的传统路由算法运用到低轨卫星通信网络中，会带来大量的计算资源和通信资源消耗。

在地面移动通信网络中，IP 技术已经成为不可替代的技术。从通信业务上讲，语音、数据、多媒体等业务均可采用 IP 进行数据传输。而从地面移动通信网络设备链路传输上来说，无论以太网还是 SDH 等传输系统均能够承载和传输 IP 数据。为了实现与地面移动通信网络的相互配合和有机融合，星地融合移动通信网络也必须支持 IP。IP 作为卫星通信网络接入互联网的协议，其路由协议主要包括路由信息协议（Routing Information Protocol，RIP）、开放最短路径优先（Open Shortest Path First，OSPF）协议、中间系统到中间系统（Intermediate System to Intermediate System，IS-IS）协议、内部网关路由协议（Interior Gateway Routing Protocol，IGRP）以及增强型内部网关路由协议（Enhanced Interior Gateway Routing Protocol，EIGRP）等。外部网关协议主要包括边界网关协议（Border Gateway Protocol，BGP）。跨域统一承载路由协议包括基于多协议标签交换（Multi-protocol Label Switching，MPLS）转发平面的段路由（Segment Routing MPLS，SR-MPLS）和基于 IPv6 的段路由（Segment Routing IPv6，SRv6）协议等。卫星通信网络可以采用星上路由的方法在卫星星座中实现 IP 路由功能接入全球互联网。

段路由（Segment Routing，SR）将数据包的传输路径划分为多个段落或者片段，每个片段都可以独立地进行路由选择。当数据包到达路由器时，路由器会根据数据包的目的地址和当前的网络状态，选择下一个段的路径，并将数据包转发到下一个路由器。这个过程会一直重复，直到数据包到达目的地。

在传统的路由方式中，数据包从源主机到目标主机需要经过多个中间路由器，每个路由器都需要查找路由表来确定下一跳。而在 SR 中，整个路径被划分为多个段，每个段都有一个特定的路由器负责转发。这样，每个路由器只需要维护自己负责的段的路由表，大幅减轻了路由器的负担。

SR 可以提高网络的可扩展性，因为每个路由器只需要处理自己负责的段，而不需要关心整个路径。这样，在网络规模扩大时，可以通过增加更多的路由器来分担负载，而不会对整个网络造成太大的影响。此外，SR 还可以提高网络的性能。由于每个路由器只需要处理自己负责的段，可以更快速地进行路由决策和转发操作，降低了时延，减少了拥塞。

SR-MPLS 是一种基于 MPLS 的段路由技术。在数据包的标签栈中插入特定的段标签，指导数据包在网络中的路径选择。SR-MPLS 的核心思想是将网络路径信息编码到数据包的标签中，而不是依赖传统的路由协议来进行路径计算和转发决策。SR-MPLS 可以根据网络需求和策略动态地选择路径，而无须依赖静态配置或路由协议的计算。SR-MPLS 使用段标签来表示路径，可以支持大规模网络和复杂的拓扑结构。SR-MPLS 可以通过编程方式指定路径，实现网络的灵活控制和服务定制。SR-MPLS 简化了网络操作和管理，减少了配置和维护的复杂性。

SRv6 基于 IPv6 数据包的扩展头部来实现灵活的路径控制和服务链路功能。SRv6 通过在 IPv6 数据包的扩展头部中定义一系列的段（Segment），指定数据包的转发路径。每个段可以是一个网络节点、一个链路或者一个服务功能点，这样就可以实现对数据包的精确控制和灵活的服务链路定制。

SRv6 的核心思想是将路径信息编码到 IPv6 地址中，这样就可以在网络中实现端到端的路径控制，而无须依赖传统的路由协议。SRv6 的路径控制是基于源路由（Source Routing）的方式，即源节点在发送数据包时指定数据包经过的路径，而不是依赖中间节点进行转发决策。SRv6 允许网络管理员根据具体需求定义任意的路径，可以实现灵活的流量工程和服务链路定制。SRv6 可以通过编程方式定义和修改路径，使得网络能够根据应用需求进行动态调整和优化。SRv6 可以简化网络架构，减少传统路由协议的复杂性和配置开销。SRv6 可以与现有的 IPv6 网络兼容，并且可以逐步部署和扩展。

卫星通信系统除了基于 IP 的协议外还包括 CCSDS 协议体系[11-12]和时延/中断容忍网络（Delay/Disruption Tolerant Network，DTN）协议体系[13]。CCSDS 在 TCP/IP 的基础上进行机制修改和扩充，制定了空间通信协议标准（Space Communication Protocol Specifucation，SCPS），并且定义了两个网络层协议：空间分组协议（Space Packet Protocol，SPP）和空间通信协议标准–网络协议（Space Communications Protocol Specification-Network Protocol，SCPSNP）。DTN 体系架构主要用于断续网络连接和高时延的通信场景，因此非常适合卫星通信。在 DTN 体系架构中，节点间传输的数据包称为消息，根据消息在网络中副本数量，DTN 路由协议可分为单副本路由和多副本路由。单副本路由协议有"直接传输"（Direct Transmission）协议和"搜寻和聚焦"（Seek and Focus）协议等。多副本路由协议有蔓延路由协议

（Epidemic）、基于相遇历史和传递性的概率路由协议（Probabilistic Routing Protocol Using History of Encounters and Transitivity，PRoPHET）、考虑最大数据传播概率（Max Propagation）的路由协议（MaxProp）、"扩散和等待"（Spray and Wait）协议等基于复制的路由，以及考虑社会网络的社会相似度（Social Similarity）和中间中心度（Betweenness Centrality）的路由（Routing based on Social Similarity and Betweenness centrality，Sim-Bet）等基于社会行为的路由策略。

针对新型网络架构在卫星通信网络中的探索与应用，新型网络路由协议也应运而生。命名数据网络（Named Data Networking，NDN）是一种以数据内容为中心的网络体系架构[14]。NDN 能够直接响应用户的数据请求而无须通过 IP 地址与服务器通信，因此相比 TCP/IP 网络架构，NDN 能够更好地适应移动互联网时代以多媒体流量内容为中心的数据分发模式。目前 NDN 中主要有 3 种路由协议：针对命名数据网络的开放最短路径优先（OSPF for Named Data Networking，OSPFN）协议、针对命名数据网络的双层路由协议（Two-layer Routing Protocol for NDN，TRPN）和命名数据链路状态路由协议（Named-data Link State Routing Protocol，NLSR）。现有卫星通信网络路由协议如表 6-6 所示。

表6-6 卫星通信网络路由协议

卫星通信网络协议体系架构	主要路由协议	路由协议特点与评价
IP 体系架构	内部网关协议： （1）路由信息协议（RIP）； （2）开放最短路径优先（OSPF）协议； （3）中间系统到中间系统协议（IS-IS）； （4）内部网关路由协议（IGRP）； （5）增强型内部网关路由协议（EIGRP）。 外部网关协议：边界网关协议（BGP）	优点： （1）IP 路由协议成熟稳定，可靠性高； （2）采用 IP 路由协议可以很方便地与地面网络互联； （3）在卫星网络中实现多播较容易。 不足： （1）IP 仅提供"尽力而为"的服务，不能保证网络的服务质量（QoS）； （2）当网络结构过于复杂时，IP 路由表的维护与更新较为困难
CCSDS 体系架构	（1）空间分组协议（SPP）； （2）空间通信协议标准-网络协议（SCP S-NP）	优点： （1）协议可应用于多种信道环境； （2）协议报文可随业务不同而改变首部结构，以达到最优的比特效率。 不足： 不支持与 IP 的互操作。如果要实现与 IP 的互联则需要转换协议首部

续表

卫星通信网络 协议体系架构	主要路由协议	路由协议特点与评价
DTN 系统架构	单副本路由协议： （1）Direct Transmission 协议； （2）Seek and Focus 协议。 多副本路由协议： （1）Epidemic； （2）PRoPHET 协议； （3）MaxProp； （4）Spray and Wait 协议	优点： （1）单副本路由协议信令开销低，网络资源利用率高； （2）多副本路由协议交付时延低，可靠性高。 不足： （1）单副本路由协议交付时延高，可靠性较差； （2）多副本路由协议会占用大量的网络资源，网络负担较重
NDN 系统架构	（1）针对命名数据网络的开放最短路径优先（OSPFN）协议； （2）针对命名数据网络的双层路由协议（TRPN）； （3）命名数据链路状态路由协议（NLSR）	优点： （1）面向内容的路由机制能够避免陷入路由环路； （2）NDN 路由只需要在本地处理转发失败的数据包，信令开销更小； （3）NDN 路由能够主动调节数据包转发速率，从而避免网络拥塞。 不足： 相比 IP 路由要消耗更多的星上存储资源

6.4.4　星地融合移动通信网络路由技术

星地融合移动通信网络以卫星通信网络和地面移动通信网络基础设施为基础，依靠星间链路组建全球覆盖连通的网络，实现接入网到核心网之间流量及业务的传输。相比于传统地面移动通信网络，星地融合移动通信网络具有动态性、大时空尺度、资源受限等固有属性[15]。

（1）动态性

传统地面移动通信网络主要以固定的网络基础设施为用户提供服务，而卫星通信网络则以移动的网络节点为用户提供服务。卫星不断运动将引起链路通断状态、长度、连接关系不断变化，导致卫星通信网络的网络拓扑具有高度的动态性；同时卫星在预先设定的轨道上运动，其运动规律可预知，卫星通信网络的网络拓扑是可预测的。

卫星通信网络的动态性造成数据面的数据传输频繁切换、控制面控制实时性差、管理面资源逻辑抽象构建难的问题，需要设计满足数据传输高效性、控制精准性、管理高效性的弹性星地融合移动通信网络架构。

（2）大时空尺度

卫星通信网络的空间尺度远超现有的地面移动通信网络，且卫星星座常包含成千上万颗卫星与大量地面节点，网络的节点规模也非常庞大。一方面，大时空尺度的空间承载网具备全时全球覆盖、受地震灾害影响小等特点，在海洋与偏远地区无线宽带接入、抢险救灾、军事等方面能够提供广阔的经济、社会与战略价值；另一方面，巨大的空间尺度也会导致极高的端到端传输时延。上述问题给卫星通信网络业务的实时性、灵活调度带来了巨大的挑战，同时，巨大的节点规模也给管控带来了较大开销。

（3）资源受限

卫星承载网络一般由多层卫星星座构成，每个星座有成百上千颗通过星间链路相连接的卫星，星间链路带宽资源也十分有限。考虑卫星的资源受限情况，计算复杂的功能难以完整部署在卫星节点上。在路由方面，考虑卫星通信网络规模巨大且拓扑动态，以单颗星为粒度的路由计算量十分庞大，远超卫星载荷的计算能力；其次，星间链路带宽资源有限，在大规模的卫星通信网络上通过洪泛的方式进行网络状态的更新会消耗大量带宽资源；最后，由于空间位置的限制，星间通信时延较高，导致星间路由信息同步缓慢，路由决策实时性较低。因此，星地融合移动通信网络需要设计合理、高效的卫星通信网络路由方案。

6.4.4.1　基于 SDN 的星地融合移动通信网络路由

星地融合移动通信网络中，地面移动通信用户与卫星节点的高速移动导致星间网络拓扑呈现高动态特性。与此同时，地理位置导致全球业务具有分布不均匀的特性，如极地地区移动业务需求较小，而低纬度地区业务需求较大。此外，空间节点的计算、存储、能量资源有限，难以支持高开销路由方案。因此在星地融合移动通信网络中，在满足多类型、大容量、分布不均衡的业务要求条件下，可以利用 SDN 技术实现星地融合移动通信网络路由。

SDN 技术实现了控制与转发分离，将路由控制等功能从转发设备中分离，将网络中数据转发设备的功能单一化，管理与维护网络的工作由控制层统一负责。在 SDN 构架中，网络的核心控制层拥有整个网络中所有网络设备的实时信息及负载情况，并且能够对这些网络设备进行统一的控制。因此，SDN 能够合理地调度网络中的数据流量，由 SDN 控制器进行统一控制，从而实现网络控制平面与数据转发平面的解耦，可以实现网络可编程性，显著提高网络资源利用率，大幅降低路由节点的计算压力，减少网络中用于路由信息交换的信令开销。同时，通过集中控制器实时观测网络状态并完成网络信息的收集和管理可以实现全局网络集中管控，可以屏蔽网络的异构特性[16]。

由于卫星的再生处理能力有限，只能进行简单的操作，复杂的处理均在地面实现。卫星测控中心负责监视卫星星座的运行状态、并向卫星下发指令控制其姿态、工作流程及信息传输。这种卫星处理能力受限、卫星测控中心统一管控的模式使得星地融合移动通信网络适合集中式控制。但由于空间承载网具有大时空尺度的特点，面向全球覆盖，使用单一控制器无法满足需求。考虑卫星通信网络的特性，需要使用基于物理分布、逻辑统一的分布式 SDN 的卫星通信网络路由架构，实现分布式的逻辑集中控制，降低路由控制的响应时延与控制信令开销，提升网络的可扩展性[17]。

针对星地融合移动通信网络拓扑动态变化、星上资源受限等特性，采用 SDN 技术可以实现星地融合移动通信网络路由。基于 SDN 的星地融合移动通信网络路由技术可以分为星地协同路由、分层路由控制和端到端一体化路由控制 3 种。

（1）星地协同路由

星地协同路由是将控制平面部署在地面移动通信网络，将卫星通信网络作为数据平面，通过星地融合移动通信网络实现对于中低轨卫星网络的管控及流量调度。在地面部署 SDN 控制器，分别对地面移动通信网络和卫星通信网络进行控制，卫星节点负责数据的转发。由于卫星处于 SDN 的转发层，其只需要负责数据转发工作，每个卫星节点没有额外的计算开销，这就大幅提高了数据传输的效率，实现了数据高效、可靠的传输。

（2）分层路由控制

在卫星通信网络中，存在时延敏感型任务，如果采用由地面数据中心控制卫星通信组网的方式，会导致时延过高，难以满足业务需要。由于卫星节点接入的随机性以及星地链路的不稳定性，由星地控制实现卫星通信组网及协同的方式存在可靠性不足的问题，地面数据中心无法提供稳定的支持。因此，随着卫星星座规模的扩大，在卫星上部署 SDN 控制器，实现卫星通信网络自治。同时，还可以利用卫星通信网络高动态但可预测的拓扑特性，采取动静结合的路由控制机制。静态路由机制指快照拓扑定时上注，动态路由指针对不可预见的链路故障进行路由恢复。采用动静结合的方式，实现路由控制的低开销和实时性。

（3）端到端一体化路由控制

星地采用一体化 SRv6 协议，通过 SRv6 路径端到端无缝拼接，实现天基和地基网络统一编排。控制器一次分发完成业务开通，实现提前安排路径，减少路由的计算复杂度和时间。使用 SRv6 协议头（SRv6 Header SRH）功能指令灵活定义各种功能以及拓扑无关的故障保护，提升网络可靠性。为了避免节点/链路流量超阈值，卫星承载和地面网络控制器协同，实现流量调优。通过 SRv6 Policy 流量调优，解决单星载荷转发资源受限问题。同时，SRv6 具有网络路径、业务、转发行为 3 层强大的可编程能力，能够实现网络业务差异化需求。基于 SDN 架构，系统可以利用全局信息进行网络调度和优化。在可靠性方面，系统预先安装故障备份链路，并实现自主流量切换，从而实现业务快速恢复。

星地融合移动通信网络控制平面的核心是部署于地面智能管理与控制系统的 SDN 控制器，管理整个网络的交换机，负责路由表的下发，并向用户提供应用编程接口。数据平面由星上网络交换设备和数据处理设备构成，交换机需要在控制器的管理下工作，与交换机相关的设备状态和控制器下发的指令都需要经过南向接口传达，从而实现统一的集中式控制。控制面有两种架构：①单控制器架构，是指在地面智能管理与控制系统部署一台 SDN 控制器，或者具有相同网络地址的控制器集群，全网的网络管理和配置都交由单个控制器处理。该架构在控制逻辑上实现简单，便于网络控制，能够实现高效的资源编排。但是该架构下控制信令的传输时延增大，所有控制信息都在一个控制器节点上处理，对控制器的性能要求高，控制器的设计复杂度很大。②多控制器架构，为了解决随着规模网络的扩大带来的 SDN 控制平面扩展性问题，可以使用分布式多控制器协同控制卫星通信网络。在扁平式多控制器架构下，单个控制器处理部分卫星通信网络请求，控制器之间同步部分或全部网络状态，共同承担整个网络的管理，增强了控制平面的性能，提升了请求的响应速度。但是分布式控制器之间的协同通信流程非常复杂，随着网络规模的扩大，控制器之间状态同步的开销会呈指数增长，因此仅能适应一定规模以下的网络。

分级的分布式方案通常将控制平面划分为层级式架构，将数据平面分域治理，避免了单控制器/集群的性能瓶颈，并且层级式结构具有易于分级管理的优势，是解决控制平面扩展性问题的未来方向。

6.4.4.2 星地融合移动通信网络路由技术发展趋势

随着卫星数量的增加和网络规模的扩大，未来星地融合移动通信网络将承载更多的业务，多样业务对服务质量的需求各异，对卫星的存储、计算和路由能力都提出了更高的要求，对星地融合移动通信网络的路由技术提出了更高的挑战。

随着星间链路的增加及链路容量的进一步扩大，未来大多数的信息交换和数据处理将在星地融合移动通信网络中以智能协作的方式实现，而结合 SDN、AI、SRv6 等技术的新型智能、可编程、可扩展的路由技术将成为大势所趋。在架构上，将通过可编程的卫星通信网络分布式框架来实现星地融合移动通信网络的路由动态规划和负载均衡。在软件定义方面，利用可编程网络实现卫星上组件/功能的重编程、重配置；基于卫星运动的周期可预测性，设计合理的路由寻址方式，结合卫星通信网络时变图模型在合适的时间下发路由信息，以匹配不同的拓扑快照或不同时间间隙的流表信息；同时，通过优化控制器的放置位置和部署数量，有效降低控制信息的维护范围和控制信令的交互开销。在人工智能方面，通过智能预测的方式减少更新流表的开销，并设计基于 AI/ML 的拥塞控制、路径选择、路由优化等策略；同时，由于网络分布式、动态多变的特点，为了使卫星节点及时获知路由策略的更新，基于 AI 技术的卫星通信路由技术生成结果不应存在强滞后性，基于 AI 实现网络智能路由需要在正确性和收敛性等方面进行研究。

1. 基于 SRv6 的星地融合移动通信网络路由技术

SRv6 是基于源路由理念设计，在 IPv6 网络转发数据分组的技术，是当下最热门的 Segment Routing 和 IPv6 两种网络技术的结合体。SRv6 的 Native IPv6 属性保证了网络任意节点的可达性，而其强大的网络可编程能力能更好地满足网络业务的服务等级协定（SLA）需求，使其成为 IPv6 时代最有前景的网络技术。

在星地融合移动通信网络中，可以利用 SRv6 技术实现星地协同、网络路由 QoS 保障能力和负载均衡能力的轻量级部署[18]。基于 SRv6 的星地融合路由转发方案（黑色实线箭头示例）如图 6-7 所示，高轨卫星与地面控制中心协同作为控制器，低轨卫星负责进行数据转发。由接入网关作为头节点封装 SRH 数据包。业务从接入点到业务落地，端到端部署，提升业务部署速度。

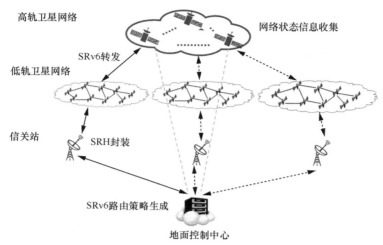

图 6-7　基于 SRv6 的星地融合路由转发方案（黑色实线箭头示例）

（1）高轨卫星作为控制器之一，负责低轨卫星链路状态的收集及策略下发；链路状态收集是指收集低轨卫星节点的可用链路、剩余带宽、链路时延、业务类型等网络状态与业务状态信息，控制策略下发是指将地面控制中心生成的网络控制策略下发至各低轨卫星节点和地面信关站。

（2）低轨卫星包含多个轨道面，负责数据的转发。由于 SRv6 中间节点无状态的特性，低轨卫星直接转发数据。其中支持 SRv6 功能的低轨卫星节点，采用 SRv6方式转发，对于不支持 SRv6 功能的低轨卫星节点，则基于 IP 的转发，确保对 IP网络的兼容性。

（3）地面控制中心与高轨卫星协同控制，满足不同业务需求的策略。地面控制中心根据星历信息和高轨收集的卫星链路状态信息计算路径及生成路由策略，以提高资源利用率，满足不同业务的 QoS 需求。

（4）接入网关（图 6-7 示例为信关站为接入网关）负责将 SRv6 数据包的封装及解封装，将 Segment ID 封装至 SRH 中，并转发。

2. 基于人工智能的星地融合移动通信网络路由技术

为实现未来复杂卫星通信网络路由，可以运用机器学习/深度学习以及深度强化学习技术。机器学习/深度学习因其优异的数据非线性拟合能力而被应用于卫星通信网络的流量预测。而强化学习和结合了深度学习的深度强化学习（DQN）技术无须事先提供训练样本数据，通过与外部环境的互动而不断优化自身决策模型，更适合用于卫星通信网络的路由决策问题。星地融合移动通信网络可以将深度强化学习引入卫星通信网络路由算法的设计中[19]。

目前适用于星地融合移动通信网络的人工智能算法，根据训练的网络状态数据有无标签可分为监督学习和强化学习两类。从应用优化的角度，可以分为低时延传输路径的选择和流量拥塞控制两类。

监督学习训练过程中需要的计算和数据资源较多，大多采用先地面离线训练再上注到卫星的方式。DQN 算法使用神经网络实现了静态网络流量特征的建模。长短期记忆（LSTM）网络算法减少了神经网络过拟合的影响，提高流量预测精度。但是，监督学习需要使用大量数据集进行训练，在拓扑复杂多变的卫星通信网络里需要大量协议转换开销和真实训练样本，缺乏安全性和稳健性。基于强化学习的智能路由算法可以灵活地用于拓扑更改，易于实现且不会增加成本，但是基于强化学习的智能路由算法的复杂度随着智能体数量的增加呈指数级增长。

 思考题

1．卫星星座的类型是什么？每种星座的特点是什么？
2．星间链路和馈电链路在星地融合移动通信网络中的作用是什么？
3．低轨卫星通信网络与地面移动通信网络的主要区别是什么？
4．基于 SDN 的星地融合移动通信网络路由主要包括什么技术？
5．星间激光通信中光接口协议主要有哪些？各自的优缺点是什么？

参考文献

[1] CHEN S Z, SUN S H, KANG S L. System integration of terrestrial mobile communication and satellite communication—the trends, challenges and key technologies in B5G and 6G[J]. China Communications, 2020, 17(12): 156-171.

[2] 刘杨, 彭木根. 星地融合智能组网：愿景与关键技术[J]. 北京邮电大学学报, 2021, 44(6): 1-12.

[3] 陈全, 杨磊, 郭剑鸣, 等. 低轨巨型星座网络：组网技术与研究现状[J]. 通信学报, 2022, 43(5): 177-189.

[4] 徐晓帆, 王妮炜, 高璎园, 等. 陆海空天一体化信息网络发展研究[J]. 中国工程科学, 2021, 23(2): 39-45.

[5] 李国强, 徐启, 郭凯. ITU 标准及其卫星轨道与频率资源申请规定解析[J]. 中国标准化, 2020(11): 224-228.

[6] 刘向南, 赵卓, 李晓亮, 等. 星间链路技术研究现状及关键技术分析[J]. 遥测遥控, 2019, 40(4): 1-9.

[7] PULLIAM J, ZAMBRE Y, KARMARKAR A, et al. TSAT network architecture[C]//Proceedings of the MILCOM 2008 - 2008 IEEE Military Communications Conference. Piscataway: IEEE Press, 2008: 1-7.

[8] VANELLI-CORALLI A, CORAZZA G E, LUGLIO M, et al. The ISICOM architecture[C]//Proceedings of the 2009 International Workshop on Satellite and Space Communications. Piscataway: IEEE Press, 2009: 104-108.

[9] 安建平, 李建国, 于季弘, 等. 空天通信网络关键技术综述[J]. 电子学报, 2022, 50(2): 470-479.

[10] 陈山枝, 范志文, 金家德, 等. 卫星互联网星间激光通信的分析及建议[J]. 电信科学, 2024, 40(2): 1-10.

[11] CCSDS. Overview of space communications protocols[R]. 2023.

[12] 闫朝星, 付林罡, 谌明, 等. 天地信息网络协议融合技术综述[J]. 遥测遥控, 2020, 41(6): 30-38.

[13] 余侃民, 钟赟, 孙昱, 等. DTN 网络路由技术研究综述[J]. 计算机应用与软件, 2016, 33(7): 148-153.

[14] 葛琳, 彭来献, 徐任晖. 命名数据网络体系架构的应用与发展[J]. 电讯技术, 2020, 60(4): 483-488.

[15] 郑爽, 张兴, 王文博. 低轨卫星通信网络路由技术综述[J]. 天地一体化信息网络, 2022, 3(3): 97-105.

[16] 张然, 刘江, 杨丹, 等. 基于软件定义网络的卫星通信网络综述[J]. 数据与计算发展前沿, 2020, 2(3): 3-17.

[17] 陈晨, 谢珊珊, 张潇潇, 等. 聚合 SDN 控制的新一代空天地一体化网络架构[J]. 中国电子科学研究院学报, 2015, 10(5): 450-454, 459.

[18] 戴天, 冯旭, 虞志刚, 等. 基于 SRv6 的空间网络路由技术研究[J]. 中国电子科学研究院学报, 2021, 16(6): 539-547.

[19] 曹素芝, 孙雪, 王厚鹏, 等. 星地融合网络智能路由技术综述[J]. 天地一体化信息网络, 2021, 2(2): 11-19.

[7] PILLARAM J, ZAMBRE J, KARMARKAR A, et al. TSAT network architec-
    ture[C]//proceedings of the MILCOM 2008 : 2008 IEEE Military Communications Confer-
    ence. Piscataway: IEEE Press, 2008:1-7.

[8] VANELLI-CORALLI A, CORAZZA G E, LUGLIO M, et al. The ISICOM architec-
    ture[C]//proceedings of the 2009 International Workshop on Satellite and Space Communica-
    tions. Piscataway: IEEE Press, 2009:104-108.

[11] CCSDS. Overview of space communications protocols[R]. 2023.

第 7 章

星地融合频谱共享与
干扰管理技术

本章首先分析了卫星通信和地面移动通信进行频谱共享的需求与挑战，然后分析了地面移动通信和卫星通信的现有频率资源情况，再探讨了静态和动态频率复用方式，以及不同频段的星地融合频谱共享技术，最后介绍了为实现星地融合频谱共享采取的干扰管理与规避技术。

/7.1 需求和挑战/

面对不断创新的无线通信技术和持续增长的业务需求，传统静态的频谱管理方式将频谱带宽在某些特定区域分配给特定的无线通信系统使用，造成频谱供需矛盾日益严峻。一方面，用于无线通信的 6GHz 以下的低频段大部分已经通过专用授权的方式进行了分配，频率资源稀缺性愈发明显，业界只能推动新频段的开发和研究，如毫米波、太赫兹等；另一方面，大部分已分配频段的使用效率非常低，例如，美国的中频频段被分配给了比 5G 利用率低的其他系统[1]，其使用情况在频率、时间、空间上也呈现出高度不均衡性。因此，除积极开发尚未使用的频段之外，更为重要和根本的是如何提高有限频率资源的利用效率。

区别于传统静态独占分配的频谱管理模式，频谱共享是在不影响用户服务质量的基础上共享同一段空闲或未充分利用的频段进行数据传输，从而实现不同权限用户和多种业务的共存。因此，频谱共享在 5G 增强及 6G 系统中扮演着重要的角色[2]。近年来，业界一直在研究多种先进技术，如认知无线电、端到端（Device to Device，D2D）、非授权频谱、非正交多址、带内全双工、多频段灵活聚合等，以期实现频率资源的多维多域（时域、空域、码域等）复用与共享。

对于星地融合移动通信，卫星、地面基站之间形成了多层立体网络。随着用户业务需求的增长，频率资源变得越来越匮乏，传统的独占频率分配方式使频谱利用效率大幅下降。为提高频率资源的利用效率，需要研究空间多层网络的信号传输特点，利用波束和覆盖的差异性，探索星地融合移动通信的软频率复用方法。通过干扰预测和资源协调，研究频率动态共享复用方法，同时提升小区边缘传输效率，降低小区边缘干扰。

频谱共享能够让卫星通信和地面移动通信从频率竞争关系转向频率协同关系，极大地提升频谱利用率。针对卫星通信和地面移动通信都在积极关注的中高频段，因卫星通信和地面移动通信在无线传输链路上存在空间分布的差异，通过人工智能（Artificial Intelligence，AI）辅助，终端依据信号方向等特征能够更好地区分卫星通信信号和地面移动通信信号，实现空间复用和干扰规避。

资料专栏：频率、频段、频谱、信道、带宽

频率（Frequency）：指单位时间内电磁波周期性变化的次数，单位为 Hz。

频段（Band）：又称波段，指两个频率之间人为设定的范围。根据频率的大小，通信频段可分为以下几类：（1）甚低频（VLF），3～30kHz；（2）低频（LF），30～300kHz；（3）中频（MF），300～3000kHz；（4）高频（HF），3～30MHz；（5）甚高频（VHF），30～300MHz；（6）特高频（UHF），300～3000MHz；（7）超高频（SHF），3～30GHz；（8）极高频（EHF），30～300GHz；（9）至高频（THF），300～3000GHz。

频谱（Spectrum）：对信号频率分布的图形表示，通常对应连续的一段频率。

信道（Channel）：频段进一步划分为信道，每个信道传输业务。

带宽（Bandwidth，BW）：信道占用的频率范围。

/7.2　现有频率资源情况/

7.2.1　地面移动通信频率资源情况

2019 年, 国际电信联盟(ITU)的世界无线电通信大会(WRC-19)已确定24～86GHz 的毫米波频段将用于国际移动通信（International Mobile Telecommunication，IMT），其中24.25～27.5GHz、37～43.5GHz 和66～71GHz 频段为全球一致的 IMT 频段。

根据 3GPP 无线接入网（Radio Access Network，RAN）基站无线发射和接收的标准 3GPP TS 38.104[3]可知，针对地面移动通信，5G 在 1G 到 4G 的基础上定义了 FR1 频段和 FR2 频段。FR1 频段又称为 Sub-6GHz 频段（低于 6GHz 频段），定义了频段号、上行链路（表示为 BS 接收信号，UE 发送信号）频率带宽、下行链路（表示为 BS 发送信号，UE 接收信号）频率带宽以及信号支持的传输模式。FR2 频段主要为毫米波频段，分布在 30GHz 周围。

5G 频段支持多参数子载波配置，$\Delta f = 2^{\mu} \times 15\text{kHz}, \mu = 0, 1, 2, \cdots$。表 7-1、表 7-2 分别给出了 5G FR1 频段、5G FR2 频段下，不同信道带宽在灵活帧结构的子载波间隔（Subcarrier Spacing，SCS）下的资源块（Resource Block，RB）数目（N_{RB}）。可以看出，在 FR1 的 Sub-6 GHz 频段下，信道带宽支持 5～100MHz，子载波间隔支持 15kHz、30kHz 和 60kHz；而在 FR2 的高频段下，信道带宽支持 50～400MHz，子载波间隔以 60kHz、120kHz 和 240kHz 为主。

表 7-1　5G FR1 下不同信道带宽在灵活帧结构的子载波间隔下的资源块数目（N_{RB}）

SCS/kHz	BW/MHz												
	5	10	15	20	25	30	40	50	60	70	80	90	100
15	25	52	79	106	133	160	216	270	N/A	N/A	N/A	N/A	N/A
30	11	24	38	51	65	78	106	133	162	189	217	245	273
60	N/A	11	18	24	31	38	51	65	79	93	107	121	135

表 7-2　5G FR2 下不同信道带宽在灵活帧结构的子载波间隔下的资源块数目（N_{RB}）

SCS/kHz	BW/MHz			
	50	100	200	400
60	66	132	264	N/A
120	32	66	132	264
240	16	32	66	132

目前，全球优先部署的 5G 频段，包括 n77（3.3～4.2GHz）、n78（3.3～3.8GHz）、n79（4.4～5.0GHz）、n257（26GHz）、n258（28GHz）和 n260（39GHz），如表 7-3 所示。针对上述定义的 5G 频段，各国选择先走何种技术路线，更多是基于自身的国情来考虑。我国目前主要发展的是基于 Sub-6GHz 频段的 5G 网络，对应频段号 n77、n78、n79；而美国、日本、欧洲等则主推 5G 毫米波网络，对应频段号 n257、n258、n260。

表 7-3　5G 频段

代号	频段范围/GHz	各国规划使用情况
n77	3.3～4.2	中国优先规划子频段 3.3～3.4GHz、3.4～3.5GHz 和 3.5～3.6GHz 用于 IMT
n78	3.3～3.8	中国优先规划子频段 3.3～3.4GHz、3.4～3.5GHz 和 3.5～3.6GHz 用于 IMT
n79	4.4～5.0	中国优先规划子频段 4.8～4.9GHz 用于 IMT

续表

代号	频段范围/GHz	各国规划使用情况
n257	26.5~29.5	美国、日本、欧洲等优先使用
n258	24.25~27.5	美国、日本、欧洲等优先使用
n260	37~40	美国、日本、欧洲等优先使用

中国的电信运营商主要有中国移动、中国联通、中国电信和中国广电，中国的电信运营商所使用的频段如表 7-4 所示，给出了中国目前上下行链路使用的频率范围和传输模式。

表 7-4　中国的电信运营商所使用的频段

运营商	上行频段/MHz	下行频段/MHz	带宽/MHz	技术制式	所属移动通信代际
中国移动	889~904	934~949	15	GSM900/ LTE-FDD	2G/4G
	1710~1735	1805~1830	25	GSM1800/ LTE-FDD	2G/4G
	2010~2025	2010~2025	15	TD-SCDMA/ TD-LTE	3G/4G
	1885~1915	1885~1915	30	TD-SCDMA/ TD-LTE	3G/4G
	2320~2370	2320~2370	50	TD-LTE	4G
	2515~2675	2515~2675	160	TD-LTE /IMT-2020	4G/5G
	4800~4900	4800~4900	100	IMT-2020	5G
中国联通	1735~1765	1830~1860	30	GSM/ LTE-FDD	2G/4G
	1940~1965	2130~2155	25	WCDMA/ LTE-FDD/IMT-2020	3G/4G/5G
	904~915	949~960	11	GSM/WCDMA/ LTE-FDD/5G	2G/3G/4G/5G
	2300~2320	2300~2320	20	TD-LTE	4G
	3300~3400	3300~3400	100	IMT-2020	5G（室内）
	3500~3600	3500~3600	100	IMT-2020	5G
中国电信	824~835	869~880	11	CDMA/LTE-FDD	2G/4G
	1920~1940	2110~2130	20	CDMA2000 /LTE-FDD/5G	3G/4G/5G
	1765~1785	1860~1880	20	LTE-FDD	4G
	3300~3400	3300~3400	100	IMT-2020	5G（室内）
	3400~3500	3400~3500	100	IMT-2020	5G
中国广电	703~733	758~788	30	IMT-2020	5G
	3300~3400	3300~3400	100	IMT-2020	5G（室内）
	4900~4960	4900~4960	60	IMT-2020	5G

在 5G FR1 定义的频段中，在满足移动蜂窝网络的同时，给出了窄带物联网

（NB-IoT）的使用频段，它们分别是 n1、n2、n3、n5、n8、n12、n13、n18、n20、n26、n28、n66，NB-IoT 使用频段如表 7-5 所示，给出了 NB-IoT 具体的上下行链路的频率范围和传输模式。

表 7-5　NB-IoT 使用频段

代号	上行频段 BS 接收/UE 发送/MHz	下行频段 BS 发送/UE 接收/MHz	模式
n1	1920～1980	2110～2170	FDD
n2	1850～1910	1930～1990	FDD
n3	1710～1785	1805～1880	FDD
n5	824～849	869～894	FDD
n8	880～915	925～960	FDD
n12	699～716	729～746	FDD
n13	777～787	746～756	FDD
n18	815～830	860～875	FDD
n20	832～862	791～821	FDD
n26	814～849	859～894	FDD
n28	703～748	758～803	FDD
n66	1710～1780	2110～2200	FDD

我国在部署于 Sub-6GHz 的 5G 网络基础上，现已继续开展探索和部署毫米波通信系统的工作。2021 年 4 月 30 日，工业和信息化部发布了《5G 应用"扬帆"行动计划（2021—2023 年）》征求意见稿，提出"适时发布 5G 毫米波频率规划，探索 5G 毫米波频率使用许可实行招标制度"。

另外，Wi-Fi 作为一种无线接入形式已经被广泛地应用于日常生活中，用作智能手机、平板计算机、笔记本计算机等设备的无线宽带接入。Wi-Fi 由于覆盖范围小，主要作为"最后一米"的无线接入方案，因此一般使用免许可的频段，Wi-Fi 频段使用情况如表 7-6 所示，给出了当前 Wi-Fi 在各传输协议下的频率使用范围。

表 7-6　Wi-Fi 频段使用情况

类别	频段范围/MHz
802.11b,g,n,ax	2400～2483.5
802.11a,b,g,n,ac	5150～5250
	5250～5350（需要采用动态频率选择）
	5725～5850

7.2.2 卫星通信频率资源情况

卫星通信频率资源的管理通常采用国际和国内两层监管方式。国际层面，ITU 作为频率管理的主体，开展卫星通信频率的协调和登记，负责制定频率使用规则和技术建议。目前，ITU 的主要规则是"先到先得"，即先申报并获得批准的卫星资料，就拥有优先使用权，在频率协调中占主要地位。国内层面，国内无线电管理部门负责对在本国开展业务的卫星频率进行监督管理。一般通过颁发频率使用许可证和业务运营许可的方式进行管理。关于卫星通信频率的划分，ITU 首先将全球划分成 3 个区域。

- 一区：欧洲、非洲、苏联、蒙古国、波斯湾以西的中东地区。
- 二区：北美洲、南美洲及格陵兰岛。
- 三区：亚洲大部分（除一区外其他亚洲地区）、澳大利亚及西南太平洋。

ITU 的规则是在上述 3 个区域内频率被分配给各类型的卫星业务，相同业务在不同区域内所分配的频率资源可能不同。

ITU 规定的用于卫星通信的频段主要包括以下方面。

（1）特高频

UHF 频段又称分米波频段，频率范围为 300MHz～3GHz。该频段对应于电气电子工程师学会（Institute of Electrical and Electronics Engineers，IEEE）的 UHF（300MHz～1GHz）、L（1～2GHz）以及 S（2～4GHz）频段的一部分。UHF 频段无线电波已接近于视线传播，易被山体和建筑物等阻挡，室内的传输损耗较大。

（2）超高频

SHF 频段又称厘米波频段，频率范围为 3～30GHz。该频段对应于 IEEE 的 S（2～4GHz）频段的一部分、C（4～8GHz）、Ku（12～18GHz）、K（18～27GHz）以及 Ka（26.5～40GHz）频段的一部分。厘米波波长为 1cm～1dm，其传播特性已接近于光波。

（3）极高频

EHF 频段又称毫米波频段，频率范围为 30～300GHz。该频段对应于 IEEE 的 Ka（26.5～40GHz）频段的一部分、V（50～75GHz）等。发达国家已开始计划，当 Ka 频段资源也趋于紧张后，高容量卫星固定业务的信关站将使用 Q/V 频段（Q 频段为 40～50GHz，V 频段为 50～75GHz）。

此外，按照 IEEE 的划分，卫星通信常用的频段又被分为 L、S、C、X、Ku、

Ka 等频段。

> ## 资料专栏：100GHz 以内的频段范围划分
>
> L 频段：1~2GHz
>
> S 频段：2~4GHz
>
> C 频段：4~8GHz
>
> X 频段：8~12GHz
>
> Ku 频段：12~18GHz
>
> K 频段：18~27GHz
>
> Ka 频段：27~40GHz
>
> U 频段：40~60GHz
>
> V 频段：60~80GHz
>
> W 频段：80~100GHz

目前卫星移动业务（MSS）主要应用 L 和 S 频段。按照文献[4]描述，L 和 S 频段可用于 MSS 的频率资源可以分为以下 3 类。

- 全球可用频段：1518 ~ 1525MHz/1668 ~ 1675MHz，1525 ~ 1559MHz/1626.5~1660MHz，1610~1626.5MHz/2483.5~2500MHz，1980~2010MHz/2170~2200MHz（/前为上行频率，/后为下行频率），上述频段在全球一区、二区和三区都可以使用。
- 二区专用频段：1930~1970MHz/2120~2160MHz，2010~2025MHz/2160~2170MHz，上述频段仅用于二区范围。
- 三区专用频段：2500~2535MHz/2655~2690MHz，该频段仅用于三区。

按照频率划分规则，一般来说，12~18GHz 被称为 Ku 频段，目前主要用于卫星通信，分为卫星固定业务（FSS）和卫星广播业务（BSS）。卫星通信使用的 Ka 频段一般指 18~30GHz 频段。使用最多的是 27.5~31GHz 或者 17.7~21.2GHz 频段。卫星通信系统中，Ku 和 Ka 频段卫星通信频率使用情况如表 7-7 所示。

表 7-7　Ku 和 Ka 频段卫星通信频率使用情况

频段	范围	用途及区域
Ku	14.0~14.25GHz/12.25~12.75GHz 频段	用于亚太地区，FSS
	13.75~14GHz/10.7~10.95GHz（11.45~11.7GHz）频段	FSS
	11.7~12.2GHz 频段	BSS

续表

频段	范围	用途及区域
Ka	29.5～30GHz/19.7～20.2GHz 频段	用户链路
	27.7～29.5GHz 或者 17.7～19.7GHz 频段	信关站

另外，与 Ka 频段不同，在 Q/V（40～75GHz）和 W（75～110GHz）频段的频率分配方面，卫星系统没有得到 ITU 的专用频段授权。因此，在 EHF 中运行的卫星系统将与固定业务、广播业务和移动业务共享该部分频带，从而卫星系统的业务运行将不受保护。

/ 7.3　频率复用方式 /

在传统的频率分配方案中，卫星和地面的无线频率资源是分离的，分别归属于不同的运营商管理。随着技术和产业发展，卫星和地面这两种通信模式将会逐步融合，有可能采用统一的频率划分，形成星地融合的频谱共享。

从频率复用方式看，星地融合频谱共享技术可以分为静态频率复用和动态频率复用。从频段来看，因不同频率范围对应的终端形态有所不同，从而对应的星地融合频谱共享方式也有所不同。本节主要针对静态频率复用方式和动态频率复用方式进行介绍，从而为进一步深入剖析不同频段的星地融合频谱共享技术提供指导。

7.3.1　静态频率复用

传统意义上，静态频率复用可采用基于保护区的方式或者基于软频率复用（Soft Frequency Reuse，SFR）的方式。

> **资料专栏：基于保护区的方式、基于软频率复用的方式**
>
> 基于保护区的方式：是指为了保护特定的工作频率，在该频率工作领域附近划定一定范围的空间位置，在保护范围内非法用户不能使用该频率进行工作，以免对合法用户产生干扰。
>
> 基于软频率复用的方式：是指一个频率在一个小区当中不再定义为用或者不用，而是用发射功率阈值的方式定义该频率在多大程度上被使用，系统的等效频率复用因子可以在 1 到 N 之间平滑过渡。

随着卫星大规模天线技术发展，低频段的多波束卫星通信系统出现了。该系统中，卫星波束可以采用频分复用的方式，卫星通信使用频率可能和地面移动通信使用频率相互干扰。但是，实际情况是在远离卫星波束一定的范围内，卫星通信用户与地面移动通信用户不会相互干扰，或者说干扰满足 ITU 的要求。可以在每个卫星波束周围定义一个区域，该区域中的地面移动通信用户不能使用对应卫星波束的频率，该区域可以称为保护区。

基于频率保护区的静态频率复用示意图如图 7-1 所示，频率保护区方式是指为避免同频相互干扰，设置频率保护区，降低干扰[5]。图 7-1 中基于频分复用的方式，每个卫星波束采用不同的工作频率，形成 7 色复用。为了避免地面移动通信对卫星通信产生干扰，以卫星通信的 F7 波束为例，为了保护 F7 波束不受地面移动通信干扰，则为 F7 波束设置保护区，如图 7-1 阴影部分。在保护区内的地面移动通信不能使用 F7 频率进行通信，以此来减少地面移动通信对卫星通信带来的干扰。

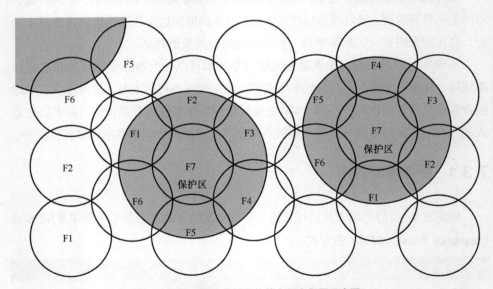

图 7-1　基于频率保护区的静态频率复用示意图

软频率复用示意图如图 7-2 所示，软频率复用方式是针对频率保护区方式的进一步扩展。软频率复用将可用的频率资源划分为主载波和副载波两部分，其中主载波既可以用于小区中心也可以用于小区边缘，副载波只能用于小区中心。相邻小区之间的主载波相互正交，有效避免了小区间的干扰；而副载波只位于小区中心，彼此之间距离较远，因此可以采用相同的频率。主载波采用较高的发射功率，但位于小区中心的主载波相较于位于小区边缘的主载波采用的发射功率较低；副载波通常采用较低的发射功率。在星地融合移动通信网络中，通过定义发射功率阈值，提升同一频率在该网络不同区域的使用程度[6]。与传统的频率复用技术不同的是，软频率复用技术的主要原则包括以下内容。

- 可用频带分成 N 个部分，对于星地融合移动通信小区，一部分作为主载波，其他作为副载波。主载波功率阈值高于副载波，如果主载波被配置为卫星通信频率，则副载波被配置为地面移动通信频率；反之亦然。
- 按照卫星通信小区和地面移动通信小区的负载来调整主载波的归属。
- 相邻小区的主载波不重叠。
- 调整副载波与主载波的功率阈值的比值，可以适应卫星通信负载和地面移动通信负载在小区内部和小区边缘的分布。

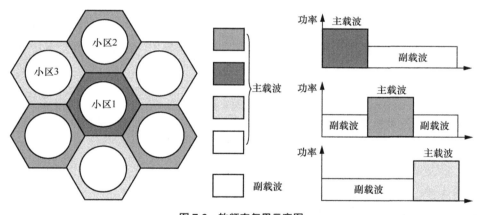

图 7-2　软频率复用示意图

综上所述，卫星通信与地面移动通信间软频率复用，可以使卫星通信和地面移动通信系统共用频段。例如，在人口稀少的沙漠地区或海洋区域，卫星通信频率可以被配置为星地融合移动通信网络的主载波，且占用较多带宽，充分发挥卫星通信的覆盖优势。同时，地面移动通信在该场景下用户数少，地面移动通信频率配置为星地融合移动通信网络的副载波，采用较低的发射功率，降低副载波对主载波的干扰，避免对卫星通信产生影响。另外，在人口密集的城市区域，地面移动通信频率被配置为星地融合移动通信网络的主载波，且可占用较多带宽。

控制卫星通信的功率，可以降低对地面移动通信小区的干扰。采用卫星通信和地面移动通信软频率复用方式，使得卫星通信和地面移动通信频率资源的利用效率得到提升，改善了传统静态频率划分下的频谱利用率。由于星地融合移动通信系统异构组网、网络架构复杂、业务种类繁多，需要在上述两种传统静态频率复用方法的基础上，针对性设计适用于星地融合移动通信的频谱共享技术。例如，可以从时域隔离的角度，提高同频小区的复用距离，进而降低卫星通信和地面移动通信间的干扰；可以充分挖掘星地融合移动通信网络中的业务特点，根据提取的有效信息设计高效的静态频谱共用方案，达到抑制干扰、提升频谱利用率的目的。

7.3.2 动态频率复用

由于不同频段的频率资源的传播性能不同，如毫米波等高频段的传播损耗相较于低频段而言要大，这就给星地融合移动通信系统不同接入节点的动态频率复用提供可能。动态频率复用技术，可以通过频分动态频率复用、时分动态频率复用以及半动态频率复用 3 种方式实现。

> **资料专栏：频分动态频率复用、时分动态频率复用、半动态频率复用**
>
> 频分动态频率复用是指两个系统周期性协调重新分配资源，周期内两个系统所占用资源比例按占用带宽大小进行分配。
>
> 时分动态频率复用是指两个系统周期性协调重新分配资源，周期内两个系统所占用资源比例按占用时间长短进行分配。
>
> 半动态频率复用通过将频段两边为两个系统各分配一段较小的固定频段，以维持基本的通信要求，中间较大的一段频段可通过时分或频分的方式在两个系统间进行动态复用，两个系统周期性调度、协调、确定各自在每个周期所占频率资源的比例。

频分动态频率复用示意图如图 7-3 所示，在频分动态频率复用下，卫星通信系统和地面移动通信系统按照一定的周期配置各自占用频段带宽的比例。卫星通信和地面移动通信间通过协调，对每个周期内的带宽比例进行确定，在该周期时段内，频段比例不能更改。采用这种周期性变换卫星通信和地面移动通信频段比例的方式，适应星地融合移动通信系统的负载变化情况，提高频谱利用效率。

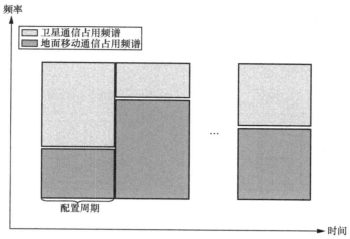

图 7-3　频分动态频率复用示意图

　　时分动态频率复用示意图如图 7-4 所示，在时分动态频率复用下，星地融合移动通信系统在同一时刻独占整个带宽，但是通过为卫星通信系统和地面移动通信系统分配不同时间段的方式，避免卫星通信和地面移动通信之间的干扰。而且按照一定的时间周期，更换卫星通信系统和地面移动通信系统对频率的占用时长比例，以此来动态调节每个系统的负载情况，使得整体的频谱利用率得到提升。

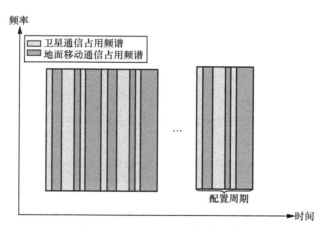

图 7-4　时分动态频率复用示意图

　　半动态频率复用示意图如图 7-5 所示，在半动态频率复用下，与上述动态频率复用模式的最大区别在于：分别为卫星通信系统和地面移动通信系统预留了固定的工作频带，在此频带之外的可用带宽根据频分复用或者时分复用的模式进行动态调整分配。半动态频率复用是一种折中方案，既能保证每个系统有基本的频段保障，又能通过动态分配的方式更加充分地利用频段。

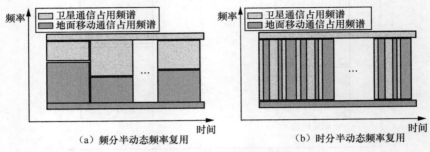

（a）频分半动态频率复用　　　　　　　（b）时分半动态频率复用

图 7-5　半动态频率复用示意图

对于星地融合移动通信系统，可以通过上述 3 种动态频率复用技术的综合运用，实现全局频率资源的统筹协调和分配，最大化频谱利用效率。这要求星地融合移动通信系统按一定的时间周期进行业务需求预测，并按系统优先级和调度算法进行频率资源重新分配。在周期内每个子系统只能使用各自分配的资源传输数据。资源重分配的时间周期越短，频率资源分配的精确度就越高，整段频谱的利用率就越高。实现动态频率复用的子系统之间不但要求时间严格同步，还要求两个子系统间周期性进行信息交换和资源重新分配。

星地融合移动通信动态频率复用技术的实现依赖于两种方式：其一为使用认知无线电技术[7-9]，自动检测周围无线电环境，智能调整系统参数以适应环境变化，在不对原有业务用户造成干扰的前提下，从时间、空间、频率等多维度利用空闲的频率资源；其二为建立完善的数据库，通过查询数据库获得一定区域内空闲频谱的情况，从而使用相应频率资源。

资料专栏：认知无线电（Cognitive Radio，CR）技术、频谱数据库技术

认知无线电技术：核心思想是具有学习能力，能与周围环境交互信息，以感知和利用在该空间的可用频谱，并限制冲突的发生。

频谱数据库技术：原理是在保证所需链路满足相应服务质量（QoS）前提下，获得次要用户从数据库成功接收拟用信道信息后，才允许次要用户接入拟用频谱。

基于认知无线电的干扰协调技术是未来的重要发展趋势，其将宽带频谱分为多个子频段，每个子频段具有满足传输所需的最低带宽，选择这些子频段实现认知抗干扰。该技术支持在传输频带受到干扰时智能切换传输频率，甚至可支持在受到干扰前就切换工作频率。结合认知与学习能力可以提高抗干扰能力和效率[10]。

频谱数据库中存储了根据主要用户 QoS 和地理位置等得出的有关次要用户接入共享频谱的限制信息，不论是在地面移动通信领域还是卫星通信领域，频谱数据库技术都比频谱认知更易于应用。它既可以为现有用户提供更好的保护，又获得了对当前频谱使用的认知，提高了频谱使用效率，而且适合与自适应频率和功率分配、波束成形及跳波束等技术相结合使用。但是频谱数据库构造复杂、更新缓慢、实时性不足等问题也限制了它的广泛应用。

7.4　不同频段的星地融合频谱共享技术

地面 5G 系统使用的频段包括低频段（3GHz 以下）、中频段（3~6GHz）和高频段（6GHz 以上），通常中低频段作为基础覆盖，高频段作为热点补充覆盖。针对不同的频段范围，星地融合频谱共享的方式会有所不同[11]。

7.4.1　中低频段星地融合频谱共享

在中低频段，无线链路的路径损耗相对较小，卫星通信与地面移动通信频段重叠度高，手持终端是常用的终端形态。该频段的星地融合频谱共享技术，包括基于频谱感知的动态切换、基于频谱感知的频率和功率分配、基于地理位置数据库的频谱共享、基于时间隔离的频谱共享、基于信号隔离的频谱共享等。

（1）基于频谱感知的动态切换

认知无线电技术被视为卫星通信和地面移动通信进行共存、协作的潜在解决方案，使用认知无线电技术来共享许可频谱可以提高频谱利用率。共存的主要任务是保证以期望的服务质量为次级系统提供宽带业务，此外，还要保护授权系统免受认知系统发射机的干扰。其中，频谱感知是一项典型的认知方法，其功能是进行周围无线环境的感知，探测可以认知的频率资源，进行信息交互，一般主要由物理层来完成。频谱感知技术分类示意图如图 7-6 所示[12]，主要包括能量检测、循环平稳特征检测、匹配滤波器检测、基于干扰温度估计的检测以及基于接收机本振泄露的检测等。

资料专栏：频谱感知、频谱共享、频谱切换

　　频谱感知，是指认知用户通过各种信号检测和处理手段来获取无线网络中的频谱使用信息。常用的频谱感知方法有能量检测、匹配滤波器检测、循环平稳检测等。匹配滤波器检测能获得较好的性能，但其主要缺点是需要预知主用户的完整信息。

　　频谱共享，是指基于频谱感知的结果进行多系统在时间或空间的频率复用，从而提升频率资源的利用率。

　　频谱切换，是指系统由当前使用的频谱切换到另一个频谱，以降低与其他系统的干扰。

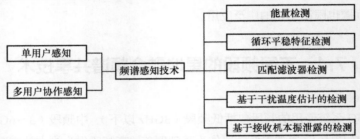

图 7-6　频谱感知技术分类示意图[12]

　　认知用户通过频谱感知获得可接入的频谱后，伺机以动态接入的方式接入共享频谱进行信号传输。当主用户接入该频谱时，认知用户需要退出当前频谱以优先保证主用户的正常通信，并切换到新的可用频率资源以保证认知用户自身的通信，频谱感知原理示意图如图 7-7 所示。

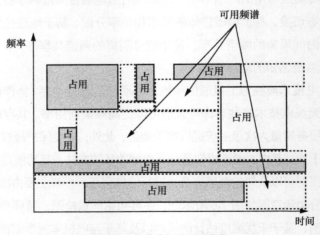

图 7-7　频谱感知原理示意图

频谱切换按照发生的时间分为预先切换和滞后切换。预先频谱切换指认知系统通过收集和分析共享频谱的历史信息，以及评估主用户的行为，预测出各信道的空闲时间和空闲概率，在主用户接入信道之前，主动退出该信道并切换到其他信道。滞后频谱切换指在使用当前信道的过程中，周期性地对共享频谱进行检测，当发现主用户接入当前认知信道后，认知用户退出该信道并切换到其他信道继续进行通信。

频谱切换按照决策位置分为集中式和分布式。集中式切换由认知网络控制中心下达切换指令，切换信道的选择由控制中心进行统一判决。分布式频谱切换指认知用户参与频谱感知过程，自行选择切换信道和切换时间。

频谱切换按照工作模式分为原地等待、预先设置和即时切换。原地等待模式指认知用户在使用当前信道时，主用户接入该信道，认知用户通信中断，但是并不切换到其他信道，而是传输链路执行传输中止并停留在该信道，直到主用户离开该信道，认知用户继续使用该信道进行通信。此模式有一个严重的缺点，认知用户的通信时延较高，系统的频谱利用率低。预先设置模式指认知系统提前设置切换算法和规则，当认知用户需要进行频谱切换时，根据预设方法切换信道。即时切换模式指认知用户检测到主用户后，马上根据现有的最新数据进行信道选择。此模式的可用信道信息是不断更新的，可以提高信道选择的正确率。但是，由于信道选择是在发现主用户接入信道之后进行的，因此认知用户的时延较高。

（2）基于频谱感知的频率和功率分配

频率和功率分配是优化可用资源的一种方法，该系统结构简单、成本低廉，但性能增益改善有限。在任何频谱共享场景中，一般应首先考虑使用频率和功率分配方法。卫星通信共享地面移动通信频率资源示意图如图 7-8 所示。

卫星通信与地面移动通信频谱共享根据所设定的要求，将干扰信号保持在可接受水平内，通过计算干扰接收机周围保护区域的传输功率，从而对干扰发射机的发射功率提出限制条件。功率自适应技术为实现频谱共享提供了更多的机会，次要用户在可用信道间自适应地优化其所使用的频谱。自适应分配策略用于频谱共享时，会对干扰接收机产生集总干扰，若次要用户具有可自主进行分配学习的能力，在获得的干扰信息及频率占用信息不完备的情况下，还可能会导致与主要用户频率冲突的情况出现，造成系统效率低下，所以使用自适应分配策略时须谨慎设计。

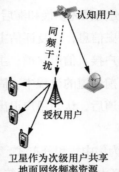

图 7-8　卫星通信共享地面移动通信频率资源示意图

（3）基于地理信息数据库的频谱共享

基于地理信息数据库的星地融合频谱共享体系架构示意图如图 7-9 所示[13]。

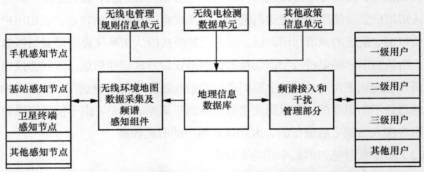

图 7-9　基于地理信息数据库的星地融合频谱共享体系架构示意图[13]

基于地理信息数据库的星地融合频谱共享系统包含无线电管理规则单元、无线电检测数据单元、地理信息数据库、无线环境采集单元、频谱接入和干扰管理、各类感知节点以及各级别用户等。

该方法的具体实施包括以下步骤。

步骤 1：给每个卫星通信地面站配置一个中心数据库，为每个卫星通信地面站、每个地面移动通信基站以及 N 个智能感知节点配置认知设备，使各智能感知节点具备认知功能。

步骤 2：逐一判断卫星或者地面站是否存在频谱紧张，若负载小于或等于预设阈值，则采用静态频谱共享策略中能效和频谱利用率最高的星地融合软频率复用方法分配频谱；若卫星或地面站的负载大于预设阈值，则采用基于无线环境地图数据采集的非授权频段联合方法进行频谱分配。

步骤 3：若卫星通信网络为重负荷网络，为确保不干扰主用户，则中心数据库采取 3 个感知节点协作感知并定位发射基站位置的方法分配频谱。

步骤 4：由于频谱感知数据更新快速，为降低控制信道的压力，定位到的发射基站将初级通信网络与终端位置信息以及干扰阈值发射给频谱稀缺的卫星通信地面站，这样成功得到隐性接收端（简称隐终端）位置以及阈值，进一步进行功率控制。

步骤 5：卫星通信终端复用地面移动通信频谱，由于地面一部分采用全双工，在不干扰地面接收端和基站的前提下，卫星通信接收端在功率约束的前提下进行功率优化。

步骤 6：若地面移动通信网络为重负荷网络，为确保不干扰主用户，中心数据库采取 3 个感知节点协作感知并定位卫星通信网络发送端位置的方法分配频谱。

步骤 7：定位到的卫星通信网络发送端向频谱稀缺的地面移动通信基站发送隐终端位置信息以及干扰阈值，依据干扰分析判定是不是卫星通信链路的主要干扰源，选择对隐终端不是主要干扰源的频段进行优先分配。

（4）基于时间隔离的频谱共享

星地用户间最简便的时间隔离频谱共享方案就是公平接入，其中用户终端以"先到先得"的方式搜索和选择未使用的频带。时间隔离共享的更稳健形式是动态实时频谱分配，其涉及将可用频谱划分为两个频谱块，每个服务对应一个频谱块分区。频谱块分区大小随两个服务之间的需求变化而动态变化。时分多址技术将时域数据与多个数据源分开，提供高效数据链路，在传输时间内利用全部可用频谱。时分多址是一种经过验证的时间隔离技术，已成为卫星通信和地面移动通信应用中当前宽带应用的主力。

（5）基于信号隔离的频谱共享

修改传输信号本身的基本特性来实现信号隔离以促进频谱共享。根据卫星链路特性，诸如采用各种形式的正交调幅的前向纠错和自适应编码调制等先进信号编码技术，可以提供频谱共享。码分多址技术也是实现信号隔离的一种有效手段，码分多址技术包括直接序列扩频和跳频扩频。码分多址技术为多个用户共享空间和频谱提供了可能。信号隔离用于频谱共享的另一技术是天线极化分集，其中两个传输链路可以使用相同载波频率的正交极化传输信号。

7.4.2 高频段星地融合频谱共享

高频段具有大带宽频率资源，是无线通信使用和发展的重要方向。面向 6G 星地融合移动通信网络势必会引入高频段，以满足日益增长的业务需求，为用户提供高效、宽带、无处不在的服务。然而，传统的静态频谱规划方法按照网络类型、场景、地域等进行频谱分割，将频带划分成多个独立的子带，分配给不同的使用场景，导致频谱碎片化，难以发挥高频段大带宽的优势，也无法充分提高频谱利用率。因此，在高频段开展星地融合频谱共享技术研究具有更重要的意义。

1. 星地融合频谱共享场景分析

面向 6G 的星地融合移动通信网络架构中，地面移动通信、卫星通信将融为一体，成为新型网络。在卫星通信网络中因为轨道高度不同，存在高轨卫星、中轨卫星和低轨卫星。高轨卫星的典型轨道为 GEO 卫星，该类卫星相对地面保持静止；LEO 卫星的典型轨道是极轨轨道和倾斜轨道，该类卫星围绕地球做快速运动。可见，在星地融合移动通信网络架构中主要的组成部分为地面移动通信网络、与地面保持静止的 GEO 卫星通信网络、与地面快速相对运动的 LEO 卫星通信网络，高频段星地频谱共享场景示意图如图 7-10 所示。

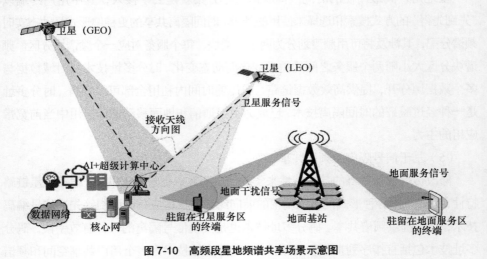

图 7-10　高频段星地频谱共享场景示意图

（1）卫星通信网络与地面移动通信网络的频谱共享

卫星通信网络与地面移动通信网络的频谱共享场景又可分为：地面移动通信网

络与 GEO 卫星通信网络的频谱共享、地面移动通信网络与 LEO 卫星通信网络的频谱共享。

（2）卫星通信网络间的频谱共享

卫星通信网络间的频谱共享场景主要指 GEO 卫星通信网络与 LEO 卫星通信网络间的频谱共享。按照 ITU 的规则，GEO 卫星通信具有频率使用优先权，LEO 卫星通信系统不可对 GEO 卫星通信系统的卫星固定业务和卫星广播业务造成不可接受的干扰。

（3）地面移动通信网络间的频谱共享

此外，还需要考虑地面移动通信网络间的频谱共享，如不同地域、不同国家、不同运营商间的频谱共享等。

2．高频段星地频谱共享技术分析

（1）构建基于地理位置的频谱数据库

6G 星地融合移动通信网络是一个泛在、智能的网络，其节点遍布全球，对全球实现无缝覆盖。相比传统的地面移动通信网络，6G 网络已经不局限于部署在陆地或人口密集区域，卫星通信网络的广覆盖特性，使得星地融合移动通信网络触手遍及全球。在这种情况下，频率使用和管理更加强调全球一体。需要针对固定部署的网络节点，如地面移动通信网络、GEO 卫星通信网络、高空平台网络等，构建频谱数据库，将频率使用情况与地理位置相对应，包括频段、干扰要求、地理区域范围等，用户通过访问频谱数据库，配合用户的 GNSS 位置信息，能够快速判断当前区域的频率使用要求，为用户的频率使用提供参考。

可见，不论是在地面移动通信领域还是卫星通信领域，频谱数据库技术都可以为频率识别、应用提供帮助，能为频谱认知、频谱动态应用提供有效参考，成为频率规划、频率复用、动态识别、动态应用的有效手段[14]。

（2）基于空间隔离的干扰规避

一般情况下，工作频段越高，天线的波束越窄，越容易采用空间隔离的方式规避频率干扰。6G 的星地融合移动通信组网中，卫星通信基站、地面移动通信基站等联合部署，采用高频段、窄波束，可以实现卫星通信和地面移动通信空间隔离频谱共享，极大提高频谱的利用率。

空间或位置隔离允许星地融合移动通信网络共享相同的频段，只要用户终端以足够长的物理距离分开即可实现空分多址（Space Division Multiple Access，SDMA）。

空分多址是空间隔离频谱共享的主要实现方法之一。SDMA 技术充分利用高频段天线波束的高效指向特性，在星地融合移动通信网络中，通过波束成形形成高增益窄波束，实现卫星通信用户和地面移动通信用户间波束隔离。此外 SDMA 还可以与频分多址、时分多址或码分多址 3 种基本多址接入技术中的任何一种一起使用，并且是使用多波束卫星的移动卫星业务网络的基本元素，可以使用频率复用和正交极化链路以进一步增加网络容量。

波束成形技术可以使多个用户同时在同一地理区域内，利用相同的频率资源，即从空间上进行隔离，从而改善给定区域内的频谱使用效率和系统容量。波束成形优势在于使用更密集网络的同时又没有增加干扰，或者说还可能减少干扰的发生。波束成形对于星地融合移动通信系统的覆盖至关重要，因此研究适用于星地融合移动通信系统的波束成形技术前景广阔。

此外，天线的正交极化特性也为频率复用、空间隔离干扰规避提供了有效手段。极化复用可以成倍增加谱效，显著降低干扰。

（3）基于跳波束的频谱共享技术

随着天线技术、卫星技术的发展，近年来跳波束技术成为卫星通信技术的热点方向。在 6G 星地融合移动通信网络中，高频段卫星通信网络的波束形式将以跳波束为主。区别于传统的固定波束形式，跳波束能够灵活地在不同空间范围内跳变，为非均匀分布的用户和业务提供服务，显著提高网络的吞吐量和资源利用率。5G NR 系统也采用波束扫描技术判断终端和基站的位置，为用户提供更好的接入服务。

跳波束技术可以将完整的频谱分配给所有的波束（即所有频率都可被复用），给每个波束分配传输时隙可以在时域和空域中实现对不同波束的复用。动态地改变跳波束图案、自适应地激活和停用波束，以及卫星通信网络和地面移动通信网络联合波束管理，可以有效地避免卫星通信网络和地面移动通信网络的波束间干扰，提高整体频谱的利用效率。

/7.5 干扰管理与规避技术/

近年来，卫星通信和地面移动通信频谱共享在全球引起广泛关注，ITU WRC-19 在相关决议中也明确提及在某些频段开展卫星通信和地面移动通信频谱共享的可行性研究。干扰管理与规避是开展频谱共享的主要途径。频谱共享需要针对已分配频率资源的在用业务系统，结合数字信号处理的抗干扰技术，根据干扰信号在不同维度上表现出的特性，如时间维度、频率维度、空间维度等，通过时域干扰抑制技术、变换域干扰抑制技术、空域干扰抑制技术等，规避或抑制潜在干扰，提升通信系统的频谱利用效率。未来频谱共享和干扰协调可采取的技术发展路线为以干扰共存分析评估为基础、以认知协调技术解决干扰抑制问题、以动态频谱共享技术应对频率资源配置问题。对系统间的干扰共存进行分析，明确频率共用中的干扰关系，对潜在干扰程度进行量化评估。

> **资料专栏：干扰管理、干扰规避、干扰抑制、干扰协调**
>
> 干扰管理：是指对不同系统产生的无线电信号，按照一定的规则进行约束、管理，避免对系统间产生无线电干扰。
>
> 干扰规避：是指一个无线电系统为了避免对另一个合法、合规的无线电系统造成干扰，而采取在时间、空间等维度上避让另一个系统的行为。
>
> 干扰抑制：是指通过屏蔽、隔离等手段有效地减少系统中不同信号之间的干扰。
>
> 干扰协调：亦称"无线电干扰协调"。无线电管理部门与有关单位对无线电设备之间以及无线电设备与其他电子、电气设备之间的电磁干扰进行的协商和处理。

干扰管理与规避技术的研究也不能脱离具体的场景。面对未来 6G 系统空间立体节点网络化的特点，典型的干扰场景包括不同网络间的干扰、同一网络内不同节点之间的干扰、同一节点收发链路之间的干扰等。由此，需要开展典型场景下的干扰分析，特别是地面移动通信系统与卫星通信系统间的干扰影响分析，需要研究智能干扰感知与评估方法，研究干扰抑制、规避和协调方法等。

7.5.1　地面移动通信系统与卫星通信系统间干扰影响分析

在星地融合移动通信系统中，不再割离卫星通信和地面移动通信。在卫星视场内的部分地区有地面移动通信网络时，需要考虑星地系统间的干扰问题。在星地融合移动通信系统中，星地间干扰属于系统内干扰，原来有关卫星通信和地面移动通信的频率与干扰的规则不再适用。星地融合频谱共享的干扰分析方法可以采用小区半径、隔离距离、集总干扰功率通量密度（Power Flux Density，PFD）和集总干扰等效功率通量密度（Equivalent Power Flux Density，EPFD）来分析干扰。接收端天线采用全向天线时，通常使用 PFD；接收端天线采用定向天线时，通常使用 EPFD。

　　地面移动通信系统对 NGSO 卫星通信系统业务产生较大的干扰。通过设置保护区域，可以有效抑制地面移动通信系统对卫星通信系统的干扰，研究卫星通信系统地球站保护距离 r 可保证 NGSO 系统的工作性能[15-16]。下面以 2110～2200MHz 频段和 1920～1980MHz 频段为例分析星地融合干扰情况。

　　当地面移动通信系统和 LEO 卫星通信系统同时使用 2110～2200MHz 频段时，由于地面移动通信系统上行链路不使用该频段，在该频率上地面移动通信系统不会对卫星通信系统上行链路产生同频干扰，而地面移动通信基站和终端可能对卫星通信系统下行链路产生干扰。当隔离距离为 50km 以上、远远大于地面移动通信小区半径时，干扰可以忽略不计。

　　当地面移动通信系统和 LEO 卫星通信系统同时使用 1920～1980MHz 频段时，地面移动通信基站或终端对卫星通信系统上行链路产生的同频干扰 EPFD（单位为 dBW/(m^2·MHz)）为：

$$EPFD = 10 \cdot \log\left(\sum_{m=1}^{M} P_m \cdot \frac{G_t(\theta_m)G_r(\varphi_m)}{4\pi d_m^2 G_{r,max}} \right)$$

　　P_m：地面移动通信基站或终端 m 在同一频率上发射的功率。

　　$G_t(\theta_m)$：地面移动通信基站或终端 m 在到卫星方向上发射天线的增益。

　　$G_r(\varphi_m)$：卫星波束在到地面移动通信基站或终端 m 方向上接收天线的增益。

　　$G_{r,max}$：卫星波束接收天线的最大增益。

　　d_m：卫星到地面移动通信基站或终端 m 的距离。

　　首先根据不同阵列规模的相控阵天线方向图确定卫星视场内波束主瓣以及不同副瓣的仰角，其次根据仰角确定地面移动网络产生的干扰信号功率所对应的等效面积，由于目前没有该频段上地面移动通信对卫星通信的干扰强度，因此将基于 7.6dB 天线增益、3.5GHz 频段在 12km 上空测得的干扰信号数据作为参考，最后得到在 500km 左右的卫星轨道上同频干扰的平均 EPFD，如表 7-8 所示。

表 7-8　同频干扰 EPFD（单位为 dBW/(m^2·MHz)）

卫星天线	同频干扰 EPFD	EPFD 上限
16×16	大于−138	−165.11
24×24	大于−141	−168.63
32×32	大于−151	−171.13
48×48	大于−148	−174.65

由表 7-8 可以看出，如果该频段内地面移动通信基站或终端向上空发射信号的功率通量密度同 3.5GHz 频段内的一致，那么在地面移动通信网络广泛部署的情况下，其上空无法部署满足干扰要求的卫星通信系统。

当卫星通信和地面移动通信同时使用 2110～2200MHz 频段时，由于地面移动通信系统上行链路不使用该频段，因此，卫星通信系统在该频率上不会对地面移动通信系统上行链路产生同频干扰。计算卫星对地面移动网络下行链路的同频干扰 PFD（单位为 dBW/(m²·MHz)），并与评估准则进行判决：

$$PFD = 10 \cdot \log\left(\sum_{m=1}^{M} P_m \cdot \frac{G_t(\theta_m)}{4\pi d_m^2} \right) \leqslant -111 \text{dBW/(m}^2 \cdot \text{MHz})$$

可以发现，通过对卫星波束 EIRP、天线配置以及隔离距离进行设计可以满足 $I/N<-6$dB 的干扰保护要求。

同理，当卫星通信和地面移动通信同时使用 1920～1980MHz 频段时，判断卫星通信终端对地面移动通信下行链路产生的同频干扰时，在该频段上将隔离距离拉远至 50km 后，单个卫星通信终端在 50km 的 PFD 为 −120dBW/(m²·MHz)。因此，通过空间隔离，该干扰可以忽略不计。

在 1920～1980MHz 频段上，卫星通信终端对地面移动通信上行链路产生的同频干扰 PFD（单位为 dBW/(m²·MHz)）应满足：

$$PFD = 10 \cdot \log\left(\sum_{m=1}^{M} P_m \cdot \frac{G_t(\theta_m)}{4\pi d_m^2} \right) \leqslant \begin{cases} -131 + 0.21 \cdot \theta^2, & 0° \leqslant \theta \leqslant 8.3° \\ -116 + 0.08\theta, & 8.3° < \theta \leqslant 90° \end{cases}$$

通过分析计算发现，在该频段上，当隔离距离增大到 50km 时，卫星通信终端对地面移动通信系统上行链路的同频干扰可以忽略不计。

可以看出，在星地融合网络中也需要关注降低卫星通信对地面移动通信干扰的方法及措施，促进星地融合协调共存[17]。通常可用的方法和措施包括星地时分的频谱共享方法以及星地空分的频谱共享方法等。

7.5.2　智能干扰感知与评估

星地融合移动通信网络不仅与地面业务也与空间业务共用频率资源，且卫星与地面用户存在相对运动，导致干扰环境复杂，干扰信号在时域、频域、空域等多个维度随时间不断变化[18]。仅在某单一域内提取特征参数进行干扰感知的方法已不适用，需要对干扰类型及特点进行分析[19]，研究影响干扰感知决策结果的多维因素，需要研究特征参数多维化、鲁棒性能较好、算法更加智能的干扰感知技术；还需研究适用于星地融合移动通信网络的干扰评价指标，建立一套科学的干扰评价体系，为兼容性分析提供评判标准，为干扰消除等提供研究基础。除此之外，由于卫星通信系统属于开放式系统，极易受到地面移动通信有意或无意干扰的影响。特别是对于低轨卫星通信系统，由于卫星距离地面的高度相对较低、星地链路传播损耗较小，低轨卫星通信系统更容易受到地面移动通信信号的干扰。为了维护低轨卫星通信系统的正常运行、避免低轨卫星通信系统受到外来信号干扰，应在最短时间内确定干扰信号源位置，排除干扰的影响。因此，从定位方法、定位算法和定位精度理论分析等多个方面开展针对低轨卫星通信系统的干扰源定位技术研究必不可少。

此外，频谱感知技术是认知无线电的一项关键技术，目前对频谱感知技术已经进行了大量的研究，针对星地融合移动通信网络不同的应用场景研究适合的改进能量检测、匹配滤波器检测、循环平稳特征检测等相应感知方法[20]。

在干扰评价指标方面，除了常用的干噪比、载干噪比、周期变化因子、功率通量密度、等效功率通量密度、误码率等，还要研究适用于星地融合移动通信网络的综合干扰评价指标。

在干扰源定位方面，目前卫星通信干扰源定位的方法主要有双星定位和多星（一般为三星）定位体制。定位方法大多采用到达时间差（Time Difference of Arrival，TDOA）、到达频率差（Frequency Difference of Arrival，FDOA）或者两者的结合。在充分利用低轨卫星相控阵天线阵列的基础上，也可采用基于低轨卫星的单星定位方法，利用单颗低轨卫星在一个较长的飞行弧段内进行定位。通过星载天线阵列对来波信号源进行来波方位角估计，通过示向线与地球平面的交点位置确定干扰信号源方位。利用低轨卫星的对地速率快的特点，可以在短时间内形成多条示向线，通过示向线交会的方法，能够进一步提高定位的准确性。

7.5.3 干扰抑制、规避和协调

针对卫星通信与地面移动通信可能面临的干扰场景，一方面，研究传统的干扰抑制、规避和协调方法在星地融合移动通信场景下的应用可行性；另一方面，针对传统方法大概率失效的可能性，突破频谱扩展与灵活分配技术、同时同频全双工技术在实用化进程中尚需解决的问题和技术挑战，消除频谱使用限制，实现对干扰的抑制、规避和协调。

　　同时，面对未来 6G 系统空间立体节点网络化的特点，需要探讨传统干扰抑制方法在 6G 场景下的可行性及改进方案。研究面向 6G 系统海量多节点、星地融合特点的频谱扩展与灵活分配技术，以及针对同时同频全双工的干扰抑制、规避和协调技术，解决不同网络间的干扰问题、同一网络内不同节点之间的干扰问题，以及同一节点收发链路之间的频谱分配不均衡等问题，避免产生不可接受的干扰，实现卫星通信和地面移动通信频率兼容。

　　针对干扰抑制方面，进一步优化带外抑制指标，严格约束带外干扰，避免对合法频带造成干扰。针对干扰规避，适时引入人工智能、频谱感知等技术，在满足 ITU 频率规避规则前提下，次级系统对优先系统进行智能、高效的干扰规避，充分利用优先系统在频率使用方面留下的时域空洞和空域空洞，提高频率利用率。针对干扰协调，在 6G 星地融合移动通信系统中需要针对卫星通信和地面移动通信进行统筹和一体考虑，既符合 ITU 频率划分规则，又能动态共享频率，充分提高频率资源的利用率。综合运用频段规划、空间布局、时隙分配以及信号设计等多种手段，在 6G 方案设计层面给出卫星通信和地面移动通信频谱共享、融合的可行途径。

思考题

　　1．请简要描述星地融合移动通信网络在频谱复用方面的技术发展趋势。

　　2．频谱感知技术中常用的频谱感知方法包括哪几种？请列出。

　　3．相比中低频段，高频段被越来越多地应用于卫星通信中，请简要描述高频段星地融合频谱共享技术的特点。

┃参考文献┃

[1]　搜狐. CSIS 报告：与中国的频谱分配之争[EB]. 2023.

[2]　CHEN S Z, KANG S L. Dual iconic features and key enabling technologies of 6G[J]. Engineering, 2023(28): 7-10.

[3]　3GPP. NR; base station (BS) radio transmission and reception: TS38.104[S]. 2018.

[4]　翟华, 张千. GSO 卫星移动通信 L 和 S 频段资源态势分析[J]. 移动通信, 2020, 44(7): 42-48.

[5] 张伟忠. 多波束卫星系统频率复用与干扰避免算法[D]. 哈尔滨: 哈尔滨工业大学, 2020.

[6] 许国平, 苗守野, 黄志勇. 基于软频率复用规划的 LTE 小区间干扰抑制[J]. 邮电设计技术, 2010(7): 6-9.

[7] 李波, 刘勤, 李维英. 认知无线电技术[J]. 中兴通讯技术, 2006, 12(2): 10-13.

[8] 畅志贤, 石明卫. 认知无线电技术综述[J]. 电视技术, 2007, 31(S1): 130-133.

[9] 邱晶, 周正. 认知无线电网络中的分布式动态频谱共享[J]. 北京邮电大学学报, 2009, 32(1): 69-72.

[10] ASLAM M M, DU L, ZHANG X, et al. Sixth generation (6G) cognitive radio network (CRN) application, requirements, security issues, and key challenges[J]. Wireless Communications and Mobile Computing, 2021(2021): 1-18.

[11] DU L P, FU Y T, CHEN Y Y, et al. Eigenvalue-based spectrum sensing with small samples using circulant matrix[J]. Symmetry, 2021, 13(12): 2330.

[12] 张晓燕, 潘冀. 星地混合系统的动态频谱共享[J]. 无线电通信技术, 2021, 47(5): 633-637.

[13] 贾敏, 张曦木, 王港, 等. 基于地理信息数据库的星地频谱共享方法: CN111031476B[P]. 2021-10-26.

[14] 魏明飞, 潘冀, 陈志敏, 等. 预训练模型下航天情报实体识别方法[J]. 华侨大学学报(自然科学版), 2021, 42(6): 831-837.

[15] 张晓燕. 非静止卫星星座地球站的等效全向辐射功率包络计算方法[J]. 电波科学学报, 2022, 37(1): 121-128.

[16] 张晓燕, 王贺. 星地混合移动回传系统的干扰规避和减缓技术[J]. 天地一体化信息网络, 2021, 2(1): 28-34.

[17] 张曦木. 星地一体化网络中基于能效的资源管理技术研究[D]. 哈尔滨: 哈尔滨工业大学, 2017.

[18] 康绍莉, 缪德山, 索士强, 等. 面向 6G 的空天地一体化系统设计和关键技术[J]. 信息通信技术与政策, 2022(9): 18-26.

[19] 黄浩宁, 陈志敏, 徐聪, 等. 基于领域概念图的航天新闻自动摘要模型[J]. 北京航空航天大学学报, 2024, 50(1): 317-327.

[20] ZHANG X Y, TANG C, CHEN Y Y. A weighted cooperative spectrum sensingstrategy for NGSO–GSO downlink communication[J]. Wireless Networks, 2024: 1-12.

第 8 章

总结与展望

首先，本章分析了星地融合移动通信的发展路径，并总结了 5G NTN 在 3GPP 的标准化进展以及后续研究；随后，展望未来星地融合移动通信标准所涉及的技术方向和关键技术，包括 5G NTN 近期即将涉及的链路增强技术、终端定位技术、广播/多播技术、通信导航遥感融合技术等，以及面向未来的 5G-Advanced 和 6G 星地融合移动通信技术，包括星地融合网络架构、组网技术、空口传输技术、频谱共享技术等；最后，展望了星地融合移动通信中人工智能（AI）的应用及通信与导航、感知融合的发展趋势。

/8.1 星地融合移动通信发展路径 /

在学术界和产业界的共同推动下，星地融合移动通信正沿着从"5G 体制兼容"发展到"6G 系统融合"的技术路径前进[1-2]。手机直连卫星作为卫星互联网当前的热点，标志着星地融合移动通信发展的一个重要阶段[3]。

（1）5G NTN 与 TN 的标准体系兼容性为星地融合移动通信的发展奠定了基础

2017—2022 年，国际电信联盟（ITU）、第三代合作伙伴计划（3GPP）和欧洲电信标准组织（ETSI）一直积极推动 5G 体系下的卫星通信研究，3GPP 把卫星通信纳入 NTN 并开展相应的技术研究和标准化工作。针对星地融合移动通信技术挑战，进行了定时关系增强、时间和频率补偿、适应大往返时延的 HARQ 改进机制、移动性管理与切换增强等技术优化，开启了卫星通信与地面移动通信体系融合的先导工作[4-7]。

3GPP 在设计首个 5G 商用标准版本（即 R15）中，没有涉及卫星通信标准，只是开展了基于 5G 的卫星通信技术的初步研究。在 R16 阶段深入地研究相关技术问题，在 R17 版本中完成首个 5G NTN 标准[8-10]。这表明在 5G 时代，星地融合移动通信已实现与现有地面移动通信标准的体系兼容，在现有 5G 技术框架下优化星地融合移动通信。

5G 的技术成熟度高、产业链完整，并且具有规模经济优势，卫星通信与 5G 兼容后，能够共享 5G 产业链与规模经济效应。5G NTN 星地融合移动通信方案支持透明转发和再生处理两种部署模式，相较于现有的存量 5G 手机直连卫星，不修改原有 5G 协议的技术方案，具有更低的系统复杂度、建设与运维成本，以及更高的系统容量，展现出更高的先进性。5G NTN 可用于 GEO/MEO/LEO 场景，支持 L/S/C/Ka 等多频段，支持 VSAT 和普通手机，能够实现卫星固定业务（FSS）、卫星移动业务（MSS）以及"动中通"业务。基于 5G NTN 的手机直连卫星方案不仅适应了手机更迭周期短的特点，还满足了行业应用的需求，并为未来 6G 星地融合移动通信的发展打下了坚实的基础。

（2）6G 星地融合移动通信将实现系统的全面融合

面向 6G 的星地融合移动通信网络如图 8-1 所示，它融合了多个异构接入网络，具备多层、立体、动态时变的特质[11]，以多种空间平台（高/中/低轨卫星、平流层

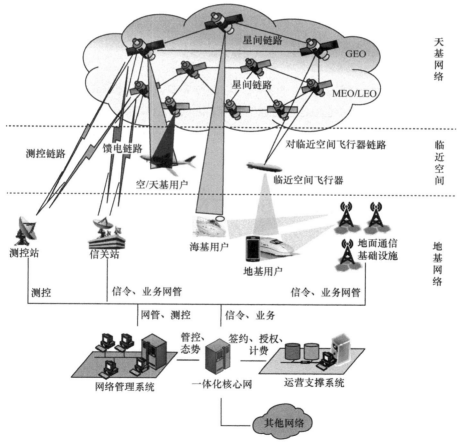

图 8-1　面向 6G 的星地融合移动通信网络

浮空器以及飞机/无人机等）为载体，使星地构成一个整体，整个系统的接入点、频率、接入网、核心网完全统一规划和设计，采用协同的资源调度、一致的服务质量、星地无缝的切换与漫游，为用户提供无感知的、连续的一致服务。与过去和现在（5G）的星地融合移动通信系统相比，未来面向 6G 的系统融合将包括 7 个层面：体制融合，即采用统一的无线空口体制和相同的空中接口分层设计方案，采用相同的传输和交换技术；网络融合，即采用统一的网络架构和 TCP/IP，确保各种基于IP 的业务都能互通，并实现数据网络、语音网络、视频网络的融合；管理融合，即统一资源调度与管理；频谱融合，即频谱共享共用，协调管理；业务融合，即统一业务支持和调度；平台融合，即网络平台采用一体化设计；终端融合，即统一终端标识与接入方式。

卫星通信网络与地面移动通信网络融合将扩大网络覆盖、提升频率资源利用率、实现星地频谱共享共用；同时星地协作传输，提升业务支持能力和传输效率，构建绿色高效节能的网络通信环境。

在 6G 标准研究制定之初，业界就将地面移动通信和卫星通信的融合作为重点考虑因素，旨在实现星地融合移动通信系统，以实现全球立体无缝覆盖。这样的设计目标是为了确保人或物处于任何时间、任何地点、任何临近空间，均能随时随地接入网络[12-15]。

/ 8.2 3GPP 5G NTN 的标准化进展 /

5G 非地面网络（NTN）是一项革命性的技术，旨在将卫星通信和其他非地面平台整合到 5G 体系中，从而实现全球范围内的无缝连通性。3GPP 在 R17 中发布了首个 NTN 标准化版本，在 R18 中发布了 NTN 增强型版本，其中，相对于地面移动通信来说，R17 中的 NTN 在无线空口和系统层面进行了改进和增强。

首先，为了适应非地面网络无线信道的特殊性，NTN 在空中接口方面进行了一系列改进和增强，包括对定时、同步、混合自动重传请求（HARQ）、时序关系调整以及波束管理的修改。这些调整考虑了非地面网络中时延较高、信号传播变化大的特点，确保了无线信号的稳定接收和有效管理。

为了提高测量精度和减小位置服务的误差，NTN 引入了新的系统信息，以支持对移动性管理和用户面通信的改进。这些改进包括用户设备（UE）的位置上报机制优化、增强移动性管理策略，以适应卫星通信的高动态和广覆盖的特点。

在注册和位置更新方面，为了支持馈电链路切换和跨国路由，NTN 引入的新特性允许用户设备在不同卫星或其他非地面网络平台之间无缝切换，同时确保了服务的连续性和稳定性。此外，为了适应非地面网络中的时间和频率差异，3GPP 明确了终端的时间提前量补偿和频率补偿机制，以及终端和基站射频性能的要求，确保了不同设备之间的兼容性和网络的整体性能。

在注册区分配与管理架构方面，NTN 支持了基于软跟踪区（TA）的注册区分配与管理。一个卫星波束可以广播多个跟踪区代码（TAC），而基站可以根据用户设备的地理位置向核心网报告 TAC。核心网则根据基站报告的 TAC 生成注册区 TA 列表，从而实现更有效的网络管理和资源分配。

在网络选择与接入控制方面，NTN 支持基于 UE 地理位置的公共陆地移动网（PLMN）选择和接入控制。这允许 UE 基于其位置选择最适合的 PLMN，基站检查 UE 的位置以验证 UE 是否接入适当的网络。此外，当 UE 移动并离开当前 PLMN 的覆盖范围时，基站将发起跨 PLMN 的切换，保证了服务的连续性。接入和移动性管理功能（AMF）需要从位置管理功能（LMF）中获取 UE 所在的国家信息，并检查 UE 是否被允许接入当前的 PLMN，这为全球范围内的漫游提供了基础。

最后，在服务质量（QoS）和策略控制方面，NTN 引入了基于卫星回传类型的 QoS 和策略控制。在单星回传场景中，AMF 将回传类型报告给会话管理功能（SMF），并最终上报给策略控制功能（PCF）。该机制确保了即使在卫星回传条件变化的情况下，也能够根据不同的服务需求提供合适的 QoS 保障。

在 R18 阶段，在无线接入网方面，正在推进手机直连卫星所需的链路传输增强[16-17]；在核心网方面，推进了核心网用户平面功能（UPF）天基部署[18-19]。

3GPP NTN R17 和 R18 版本无线接入网的标准推进如图 8-2 所示，与 R17 版本相比，R18 版本在无线接入网方面的改进，主要包括以下几个方面。

首先，为了提高在极端覆盖条件下的通信能力，R18 针对 5G NTN 开展了链路预算和分集传输技术的研究，包括对语音通信和低速业务的链路预算优化，以及分集技术的应用，旨在实现更强的信号覆盖和更高的通信可靠性。这些增强措施将有助于提高极端环境中用户的通信体验。

其次，R18 版本强调了 NTN 与地面网络（TN）间切换的业务连续性。通过研究和改进 NTN 与 TN 间切换的技术，确保用户在两种网络之间切换时的无缝体验。

这种增强的业务连续性对于确保用户在移动环境中保持稳定连接至关重要，无论他们是在地面上还是在空中。

再者，考虑 5G NTN 将在更高的频率范围部署，R18 特别关注了频率范围 2（FR2）频段的干扰共存问题和射频性能指标。这涉及修改 FR2 频段的物理层参数，以适应 10GHz 以上频段的特殊要求。这些改进将有助于优化频率资源的使用，减少干扰，并提高总体网络性能。

最后，R18 版本还致力于研究 UE 位置上报的监管问题和验证技术。这是为了满足全球通信监管的需求，确保网络能够有效地验证用户设备的位置信息。这不仅对于提供基于位置的服务至关重要，对于确保国家安全和满足法律要求也具有重要意义。

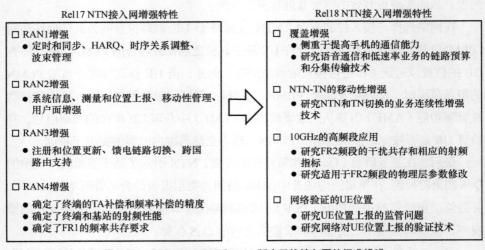

图 8-2　3GPP NTN R17 和 R18 版本无线接入网的标准推进

3GPP NTN R17 和 R18 核心网的标准推进如图 8-3 所示，与 R17 版本相比，3GPP R18 版本在系统架构、核心网和终端方面的改进，主要集中在以下几个方面。

首先，基于动态卫星回传特性的 QoS 和策略控制增强，R18 版本考虑了星间或多种卫星回传场景中的动态性，这要求更为智能和灵活的网络管理。为此，AMF 被设计为能够识别基站是否采用了动态卫星回传，并将此信息报告给 SMF。SMF 进一步将回传类别信息传递给 PCF，后者可以激活 QoS 监控功能以跟踪和响应动态回传时延的变化。增强后的策略控制能力允许网络根据实时的时延情况调整和优化策略，保证服务质量。

其次，R18 版本在用户平面功能上星方面进行了创新性的探索，即将 UPF 部署在卫星上。该架构变革旨在支持边缘计算和本地数据交换等功能，使数据处理更接近用户，从而降低传输时延，提高数据处理效率，并为用户提供更快的服务响应。

最后，针对非连续卫星覆盖下的节电管理，R18 版本特别考虑了卫星物联网的应用。为了节省 UE 的能耗，R18 版本提出了基于星历信息计算 UE 无法获得卫星接入服务的时间段机制，允许 UE 在这些时间段进入休眠状态。该节电管理策略优化终端设备能耗，能够显著延长在资源受限环境中设备的电池寿命。

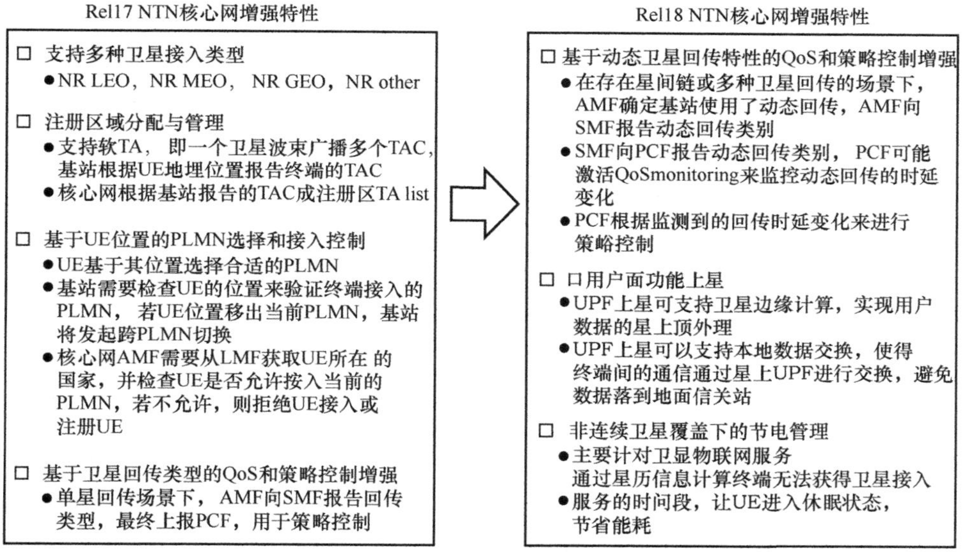

Rel17 NTN核心网增强特性

□ 支持多种卫星接入类型
  ● NR LEO，NR MEO， NR GEO， NR other
□ 注册区域分配与管理
  ● 支持软TA，即一个卫星波束广播多个TAC，基站根据UE地埋位置报告终端的TAC
  ● 核心网根据基站报告的TAC成注册区TA list
□ 基于UE位置的PLMN选择和接入控制
  ● UE基于其位置选择合适的PLMN
  ● 基站需要检查UE的位置来验证终端接入的PLMN，若UE位置移出当前PLMN，基站将发起跨PLMN切换
  ● 核心网AMF需要从LMF获取UE所在的国家，并检查UE是否允许按入当前的PLMN，若不允许，则拒绝UE接入或注册UE
□ 基于卫星回传类型的QoS和策略控制增强
  ● 单星回场景下，AMF向SMF报告回传类型，最终上报PCF，用于策略控制

Rel18 NTN核心网增强特性

□ 基于动态卫星回传特性的QoS和策略控制增强
  ● 在存在星间链或多种卫星回传的场景下，AMF确定基站使用了动态回传，AMF向SMF报告动态回传类别
  ● SMF向PCF报告动态回传类别，PCF可能激活QoSmonitoring来监控动态回传的时延变化
  ● PCF根据监测到的回传时延变化来进行策略控制
□ 口用户面功能上星
  ● UPF上星可支持卫星边缘计算，实现用户数据的星上顶外理
  ● UPF上星可以支持本地数据交换，使得终端间的通信通过星上UPF进行交换，避免数据落到地面信关站
□ 非连续卫星覆盖下的节电管理
  ● 主要计对卫显物联网服务通过星历信息计算终端无法获得卫星接入
  ● 服务的时间段，让UE进入休眠状态，节省能耗

图 8-3　3GPP NTN R17 和 R18 核心网的标准推进

在 R19 阶段，3GPP 进一步开展广播和多播技术、NTN 定位技术等方面的标准化工作，从而使得星地融合通信能够支撑多样化组网模式，并在未来平滑演进到 6G。

资料专栏：UPF、UPF 天基部署

UPF 在 5G 核心网中负责用户面的各种功能，包括 UE IP 地址或前缀的分配、用户数据包的路由和转发、与外部数据网的数据交互、包检测、用户平面的 QoS 处理、流控策略实施、数据包缓存等。

UPF 天基部署是把 UPF 部署在卫星上，其主要目的是便于实现终端到终端业务流的星上交换，以及星上边缘计算、星上内容缓存、卫星广播与多播等功能，以降低业务流的时延和减少馈电链路的流量。

/8.3　星地融合移动通信未来技术方向 /

8.3.1　5G-Advanced 的 NTN 增强技术

5G-Advanced 近期的 NTN 技术研究方向包括用以支持手机直连卫星的无线链路增强技术、用以降低对全球导航卫星系统（GNSS）依赖的终端定位技术、用以提供更丰富的业务的广播和多播技术、用以提升系统能力避免星座重复建设的通信导航融合技术等[12]。

8.3.1.1　无线链路增强技术

在星地融合通信系统中，受卫星覆盖范围、星座构型、传输频率、带宽限制以及手持终端的能力影响，链路预算可能面临紧张或不足的问题。为了缓解这一问题，可以从以下几个方面进行链路增强[16]。

（1）应用混合自动重传请求（HARQ）技术以增强传输链路的可靠性。鉴于卫星通信的传播时延较高，系统设计需要支持 HARQ 反馈的关闭与开启。在信噪比较低的环境下，为了保障传输的可靠性，可以采取盲重传或 HARQ 重传来实现信号的分集合并。对于对时延和抖动敏感的业务、传播时延较高的场景（如高轨道卫星通信）以及高速传输链路，建议关闭 HARQ 反馈以减少重传导致的时延。在其他场景下，可以开启 HARQ 反馈，通过 HARQ 机制提高链路可靠性。此外，星载基站和地面基站可能需要配置更多的 HARQ 进程以适应卫星通信的特殊要求。

（2）实施信号重复传输策略。在许多通信系统中，信号重复传输可以改善链路预算。在手机直连卫星的应用场景中，利用重复传输策略可以确保在低信噪比环境下通信的可靠性，并提升系统的覆盖范围。当链路预算的改善需求为几 dB 范围内时，这种方法效率较高；若改善需求超过 10dB，效率会显著下降。

（3）增强终端天线的增益和功率放大器（PA）性能。对于使用低增益天线的终端系统（如手机直连卫星），提升天线增益是非常有效的。为专门频段设计的天线可以比标准手机天线提供更高的增益。双极化天线有助于抵消极化损失。在功率放大器模块中，可以配置更高输出功率的 PA。由于上行链路不是持续发送信号，因此总体的平均功率仍然可以保持在合理的范围内。

（4）提升卫星天线阵列性能。对于手机终端，显著提高天线增益通常是不现实的。因此，增强卫星天线阵列性能是改善手机直连卫星链路预算的有效策略。例如，扩大卫星天线阵面尺寸和增加阵元数量（如 AST SpaceMobile 公司使用的 $64m^2$ 星载相控阵天线），可以显著提升链路预算。但这样做会大幅增加卫星的复杂性、质量、体积、功耗和成本，并且会缩小波束宽度及其在地面的覆盖区域。为了增加覆盖能力，可以采用快速切换波束技术。在实践中，必须在天线增益和覆盖范围之间找到一个可接受的平衡点。另外，在功耗、质量和体积的限制下，可以采用收发共用阵面技术来充分利用阵面面积，并在允许的扫描角度内最大化阵元增益，或者采取稀疏阵列设计来提高天线的无源增益。

（5）降低信号带宽。在手机直连卫星应用中，减小信号带宽可以提高功率谱密度和降低噪声带宽，进而提升信噪比。在 5G NTN 中，物理信道带宽是无线资源块（Resource Block，RB）的整数倍。减少 RB 带宽、降低物理信道所占用的 RB 数量，以及避免多个物理信道的同时调度，能够有效减小信号带宽，从而增强信号覆盖能力。

资料专栏：链路不足、链路增强

链路不足：卫星与用户设备之间的用户链路主要用来传输数据或控制信息，因为传输距离远，用户链路的链路预算普遍比较紧张，导致接收端信噪比相对低，难以支持数据或控制信息的正常传输。

链路增强：主要目的是提高接收信号质量、提高通信质量。一方面，卫星通信距离很远，信号的路径衰减很大；另一方面，卫星对通信载荷的质量、功耗、体积都有严格的限制，卫星收发天线增益和发射信号功率都有限。因此，在设计卫星通信系统时，既要充分地利用信号处理手段获取处理增益，也需要基于新技术合理地平衡卫星和终端的射频收发性能参数。

8.3.1.2　基于卫星的终端定位技术

在卫星通信中，确保终端和卫星之间的精确位置信息至关重要，有助于执行多种关键任务，包括搜星、确定波束指向、调整时间提前量、实现频率预补偿以及优化发射功率。在全球导航卫星系统（GNSS）信号可用且终端具备接收 GNSS 信号的能力时，终端通常利用 GNSS 实现自身定位。然而，在无 GNSS 信号的环境下，依赖卫星通信网络定位变得尤为重要。

此外，为了满足监管政策要求，网络运营商通常需要知晓并限制终端的使用位置。目前，3GPP 针对 5G NTN 的标准假设所有终端均具备接收 GNSS 信号的功能，以便终端能够定位自己并向网络报告其位置。然而，存在终端可能伪造自身位置的风险，这给网络的有效监管带来了挑战。

未来，预计星地融合移动通信网络将采用统一设计的通信和导航信号，实现两者的深度融合。即使没有配置 GNSS 模块的终端，也可接入该网络。终端可依赖网络提供的导航功能进行自主定位，网络也可根据终端信号确定其位置。这种方法可实现从千米级至亚米级的定位精度，满足不同精度的需求。

在实际应用中，卫星通信和导航的融合技术遇到了一系列挑战。卫星定位包含终端定位和网络定位，每一种定位方式可以进一步分为单星和多星定位方式。卫星通信与导航定位融合技术如图 8-4 所示。对于单星定位（图 8-4（a）），其精度受限于卫星位置的变化。要获得较高的定位精度，通常需要较长的时间，一般是数十秒。因此，单星定位方法的主要挑战在于无法在较短时间内（如秒级或更短时间）实现高精度定位。此外，多星定位（图 8-4（b））要求终端能够接收 3 颗以上卫星的信号，这就需要卫星通信系统能够对地球上的特定服务区域实现至少 3 种信号覆盖，这对于提供卫星移动业务（MSS）的系统来说可能成本过高。同时，多星定位还需要卫星之间有良好的时间同步，这进一步提升了对卫星通信系统的技术要求。

为了实现卫星通信与导航的有效融合，未来的研发工作需要在信号设计、定位算法以及定位流程等方面进行创新和优化，包括开发能够在较短时间内提供精确位置信息的信号处理技术，改进多星定位算法以降低对星间同步的依赖，以及设计更高效的定位流程以减少对复杂地面基础设施的需求。这些技术创新有望在未来实现更加精确和可靠的通信导航融合解决方案。

资料专栏：通信监管、基于终端位置的卫星通信监管

通信监管： 国家监管要求通信系统必须支持拜访地网络的监管机构和归属地网络的监管机构对通信用户业务流量的监管，该功能大多部署在核心网中。

基于终端位置的卫星通信监管： 对于卫星移动通信系统来说，每颗卫星和每个波束覆盖都比较广，往往会跨越不同的国家。因此，卫星通信网络需要先确认终端目前的位置，并控制终端接入目前位置所在国家的核心网，以便于该国监管机构实施监管；再基于漫游策略，把用户业务流引进归属地核心网（对于基于归属地漫游策略的情况），以便于归属地网络的监管机构实施监管。

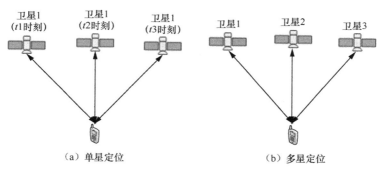

（a）单星定位　　　　　　　　　　（b）多星定位

图 8-4　卫星通信与导航定位融合技术

8.3.1.3　广播和多播技术

在星地融合移动通信系统中，卫星通信系统对于广播和多播技术应用有明显的天然优势，可以通过低成本实现广域的业务覆盖。广播和多播技术可以广泛应用于信息内容的广域分发、公共安全和应急响应广播任务，以及集团客户的群组通信需求。卫星广播/多播网络示意图如图 8-5 所示。

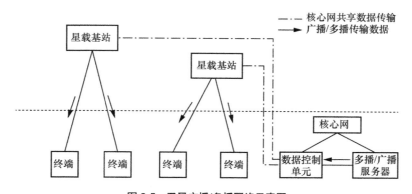

图 8-5　卫星广播/多播网络示意图

对于广播技术，关键挑战在于确保在不同卫星和不同覆盖区域中维持业务的连续性，从而提升系统资源的使用效率和用户的体验。理想的广播策略是通过单一频点提供服务，使处于空闲态和连接态的终端都能接收到广播内容，减少网络开销。

为了接收广播服务,终端需要先从应用层获取广播业务配置,然后从实时广播消息中提取频率资源和承载配置信息,并检测和接收特定的控制调度信息,最后完成对广播内容的接收。星地融合移动通信网络可以根据广播区域的需求,指定特定的卫星或波束来发送广播信息至目标终端。此外,终端可以对接收的信息内容进行反馈,以增强传输的可靠性。

多播技术面临的主要挑战是如何有效地管理多播群组和实现多播路由。网络需要对用户进行分组,并建立组会话以实现组内成员间的通信。当多播群组的成员位于同一波束内时,仅须在无线空口传输一份数据即可,这可以显著节约资源。如果多播群组的成员分布在同一卫星下的不同波束内,那么就需要在各个波束中分别发送多播信息。而当多播群组的成员分布在不同卫星下时,就需要在相关卫星的对应波束上分别发送多播信息,并且网络还需要支持多播的路由功能。对于中低轨道卫星通信网络,多播群组的成员可能会处于不同卫星的覆盖范围内,并且会频繁进行星间切换,增加了多播管理和路由的复杂性。

8.3.2　6G 星地融合移动通信关键技术

未来 6G 星地融合网络将面临一系列技术挑战,这些挑战源于多层且跨域的复杂主体组网需求、大尺度的空间传播环境以及卫星高速运动带来的网络拓扑高动态变化,大时空尺度跨域异构的 6G 星地融合网络如图 8-6 所示。这些因素共同作用,可能导致传输效率降低,并使得保障业务质量成为一项艰巨的任务。为了解决这些难题,需要从星地融合的网络架构设计、星地融合的无线传输技术、星地融合的组网与切换技术以及星地融合的频率管理等方面实现关键技术突破[1,14,20]。

(1)星地融合的网络架构设计:需要创新网络架构以适应星地融合移动通信系统的特点,包括但不限于卫星通信网络与地面移动通信网络的有效协同、网络资源的动态管理,以及高效的网络控制和管理机制。

(2)星地融合的无线传输技术:要提高传输效率,必须研发适应大尺度空间传播环境和卫星高速运动特性的无线传输技术。这可能涉及先进的调制解调技术、信道编码策略、波束成形和跟踪技术等。

(3)星地融合的组网与切换技术:随着卫星高速运动导致的网络拓扑不断变化,需要开发灵活的组网策略以支持无缝的星间和星地切换,确保服务的连续性和可靠性。

（4）星地融合的频率管理：频率资源是有限的，因此需要星地间频谱共享和高效的频率管理策略来最大化频谱的利用率，并减少干扰，对于保持通信链路的稳定性和传输效率至关重要。

上述技术突破将有助于构建一个高效、稳定且可靠的 6G 星地融合移动通信网络，以满足未来通信的需求。

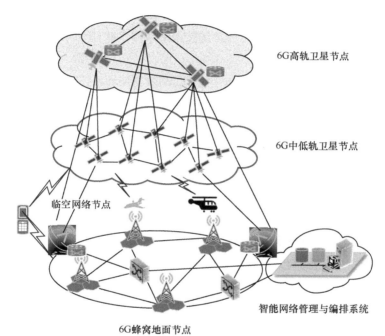

图 8-6　大时空尺度跨域异构的 6G 星地融合网络

8.3.2.1　星地融合网络架构

在网络架构方面，研究了卫星通信与地面移动通信的统一架构设计，设计弹性可重构的灵活网络架构和高效的多域多维度网络管理架构，分别实现星地网络节点间网络功能的柔性分割和提高星地融合网络中的资源管理效率。下面分别对弹性可重构星地融合网络架构和高效的多域多维度网络管理架构进行简要介绍。

1.　弹性可重构星地融合网络架构

弹性可重构星地融合网络架构可以根据卫星处理能力构建分层分域的协同管理架构，高轨、中/低轨、地面三级控制器协同工作，完成端到端的网络和业务管理。采用服务化的网络架构，网络功能可以根据业务和组网需求进行按需部署，根据不同的部署场景以及网络传输能力灵活适配业务场景和需求，根据业务场景和需求智能地提供弹性可重构的网络服务能力，实现网络功能的按需重构，保证网络按需服务能力。

核心网功能在地基和天基上被柔性分割。地基实现完整的核心网功能，天基实现核心网功能制定，支持灵活路由与业务传输。星地融合移动通信网络采用集中式单元（CU）和分布式单元（DU）分离的接入网架构，针对不同的卫星载荷，实现接入网功能的定制化。

传输网采用软件定义网络（SDN）技术，高效支持动态拓扑变化带来的路由优化，以便于在异构多域网络环境下对全网资源进行统一管理和动态配置，实现灵活高效的资源分配和协同。

由于星地融合移动通信网络具有全域覆盖、随遇接入和动态变化的特性，因此，需要对异构网络资源进行智能化统一管理。智能网络管控平台对星地融合移动通信网络的虚拟资源统一管控，提高网络资源利用效率，保证网络服务能力。根据业务需求和网络状况进行端到端的网络切片，保证用户的体验质量。

2. 高效的多域多维度网络管理架构

为了满足星地融合网络架构弹性可重构的需求，需要重点从统一移动性管理架构、星地融合网络边缘计算架构、智能端到端全生命周期的切片管理架构、异构跨域网络资源管理架构等方面来实现融合网络移动性、边缘计算、切片和资源调度的统一管理，提升大时空尺度异构组网端到端管理效率。

在统一性移动管理架构层面，为了实现移动可预测和群组移动，可以引入基于人工智能的按需移动性管理方法和基于群组特征的移动性管理方法。

在 6G 星地融合网络边缘计算架构层面，为了解决卫星能力受限和融合网络应用场景多样的问题，可以引入轻量级的边缘计算平台方法和边缘计算功能的柔性分割方法。

在智能端到端全生命周期的切片管理架构层面，由于 6G 星地融合移动通信网络的高动态和多域部署特性，可以引入高动态智能端到端网络切片管理方法和多域网络协同编排方法。

在异构跨域网络资源管理架构层面，由于 6G 星地融合移动通信网络的资源表征不同以及多域部署，可以引入基于人工智能的异构资源管理方法和跨域的网络资源协同编排方法。

8.3.2.2　星地融合无线传输

在无线传输方面，本节研究了卫星通信与地面移动通信的统一无线空口设计方案，其支持多种业务传输，使得终端接入最合适的星地融合网络节点。下面简要介绍多星多波束协同传输和新型调制与接入的关键技术。

在传统的卫星通信系统中，用户一般通过单星单波束通信，这在一定程度上限制了用户的数据传输速率，卫星资源的使用效率也未能充分利用。为了进一步利用卫星的空间传输特性，可以让一个终端同时连接在编队的多颗卫星上。这些卫星通过协作实现联合数据传输，从而获得发送分集增益或者复用增益。

多波束协同传输技术作为提升卫星通信传输速率的一种候选技术，多个卫星波束或者单个卫星多个极化波束在相同频率资源中为同一个用户传输数据实现波束空间复用[21]。多波束协同传输技术对系统要求较高，其主要的研究内容与技术挑战包括：研究基于视距 MIMO 的多波束协同传输理论与模型；研究多波束协同传输方案、同步技术与码本设计；支持再生处理和透明转发的分布式与集中式协同信号处理。

多星多波束协同传输示意图及仿真结果如图 8-7 所示。从图 8-7（b）可以看到，4 星多波束协同传输可实现单用户 150% 以上传输速率的提升。

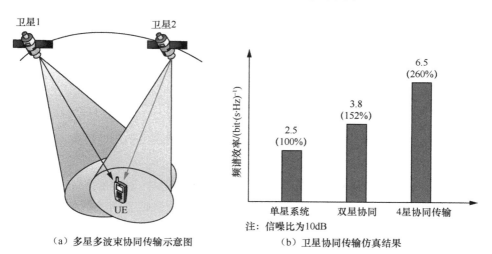

（a）多星多波束协同传输示意图　　　　（b）卫星协同传输仿真结果

图 8-7　多星多波束协同传输示意图及仿真结果[21]

星地融合新波形与多址接入，重点研究的内容包括：低峰均比和带外辐射的高效波形以及高效译码；低相关性高容量非正交多址接入方案。

星地融合移动通信网络极简接入与传输过程，适用于 6G 卫星通信超大规模机器类通信业务。终端具有突发数据短、连接量大、功耗低、成本低的特点，对存在信号损耗大、接入时延高、存在大频偏等固有特性的星载基站来说有很大的挑战性。因此，星地融合移动通信网络需要采用简化 6G 卫星通信接入流程、降低接入时延、减少碰撞概率等手段提高接入成功率和接入效率，星地融合移动通信网络极简接入与传输过程如图 8-8 所示。主要研究内容包括：大多普勒高精度同步、结合非正交多址的简化两步接入和基于预测的低开销定时维护；基于边缘计算、网络编码和动态重传控制的耐受高时延 HARQ。

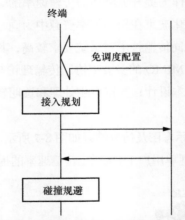

图 8-8　星地融合移动通信网络极简接入与传输过程

8.3.2.3　星地融合组网与切换

在组网方式方面，需要重点研究多层网络间自适应路由和无缝切换、星地融合资源智能管控等关键技术。

星地融合移动通信网络的移动性管理面临时空尺度大、时变拓扑高、切换极频繁、跨域多路径等技术挑战。本节研究星地协作的位置管理、弹性高效的动态路由、大规模用户无感知切换等方法，实现天基网络弹性动态路由与高效移动性管理关键技术。

星地融合移动通信网络中的天基网络具有异构多维立体性，网络拓扑动态性强，节点间邻居关系复杂且频繁变化，路由收敛速度慢、适应性差的特点。为了实现满足星地融合移动通信网络需求的低复杂度空间动态路由方案，主要研究内容包括：①基于 SDN 技术，研究动态自适应路由和快速收敛方法，实现低开销、高可靠的路由；②研究多维信息融合的网络实时拓扑分析方法和能力聚合的主动协作路由方法，用以适配不同网络传输能力与业务 QoS 保障，实现按需路由；③研究基于网络智能化的差异化可靠路由，构建星地间多跳传输链路的可靠性态势评估模型，实现满足时空约束、任务适变、资源优化的多层次路由；④探索时空大尺度网络高鲁棒性的网络鲁棒性敏捷保障技术，实现星上故障路径敏捷切换及最优备份路由快速计算等内容。

卫星通信网络中移动性管理面临切换频率高、切换类型多样（水平切换/垂直切换等）的情况，导致在接入点选择、切换测量和判决、路径重定向等方面实现难度大，信令过程复杂。为了实现满足星地融合移动通信网络需求的异构低时延高效移动性管理，主要研究内容包括：①研究基于智能移动预测的低时延条件切换；②研究基于动态图的融合覆盖模型的星地协作的多粒度位置注册和寻呼；③研究用户公平性和资源约束下的接入点选择随机优化模型，支持用户无感知的无缝切换决策机制；④研究用户终端和业务应用的群组特征和确定性属性（时延敏感等），提出天地协作的低时延群切换方法，实现按需高效的群组切换。

星地跨域异构高效统一智能管控，旨在通过有效联合不同网络系统中的资源以充分发挥网络综合效能，从而更好满足未来复杂多变的任务需求。主要研究的内容包括：①星地多维资源表征及关联图谱；②星地多级智能协作管控策略；③星地资源联合协同与部署。

低轨卫星运动速度过快导致网络拓扑高动态变化，弹性高效动态路由与移动性管理需要研究的内容包括：①能力聚合的协作路由和路由重规划；②分级垂直切换与低时延群切换。

星地融合移动通信网络采用服务化的分层架构，可以根据业务感知和资源感知进行按需部署，高动态拓扑环境分层架构如图 8-9 所示。高动态拓扑环境下的按需确定性服务需要研究的内容包括：①高确定性按需服务分层架构；②基于队列调度的高确定流量控制；③SDN 控制流保护机制。

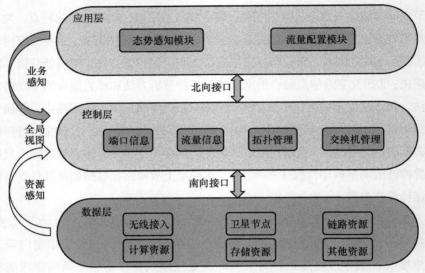

图 8-9　高动态拓扑环境分层架构

8.3.2.4　星地融合频率管理

在频率管理方面，基于统一管理的频率资源研究星地间频谱的协调管理机制，通过频谱共享和干扰管理方案，提高频率资源利用率。

随着用户业务需求的增长，频率资源变得越发匮乏，在星地融合移动通信网络中，如果使用传统的频率硬性分割分配，会导致传输效率下降。为了提高频率资源的利用效率，需要研究空间多层网络的信号传输特点，利用波束和覆盖的差异性，探索星地通信的软频率复用方法；通过干扰预测和资源协调，进一步研究频率动态共享复用的技术和方法，以降低小区边缘干扰，同时提升小区边缘传输效率；引入机器学习，研究基于机器学习的频率态势预测方法，提出星地异构系统动态频谱共享策略。

低频段卫星通信与地面移动通信频谱协调与共享原理如图 8-10 所示，在一个卫星点波束覆盖范围内有大量的地面蜂窝小区，则卫星点波束所使用的频点需要与地面蜂窝小区所使用的频点进行分开，以避免相互之间的干扰。

高频段卫星通信与地面移动通信干扰避免与共享原理如图 8-11 所示，虽然卫星通信链路和地面基站无线链路因采用相同频率而造成相互干扰，但终端天线具有方向性，易于区分来自卫星的信号和来自地面基站的信号。

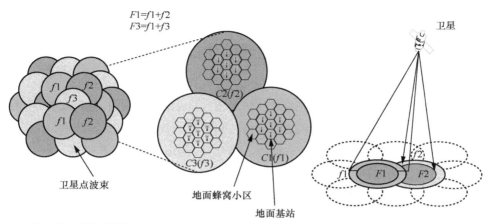

$F1=f1+f2$
$F3=f1+f3$

卫星点波束

$C2(f2)$

$C3(f3)$　　$C1(f1)$

地面蜂窝小区

地面基站

卫星

$f2$

$f1$　$F1$　$F2$

$C1\sim C3$：卫星波束编号
$f1\sim f3$：分配给点波束的子频段

图 8-10　低频段卫星通信与地面移动通信频谱协调与共享原理

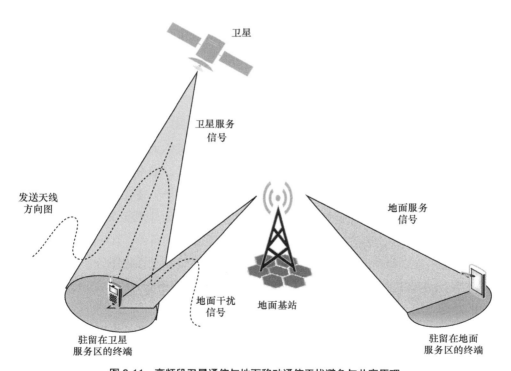

卫星

卫星服务
信号

发送天线
方向图

地面服务
信号

地面干扰
信号

地面基站

驻留在卫星
服务区的终端

驻留在地面
服务区的终端

图 8-11　高频段卫星通信与地面移动通信干扰避免与共享原理

/8.4 星地融合移动通信中的人工智能应用/

近年来，人工智能（AI）已经成为信息技术领域的热点话题，AI 技术正在全球范围内引发一场技术革命。机器学习与深度学习，作为 AI 的关键技术，正广泛应用于各行各业中，以提升效率和能力。随着 5G 网络的全球部署和 6G 技术的持续研发，AI 在移动通信领域的应用潜力和发展趋势受到了广泛关注。

在 5G 技术的发展阶段，研究工作最初集中在核心网，并逐渐扩展到接入网。此外，研究还从接入网的网络能力延伸至无线传输技术。AI 的应用正在逐步深入 5G 网络的各个层面，旨在提升网络效率、可靠性和用户体验。

在 5G 核心网中，AI 主要应用于网络功能虚拟化（NFV）、网络切片、服务质量（QoS）管理和安全性管理等领域。AI 辅助网络运营商实现更加灵活和动态的资源管理，通过预测性分析和实时决策来优化网络流量和服务部署。对于 5G 接入网，AI 的应用更侧重于无线资源管理和无线信号处理。利用 AI，接入网能够实现更高效的无线资源利用，通过预测用户行为和流量模式来动态调整无线信号的功率、频率和波束成形。

6G 预计将在 5G 的基础上进一步提升数据传输速率、降低时延、扩大连接范围，并提供更加智能化的服务。AI 与通信融合已成为 6G 的六大应用场景之一，其中通信、数据处理和计算能力将实现深度整合。在 6G 时代，AI 将作为一种内在能力，对移动通信系统产生深远影响。AI 作为 6G 核心技术之一，将在网络自组织、资源管理、服务个性化、安全保障以及无线传输等关键领域展现其至关重要的作用。

AI 在 5G 和 6G 通信技术的发展中扮演着至关重要的角色，其应用预计将极大地推进星地融合移动通信网络的效率、智能化、灵活性和个性化服务。与陆地蜂窝系统中 AI 的应用相比，以下是针对星地融合移动通信网络的 AI 技术应用和研究方向的简要介绍。

（1）波束成形与跳波束管理：未来的卫星通信系统，尤其是为了实现智能手机直连卫星宽带通信，预计将配备大规模的天线阵列。这将导致多波束数量的显著增加。传统技术在处理大量波束成形和管理跳波束方案时，将面临复杂性挑战，进而影响效率。研究如何应用 AI 技术有效提升波束成形、调度和跳波束管理的效率及性能。

（2）异构网络切换性能：结合高轨、中轨、低轨卫星通信、临近空间通信以及地面移动通信，星地融合移动通信网络呈现出大时空尺度、异构性和高动态性的特征。上述特点使得网络切换过程变得更加复杂，传统方法难以保证切换的效率和可靠性。因此，研究如何利用 AI 技术，实现复杂切换场景的预测和跟踪，从而提高星地融合网络中的切换性能。

（3）多维跨域网络资源管理：针对星地融合移动通信网络中多维异构跨域资源，研究应用 AI 技术增强跨域异构资源的统一管理能力，确保提供按需定制的确定性服务，提高网络资源管控的智能性，提高整体网络效率。

（4）无线频谱的分配与共享：在星地融合移动通信网络中，统一的频率资源管理是在地面移动通信网络和卫星通信网络之间进行的。AI 可以通过预测通信需求和分析使用模式，动态地分配频率资源，以最大化频谱使用效率。机器学习算法能够识别服务需求之间的变化，并自动调整频谱分配，以适应这些变化。

（5）无线干扰管理：星地融合移动通信网络因其复杂的系统内外干扰环境，干扰管理面临更大挑战。AI 技术可以通过实时监测和分析干扰源，自动采取措施，如调整发射功率、改变通信链路参数或应用先进的信号处理技术，以最小化干扰的影响，提高网络的鲁棒性和通信质量。

（6）能耗管理：卫星通信系统的能源管理至关重要，因为它们通常以太阳能板作为主要能源，并且需要在有限的能源供应下执行多项任务。研究如何应用 AI 实现能源的有效管理，例如，通过预测太阳能板产生的能量和通信任务的能耗，AI 可以优化卫星的能源分配。

（7）天基网络路由：卫星网络的特点，如节点间的不均匀流量、动态变化的网络拓扑结构和频繁的链路切换，对路由策略提出了极大的挑战。中心化的路由规划方法可能不再适用。研究如何应用 AI 技术提供一种智能的分布式路由解决方案，实时适应网络状态的变化，优化数据包的传输路径，实现负载均衡，降低时延，提高网络吞吐量和整体性能。

通过这些应用，AI 技术为星地融合移动通信网络提供智能化的解决方案，使其能够更加高效和可靠地应对各种挑战，从而为用户提供更好的服务。随着 AI 技术的不断进步和完善，预计这些解决方案将在未来的星地融合网络中扮演越来越重要的角色。

卫星通信技术和地面移动通信技术在各自领域快速发展，卫星通信与地面移动通信的深度融合已成为未来星地融合移动通信网络技术发展的重要方向，得到业界广泛认可。卫星通信网与地面移动通信网间通过优势互补、紧密融合，将扩大移动通信网络覆盖范围，提升网络整体效率，实现全球立体无缝覆盖网络。星地网络移动通信融合将遵循业务、体制和系统融合三阶段技术发展路径的业界共识，在频率使用、网络架构、资源管理、空口体制与业务支持方面进行融合，最终形成星地一体无感知服务的统一网络。

8.5 基于低轨星座的通导遥感算融合

在卫星通信中，终端在搜星、对星、跟星和上行同步等过程中需要使用自己的位置信息，网络为了实现通信监管也需要知道终端的具体位置信息。由于现有卫星通信和导航定位技术是相对独立的，而地面移动通信系统中通信和定位技术已经融合，因此，有必要针对星地融合移动通信建立通信和导航的一体化设计。借鉴已有定位技术，设计通信信号与导航信号的融合机制，通过设计有效的参考信号和定位协议流程，实现可媲美 GNSS 的定位精度。

基于低轨星座的导航定位功能实现通常包括两个层次，第一层次是低轨卫星发送导航定位信号，帮助地面终端获得定位信息，该功能主要是指地面终端可以通过低轨卫星获取定位信息，但低轨卫星本身仍然依赖传统的 GNSS；第二层次的导航定位功能是指低轨卫星星座在全球部署的情况下，可具备定位、导航和授时功能，即独立的 PNT 能力，此时低轨通信星座自身具备定位和授时功能，不依赖传统的 GNSS。

通信卫星实现导航定位功能有多种方式，比如基于通信信号的导航定位、导航增强、基于专用卫星载荷的独立导航等[22]，可实现第一层次和第二层次的导航定位应用。

基于通信信号的导航定位将低轨卫星的通信信号或者和通信信号格式相同的定位信号作为导航基准信号，通过在接收端测量信号到达角、信号到达时间、信号强度或多普勒频移等信息，实现导航定位。基于此方案进行导航定位，定位精度依赖于卫星的数量、信号强度和时钟偏差等因素，同时需要卫星本身的位置信息准确，目前在 3GPP 的研究中精度可达百米量级，进一步的技术优化和精度提升还在研究过程中。

导航增强是在传统的导航能力基础上进一步提升精度，包括信号增强和信息增强。一种典型的信号增强方案是在低轨卫星上部署 GNSS 信号增强载荷接收 GNSS 信号，并在其他频段转发增强测距信号，终端接收这些增强信号和 GNSS 发出的信号，并进行联合定位，可以提升服务的可用性、可靠性和连续性。一种典型的信息增强方案是利用低轨卫星通信信道，把地面监测站计算误差改正数或完好性信息播发给终端，终端在基于 GNSS 信号定位时会利用这些增强信息，以提升定位精度或服务完好性。

基于专用卫星载荷的通导一体化独立导航是指在星座设计和卫星平台设计时考虑通导一体化的信号体制设计，如载波频段、调制方式、电文、测距码、扩频码以及信号评估等，把通信和导航在体制上融合在一起，在专用卫星载荷中实现这种功能，并在低轨卫星星座中部署。不过，对于这种基于低轨星座的通导一体化系统来说，除一体化信号设计外，还需要在低轨卫星自主定轨、低轨卫星高精度时频基准、低轨通导一体化星座管理等方面开展进一步的研究，并取得突破。当星座规模达到一定量级时，可实现不依赖 GNSS 系统的定位能力。

随着信息服务需求逐渐趋向高实时性、高精准性和高连续性的特点，业界开始探讨通信导航遥感融合技术，尝试从空间源头协同卫星资源，提升遥感数据获取与应用的时效性。从技术方式看，大致有两种类型：其一为利用单星同时搭载多种载荷，实现集成通信、导航、遥感功能于单颗卫星的一星多用的通导遥融合应用；其二为利用多星搭载不同功能载荷构成庞大的星座，实现多星组网的通导遥融合应用。由于通信、导航和遥感对卫星运行轨道、姿态控制都有不同的要求，而且各自的分系统也存在巨大的差异，因此，研制与生产集成通导遥功能于一体的卫星的难度相对较大[23]。

与此同时，将通信与导航、感知及计算等功能融合在同一系统中，也逐渐受到业界的广泛关注，比如，通信信号可以与导航定位信号一体化设计，也可以和感知信号进行深度融合，实现通信感知的一体化设计。其主要目的是增强不同业务性能，提高无线频谱、硬件设备等资源利用率。以应急救灾场景为例，不仅需要卫星通信网络感知其覆盖范围内的数据，保证感知质量，而且需要将感知的数据传输给中继节点或指挥中心进行数据处理和分析，同时对目标用户进行协作定位[24]。

目前通信与感知融合已经成为 6G 的典型场景之一，算力网络也是 6G 的关键技术之一，预期通导遥感算融合将会在未来的 6G 星地融合移动通信系统中被进一步深入研讨。

 思考题

1. 与传统的卫星移动通信业务相比，未来的星地融合移动通信业务将更依赖终端地理位置，为什么？

2．对于卫星移动通信系统来说，提高终端天线增益和功放输出的意义有哪些？

3．在 HARQ 技术使用上，传统的卫星通信系统和地面移动通信系统有完全不同的观点，为什么？

4．基于通信的导航信息增强技术与卫星通信导航融合技术的不同点是什么？

▌参考文献 ▌

[1] 陈山枝. 关于低轨卫星通信的分析及我国的发展建议[J]. 电信科学, 2020, 36(6): 1-13.

[2] CHEN S Z, SUN S H, KANG S L. System integration of terrestrial mobile communication and satellite communication—the trends, challenges and key technologies in B5G and 6G[J]. China Communications, 2020, 17(12): 156-171.

[3] MIAO D S, HAN B, KANG S L, et al. Key technologies and potential challenges of mobile phone directly connecting to the satellite network[C]//Proc SPIE 12617, Ninth Symposium on Novel Photoelectronic Detection Technology and Applications, 2023, 12617: 635-648.

[4] 徐晖, 缪德山, 康绍莉, 等. 面向天地融合的卫星网络架构和传输关键技术[J]. 天地一体化信息网络, 2020, 1(2): 2-10.

[5] SUN S H, HOU L M, MIAO D S. Beam switching solutions for beam-hopping based LEO system[C]//Proceedings of the 2021 IEEE 94th Vehicular Technology Conference (VTC2021-Fall). Piscataway: IEEE Press, 2021: 1-5.

[6] 王胡成, 徐晖, 孙韶辉. 融合卫星通信的 5G 网络技术研究[J]. 无线电通信技术, 2021, 47(5): 535-542.

[7] 侯利明, 韩波, 缪德山, 等. 基于 5G 及演进的星地融合空口传输技术[J]. 信息通信技术与政策, 2021, 47(9): 21-29.

[8] 3GPP. Study on new radio (NR) to support non-terrestrial networks: TR38.811[S]. 2018.

[9] 3GPP. Solutions for NR to support non-terrestrial networks (NTN): TR38.821[S]. 2019.

[10] 3GPP. System architecture for the 5G System (5GS): TS23.501[S]. 2017.

[11] CHEN S Z, KANG S L. Dual iconic features and key enabling technologies of 6G[J]. Engineering, 2023(28): 7-10.

[12] CHEN S Z, LIANG Y C, SUN S H, et al. Vision, requirements, and technology trend of 6G: how to tackle the challenges of system coverage, capacity, user data-rate and movement speed[J]. IEEE Wireless Communications, 2020, 27(2): 218-228.

[13] 中信科移动通信技术股份有限公司. "全域覆盖、万物智联"中国信科 6G 白皮书[R]. 2019.

[14] 孙韶辉, 戴翠琴, 徐晖, 等. 面向 6G 的星地融合一体化组网研究[J]. 重庆邮电大学学报(自然科学版), 2021, 33(6): 891-901.

[15] 康绍莉, 缪德山, 索士强, 等. 面向 6G 的空天地一体化系统设计和关键技术[J]. 信息通信技术与政策, 2022(9): 18-26.

[16] 3GPP. TDoc R1-2206386. discussion on coverage enhance for NR NTN[S]. 2022.

[17] 缪德山, 柴丽, 孙建成, 等. 5G NTN 关键技术研究与演进展望[J]. 电信科学, 2022, 38(3): 10-21.

[18] 徐晖, 缪德山, 康绍莉, 等. 面向天地融合的卫星网络架构和传输关键技术[J]. 天地一体化信息网络, 2020, 1(2): 2-10.

[19] ZHAO B K, FEI C J, MAO X L, et al. Networking in space terrestrial integrated networks[C]//Proceedings of the 2019 18th International Conference on Optical Communications and Networks (ICOCN). Piscataway: IEEE Press, 2019: 1-3.

[20] 陈山枝, 孙韶辉, 康绍莉, 等. 6G 星地融合移动通信关键技术[J]. 中国科学: 信息科学, 2024, 54(5): 1177-1214.

[21] CHEN S Z, SUN S H, MIAO D S, et al. The trends, challenges, and key technologies of beam-space multiplexing in the integrated terrestrial-satellite communication for B5G and 6G[J]. IEEE Wireless Communications, 2023, 30(6): 77-86.

[22] 赵亚飞, 闫冰, 孙耀华, 等. 低轨星座通导一体化: 现状、机遇和挑战[J]. 电信科学, 2023, 39(5): 90-100.

[23] 赵菲, 吕韫哲, 付东杰, 等. 新型通导遥融合应用的信息智能服务研究[J]. 航天器工程, 2023, 32(4): 109-120.

[24] 王莉, 魏青, 徐连明, 等. 面向通信-导航-感知一体化的应急无人机网络低能耗部署研究[J]. 通信学报, 2022, 43(7): 1-20.

缩略语	英文全称	中文释义
3GPP	3rd Generation Partnership Project	第三代合作伙伴计划
5GC	5G Core Network	5G 核心网
5GPPP	5G Infrastructure Public Private Partnership	5G 基础设施公私合作伙伴关系
6GC	6G Core Network	6G 核心网
ACeS	Asian Cellular Satellite	亚洲蜂窝卫星
ACK	Acknowledgement	肯定应答
ADC	Analog-to-Digital Converter	模数转换器
AI	Artificial Intelligence	人工智能
AMF	Access and Mobility Management Function	接入和移动性管理功能
AMPS	Advanced Mobile Phone System	高级移动电话系统
AOS	Advanced Orbiting System	先进轨道系统
APSK	Amplitude Phase Shift Keying	幅度相移键控
AR	Augmented Reality	增强现实
AS	Access-Stratum	接入层
ATG	Air to Ground	空对地
ATP	Acquisition, Tracking, and Pointing	捕获、跟踪与瞄准
AUSF	Authentication Server Function	认证服务器功能
AWGN	Additive White Gaussian Noise	加性白高斯噪声
BER	Bit Error Ratio	误码率
BGP	Border Gateway Protocol	边界网关协议
BMSat	Broadband Mobile Satellite	宽带移动卫星

续表

缩略语	英文全称	中文释义
BP	Branching Point	分支点
BPSK	Binary Phase-Shift Keying	二进制相移键控
BS	Base Station	基站
BSS	Broadcast Satellite Service	卫星广播业务
BWP	Bandwidth Part	部分带宽
CAF	Clipping and Filtering	削波和滤波
CCSA	China Communications Standards Association	中国通信标准化协会
CCSDS	Consultative Committee for Space Data System	空间数据系统咨询委员会
CDMA	Code Division Multiple Access	码分多址
CE-OFDM	Constant Envolope Orthogonal Frequency Division Multiplexing	恒包络正交频分复用
CHO	Conditional Handover	条件切换
CINR	Carrier to Interference plus Noise Ratio	载波干扰噪声比
CM	Connection Management	连接管理
CN	Core Network	核心网
CNCF	Cloud Native Computing Foundation	云原生计算基金会
CPM	Continuous Phase Modulation	连续相位调制
CP-OFDM	Cyclic Prefix Orthogonal Frequency Division Multiplexing	循环前缀-正交频分复用
CPU	Central Processing Unit	中央处理器
CR	Cognitive Radio	认知无线电
C-RNTI	Cell Radio Network Temporary Identifier	小区无线网络临时标识
CSI	Channel State Information	信道状态信息
CTTC	Centre Tecnològic de Telecomunicacions de Catalunya	加泰罗尼亚电信技术中心
CU	Centralized Unit	集中式单元
D2D	Device to Device	端到端
DAC	Digital-to-Analog Converter	数模转换器
DAPS	Dual Active Protocol Stack	双激活协议栈
DCI	Downlink Control Information	下行控制信息

缩略语	英文全称	中文释义
DD	Delay-Doppler	时延-多普勒
DFT-s-OFDM	Discrete Fourier Transform-Spread-Orthogonal Frequency Division Multiplexing	离散傅里叶变换-扩频-正交频分复用
DLR	Deutsches Zentrum für Luft- und Raumfahrt	德国航空航天局
DN	Data Network	数据网络
DNAI	Data Network Access Identifier	数据网络接入标识
DNN	Data Network Name	数据网络名称
DNS	Domain Name System	域名系统
DRA	Direct-Radiating Array	直接辐射阵列
DTN	Delay/Disruption Tolerant Network	时延/中断容忍网络
DU	Distributed Unit	分布式单元
DVB-RCS	Digital Video Broadcast Return Channel via Satellite	卫星数字视频广播反向信道
DVB-S	Digital Video Broadcast for Satellite	卫星数字视频广播
EAS	Edge Application Server	边缘应用服务器
EASDF	Edge Application Server Discovery Function	边缘应用服务器发现功能
ECEF	Earth-Centered Earth-Fixed	地心地固
EDGE	Enhanced Data Rate for GSM Evolution	增强型数据速率 GSM 演进技术
EESM	Exponential Effective SNR Mapping	指数有效信噪比映射
EF	Error Floor	错误平层
EHF	Extremely High Frequency	极高频
EIGRP	Enhanced Interior Gateway Routing Protocol	增强型内部网关路由协议
EIRP	Equivalent Isotropic Radiated Power	等效全向辐射功率
eMBB	Enhanced Mobile Broadband	增强移动宽带
eMTC	Enhanced Machine Type Communication	增强机器类通信
EPFD	Equivalent Power Flux Density	等效功率通量密度
ESA	European Space Agency	欧洲空间局
ESIM	Earth Station In Motion	"动中通"地球站
ETRI	Electronics and Telecommunications Research Institute	电子通信研究院

续表

缩略语	英文全称	中文释义
ETSI	European Telecommunications Standards Institute	欧洲电信标准组织
EVM	Error Vector Magnitude	误差矢量幅度
FCC	Federal Communications Commission	联邦通信委员会
FDD	Frequency-Division Duplex	频分双工
FDMA	Frequency-Division Multiple Access	频分多址
FDOA	Frequency Difference of Arrival	到达频率差
FEC	Forward Error Correction	前向纠错
FL	Feeder Link	馈电链路
FR1	Frequency Range 1	频率范围 1
FR2	Frequency Range 2	频率范围 2
FSS	Fixed Satellite Service	卫星固定业务
FTN	Faster-Than-Nyquist	超奈奎斯特
GCL	General Chirp-Like	通常类啁啾
GEO	Geosynchronous Equatorial Orbit	地球同步赤道轨道
GMSK	Gaussian Minimum Frequency-Shift Keying	高斯最小频移键控
GMPRS	GEO-Mobile Packet Radio Service	GEO 移动分组无线业务
GMR	GEO Mobile Radio Interface	GEO 移动无线接口
GNSS	Global Navigation Satellite System	全球导航卫星系统
GPRS	General Packet Radio Service	通用分组无线业务
GS	Gateway Station	信关站
GSM	Global System for Mobile Communications	全球移动通信系统
GSO	Geostationary Orbit	地球静止轨道
G/T	Gain-to-Noise Temperature Ratio	增益噪声温度比值
HARQ	Hybrid Automatic Repeat Request	混合自动重传请求
HAPS	High-Altitude Platform Station	高空平台电信系统
HF	High Frequency	高频
HR	Home Routed	归属路由
HRC	High Reliability Communication	高可靠性通信

续表

缩略语	英文全称	中文释义
HSDPA	Highspeed Downlink Packet Access	高速下行链路分组接入
HSUPA	Highspeed Uplink Packet Access	高速上行链路分组接入
HSPA+	High-Speed Packet Access+	增强型高速分组接入
HTS	High Throughput Satellite	高通量卫星
IP	Internet Protocol	互联网协议
IDMA	Interleave Division Multiple Access	交织多址
IEEE	Institute of Electrical and Electronics Engineers	电气电子工程师学会
IGRP	Interior Gateway Routing Protocol	内部网关路由协议
IoT	Internet of Things	物联网
ISFFT	Inverse Symplectic Finite Fourier Transform	逆辛有限傅里叶变换
IS-IS	Intermediate System to Intermediate System	中间系统到中间系统
ISL	Inter-Satellite Link	星间链路
ITU	International Telecommunications Union	国际电信联盟
ITU-R	International Telecommunications Union - Radiocommunication Sector	国际电信联盟无线通信部门
IMS	IP Multimedia Subsystem	IP 多媒体子系统
IMT	International Mobile Telecommunication	国际移动通信
LBO	Local Break Out	本地突发
LDPC	Low Density Parity Check	低密度奇偶校验
LEO	Low Earth Orbit	低地球轨道
LF	Low Frequency	低频
LMF	Location Management Function	位置管理功能
LTE	Long Term Evolution	长期演进技术
M2M	Machine to Machine	机器到机器
MAC	Media Access Control	媒体接入控制
MAC CE	Media Access Control Control Element	媒体接入控制控制单元
MCS	Modulation and Coding Scheme	调制编码方案
MEC	Mobile Edge Computing	移动边缘计算
MEO	Medium Earth Orbit	中地球轨道

续表

缩略语	英文全称	中文释义
MEP	Multi-Access Edge Computing Platform	多接入边缘计算平台
MF	Middle Frequency	中频
MFSK	Multiple-Frequency Shift Keying	多级频移键控
MF-TDMA	Multi-Frequency Time-Division Multiple Access	多频-时分多址
MIMO	Multiple-In Multipleout	多进多出
MMSE	Minimum Mean Square Error	最小均方误差
mMTC	massive Machine Type Communication	海量机器类通信/大规模物联网
MOCN	Multi-Operator Core Network	多运营商核心网
MSS	Mobile Satellite Service	卫星移动业务
MU-MIMO	Multiple-User Multiple-Input Multiple-Output	多用户 MIMO
MUSA	Multi-User Shared Access	多用户共享接入
NACK	Negative-Acknowledgement	否定应答
NAS	Non-Access-Stratum	非接入层
NB-IoT	Narrow Band Internet of Things	窄带物联网
NDN	Named Data Networking	命名数据网络
NEF	Network Exposure Function	网络开放功能
NFV	Network Functions Virtualization	网络功能虚拟化
NG-RAN	Next Generation Radio Access Network	下一代无线接入网
NGAP	NG Application Protocol	NG 接口应用协议
NGAT_SAT	Key Elements for Integration of Satellite Systems into Next Generation Access Technologies	将卫星系统整合到下一代接入技术中的关键因素
NGSO	Non-Geostationary Orbit	非地球静止轨道
NLSR	Named-Data Link State Routing Protocol	命名数据链路状态路由协议
NR	New Radio	新空口
NRF	Network Repository Function	网络存储功能
NSSF	Network Slice Selection Function	网络切片选择功能
NTN	Non-Terrestrial Network	非地面网络
OAM	Operation Administration and Maintenance	操作维护管理
OBO	Output Backoff	输出回退

缩略语	英文全称	中文释义
OBP	On-Board Processing	星上处理
OFDM	Orthogonal Frequency Division Multiplexing	正交频分复用
OFDMA	Orthogonal Frequency Division Multiple Access	正交频分多址
OOBE	Out-of-Band Emission	带外泄露
OOK	On-Off Keying	通断键控
OSPF	Open Shortest Path First	开放最短路径优先
OSPFN	OSPF for Named Data Networking	针对命名数据网络的开放最短路径优先
OTFS	Orthogonal Time Frequency Space	正交时频空间
OTN	Optical Transport Network	光传送网络
PAPR	Peak to Average Power Ratio	峰值平均功率比,简称"峰均比"
PBCH	Physical Broadcast Channel	物理广播信道
PCF	Policy Control Function	策略控制功能
PCI	Physical Cell Identifier	物理小区标识
PDCP	Packet Data Convergence Protocol	分组数据汇聚协议
PDMA	Pattern Division Multiple Access	图样分割多址
PDU	Protocol Data Unit	协议数据单元
PaaS	Platform as a Service	平台即服务
PAS	PDU Session Anchor	PDU 会话锚点
PFD	Power Flux Density	功率通量密度
PHY	Physical Layer	物理层
PLMN	Public Land Mobile Network	公共陆地移动网
PNT	Positioning, Navigation and Timing	定位、导航和授时
PRB	Physical Resource Block	物理资源块
PRACH	Physical Random Access Channel	物理随机接入信道
PRoPHET	Probabilistic Routing Protocol Using History of Encounters and Transitivity	基于相遇历史和传递性的概率路由协议
PSD	Power Spectral Density	功率频谱密度
PSK	Phase-Shift Keying	相移键控
PSS	Primary Synchronization Signal	主同步信号

续表

缩略语	英文全称	中文释义
PSTN	Public Switched Telephone Network	公用电话交换网
PTM	Point-to-Multipoint	点对多点
PTP	Point-to-Point	点对点
PTS	Partial Transmit Sequence	部分传输序列
PUCCH	Physical Uplink Control Channel	物理上行控制信道
PUR	Preconfigured UL Resource	预配置上行资源
PUSCH	Physical Uplink Shared Channel	物理上行共享信道
QAM	Quadrature Amplitude Modulation	正交振幅调制
QoS	Quality of Service	服务质量
QPP	Quadratic Permutation Polynomial	二次置换多项式
QPSK	Quadrature Phase-Shift Keying	正交相移键控
RA	Registration Area	注册区域
RACH	Random Access Channel	随机接入信道
RAM	Random Access Memory	随机存储器
RAN	Radio Access Network	无线接入网
RAR	Random Access Response	随机接入响应
RB	Resource Block	资源块
RE	Resource Element	资源单元
RIP	Routing Information Protocol	路由信息协议
RLC	Radio Link Control	无线链路控制协议
RRC	Radio Resource Control	无线资源控制
RRM	Radio Resource Management	无线资源管理
RSRP	Reference Signal Received Power	参考信号接收功率
RSRQ	Reference Signal Received Quality	参考信号接收质量
RTT	Round Trip Time	往返路程时间
SaT5G	Satellite and Terrestrial Network for 5G	5G 星地网络
SCMA	Sparse Code Multiple Access	稀疏码分多址
SCPS	Space Communication Protocol Specification	空间通信协议标准

续表

缩略语	英文全称	中文释义
SCPSNP	Space Communications Protocol Specification—Network Protocol	空间通信协议标准-网络协议
SDAP	Service Data Adaption Procotol	服务数据自适应协议
SDH	Synchronous Digital Hierarchy	同步数字系列
SDMA	Space Division Multiple Access	空分多址
SDU	Service Data Unit	服务数据单元
SDN	Software Defined Network	软件定义网络
SF	Spatial Filter	空间滤波器
SFFT	Symplectic Finite Fourier Transform	辛有限傅里叶变换
SFR	Soft Frequency Reuse	软频率复用
SHF	Super High Frequency	超高频
SIB	System Information Block	系统信息块
SIC	Successive Interference Cancellation	串行干扰消除
SL	Service Link	业务链路
SLNR	Signal Leakage Noise Ratio	信号泄露噪声比
SMF	Session Management Function	会话管理功能
SNR	Signal-To-Noise Ratio	信噪比
S-NSSAI	Single Network Slice Selection Assistance Information	单个网络切片选择辅助信息
SONET	Synchronous Optical Network	同步光网络
SPP	Space Packet Protocol	空间分组协议
SPS	Semi-Persistent Scheduling	半持续调度
SRI	Satellite Radio Interface	卫星无线接口
SRS	Sounding Reference Signal	探测参考信号
SSB	Synchronization Signal Block	同步信号块
SSS	Secondary Synchronization Signal	辅同步信号
SS-TDMA	Satellite Switching Time Division Multiple Access	星载交换时分多址
STL	Satellite Time and Location	卫星时间和位置
SU-MIMO	Single-User Multiple-Input Multiple-Output	单用户 MIMO
S-UMTS	Satellite Component of the Universal Mobile Telecommunications System	卫星通用移动通信系统
S-UMTS-G	S-UMTS G-family	S-UMTS G 簇协议

续表

缩略语	英文全称	中文释义
S-UMTS-A	S-UMTS A-family	S-UMTS A 簇协议
SW-CDMA	Satellite Wideband-Code Division Multiple Access	卫星宽带码分多址
TA	Timing Advance	定时提前
TA	Tracking Area	跟踪区
TAC	Tracking Area Code	跟踪区代码
TACS	Total Access Communication System	全接入通信系统
TAI	Tracking Area Identity	跟踪区标识
TAL	Tracking Area List	跟踪区列表
TB	Transport Block	传输块
TBCC	Tail Biting Conventional Code	咬尾卷积码
TDD	Time-Division Duplex	时分双工
TDMA	Time Division Multiple Access	时分多址
TDOA	Time Difference of Arrival	到达时间差
TD-SCDMA	Time-Division Synchronous Code Division Multiple Access	时分同步码分多址
TF	Time-Frequency	时频
TN	Terrestrial Network	地面网络
TRPN	Two-Layer Routing Protocol for NDN	针对命名数据网络的双层路由协议
TT&C	Tracking, Telemetry and Control	跟踪、遥测和控制
TT&C Link	Tracking, Telemetry and Control Link	测控链路
TWTA	Traveling-Wave Tube Amplifier	行波管放大器
UAV	Unmanned Aerial Vehicle	无人驾驶飞行器/无人机
UDM	Unified Data Management	统一数据管理
UDR	Unified Data Repository	统一数据存储
UE	User Equipment	用户设备
UHF	Ultrahigh Frequency	特高频
ULCL	Uplink Classifier	上行链路分类
UMTS	Universal Mobile Telecommunications System	通用移动通信系统
UPF	User Plane Function	用户平面功能
URLLC	Ultra Reliable Low Latency Communication	超可靠低时延通信

续表

缩略语	英文全称	中文释义
URSP	UE Route Selection Policy	UE 路由选择策略
UTRA	Universal Terrestrial Radio Access	通用地面无线接入
VHF	Very High Frequency	甚高频
VIM	Virtualized Infrastructure Manager	虚拟基础设施管理器
VLEO	Very Low Earth Orbit	甚低轨
VLF	Very Low Frequency	甚低频
VM	Virtual Machine	虚拟机
VNF	Virtual Network Function	虚拟网络功能
VR	Virtual Reality	虚拟现实
VSAT	Very Small Aperture Terminal	甚小天线地球站
WCDMA	Wideband Code Division Multiple Access	宽带码分多址
WiMax	World Interoperability for Microwave Access	全球微波互操作性
WRC	World Radiocommunications Conference	世界无线电通信大会
ZC	Zadoff-Chu	查打初
ZF	Zero Forcing	迫零